Angewandte Ethik und Technikbewertung

AF888352

Lizenz zum Wissen.

Sichern Sie sich umfassendes Technikwissen mit Sofortzugriff auf tausende Fachbücher und Fachzeitschriften aus den Bereichen: Automobiltechnik, Maschinenbau, Energie + Umwelt, E-Technik, Informatik + IT und Bauwesen.

Exklusiv für Leser von Springer-Fachbüchern: Testen Sie Springer für Professionals 30 Tage unverbindlich. Nutzen Sie dazu im Bestellverlauf Ihren persönlichen Aktionscode C0005406 auf *www.springerprofessional.de/buchaktion/*

Springer für Professionals.
Digitale Fachbibliothek. Themen-Scout. Knowledge-Manager.

- Zugriff auf tausende von Fachbüchern und Fachzeitschriften
- Selektion, Komprimierung und Verknüpfung relevanter Themen durch Fachredaktionen
- Tools zur persönlichen Wissensorganisation und Vernetzung

www.entschieden-intelligenter.de

Springer für Professionals

Springer

Michael Funk

Angewandte Ethik und Technikbewertung

Ein methodischer Grundriss – Grundlagen der Technikethik Band 2

Springer Vieweg

Michael Funk
Cooperative Systems, University of Vienna
Wien, Österreich

ISBN 978-3-658-37084-8 ISBN 978-3-658-37085-5 (eBook)
https://doi.org/10.1007/978-3-658-37085-5

Die Deutsche Nationalbibliothek verzeichnet diese Publikation in der Deutschen Nationalbibliografie; detaillierte bibliografische Daten sind im Internet über http://dnb.d-nb.de abrufbar.

© Springer Fachmedien Wiesbaden GmbH, ein Teil von Springer Nature 2022
Das Werk einschließlich aller seiner Teile ist urheberrechtlich geschützt. Jede Verwertung, die nicht ausdrücklich vom Urheberrechtsgesetz zugelassen ist, bedarf der vorherigen Zustimmung des Verlags. Das gilt insbesondere für Vervielfältigungen, Bearbeitungen, Übersetzungen, Mikroverfilmungen und die Einspeicherung und Verarbeitung in elektronischen Systemen.
Die Wiedergabe von allgemein beschreibenden Bezeichnungen, Marken, Unternehmensnamen etc. in diesem Werk bedeutet nicht, dass diese frei durch jedermann benutzt werden dürfen. Die Berechtigung zur Benutzung unterliegt, auch ohne gesonderten Hinweis hierzu, den Regeln des Markenrechts. Die Rechte des jeweiligen Zeicheninhabers sind zu beachten.
Der Verlag, die Autoren und die Herausgeber gehen davon aus, dass die Angaben und Informationen in diesem Werk zum Zeitpunkt der Veröffentlichung vollständig und korrekt sind. Weder der Verlag, noch die Autoren oder die Herausgeber übernehmen, ausdrücklich oder implizit, Gewähr für den Inhalt des Werkes, etwaige Fehler oder Äußerungen. Der Verlag bleibt im Hinblick auf geografische Zuordnungen und Gebietsbezeichnungen in veröffentlichten Karten und Institutionsadressen neutral.

Planung/Lektorat: David Imgrund
Springer Vieweg ist ein Imprint der eingetragenen Gesellschaft Springer Fachmedien Wiesbaden GmbH und ist ein Teil von Springer Nature.
Die Anschrift der Gesellschaft ist: Abraham-Lincoln-Str. 46, 65189 Wiesbaden, Germany

Vorwort

Haben wir die Technik, die wir brauchen, brauchen wir die Technik, die wir haben? Diese Frage geistert in vielfältigen Varianten durch öffentliche Debatten und Fachdiskussionen. Sie ist ein *locus classicus* der Technikethik geworden, obwohl sie sich meines Wissens keinem/keiner Urheber*in sicher zuordnen lässt. Vielleicht ist damit schon ein Schlaglicht auf eine der wesentlichen Herausforderungen des 21. Jahrhunderts geworfen: Technologische Systeme werden komplexer, unübersichtlicher und Entwicklungen, die wir gerne einmal als Fortschritt bezeichnen, lassen sich immer schwerer einzelnen Personen zuordnen. Stetige Spezialisierung, Offshoring, Outsourcing, Arbeitsteilung, all das ist technische Praxis, in der es nicht immer leicht ist, betriebliche wie ethische Verantwortlichkeiten zuzuweisen. Aber es bleiben auch zutiefst menschliche Fragen bestehen. Was brauche ich zum Glücklichsein wirklich? Brauchen wir den Atommüll, den wir haben, oder die digitalen Fußabdrücke, die wir tagtäglich mit unseren Rechenknechten dem Cyberspace eindrücken? Haben wir die Biotechnologien, die wir brauchen? Wie können wir uns verantwortungsvoll orientieren zwischen Leben im Cyberspace, genetischen Durchbrüchen und einer globalen Lawine ökologischer Herausforderungen? Und wer setzt die Normen dafür, was wir in komplexen gesellschaftlichen, technischen und ökologischen Systemen zu brauchen haben? Manche Urheberschaften lassen sich exakt einem Individuum zuordnen, andere nicht. Das ist nicht nur für die Forschungsethik relevant, sondern fordert die Verantwortungsfrage technischen Handelns immer neu heraus.

Fragen wie diese lassen sich rational angehen, denn Ethik ist eine Wissenschaft. Die Grundlagen hierzu wurden im ersten Band *Roboter- und KI-Ethik. Eine methodische Einführung* behandelt. Vorliegender zweiter Band wendet sich der ethischen Praxis zu. Beide Bücher können unabhängig voneinander gelesen werden, da sie zwar direkt ineinandergreifen, jedoch jeweils in sich geschlossene Themenblöcke behandeln. Zentrales Motiv des vorliegenden Teils ist die erwähnte Verantwortungsproblematik in komplexen soziotechnischen und ökologischen Systemen. Sie trifft auf ein breites Interesse, gerade auch aus der Informatik, den Ingenieur- und Technikwissenschaften. Immer wieder ist mir bei Vorträgen, Seminaren oder Gesprächen der Wunsch begegnet, doch einmal möglichst systematisch, aber verständlich zu erklären, was Technikethik ist und vor allem wie in der philosophischen Ethik verfahren wird. Was unterscheidet ein methodisch-systematisches Vorgehen bei ethischen Fragen vom Bauchgefühl des Alltags? Lässt sich in die vielen Begriffe und Konzepte eine Ordnung bringen? Wo lauern Missverständnisse? Wie lässt sich Ethik sinnvoll in fachübergreifende Fragestellungen integrieren? Vorliegendes Buch bietet hierzu Antworten und Orientierung, indem Technikethik als wissenschaftliche Disziplin mit konkreten Methoden systematisch vorgestellt wird. Es liefert also einen methodischen – nicht bloß thematischen – Grundriss.

Als Teil der Buchreihe *Grundlagen der Technikethik* steht es nicht als punktuelles Schlaglicht ohne Zusammenhang. Damit soll eine Lücke in der aktuellen Debatte geschlossen werden, die mir immer wieder begegnet ist. Gerade zur Unterstützung rationaler transdisziplinärer Gestaltungsperspektiven technischer Entwicklungen ist eine solche methodische Ordnung ethischer Verfahren im Umgang mit Technik nicht nur eine Forschungslücke, sondern eine drängende Notwendigkeit. Zu diesen Gestaltungsperspektiven zählen nicht zuletzt das Ringen um eine digitale Ökologie – also soziale wie ökologische Nachhaltigkeit im digitaltechnologischen Umgang mit Kultur- wie Naturräumen –, aber eben auch Regulierungsprozesse bis hin zur Kunst glücklicher Lebensentwürfe, die zwischen dem digitalen Humanismus und humanistischer Digitalisierung verhandelt werden wird. Vorliegende Schrift ist ein Arbeitsbuch, dessen theoretischer Anspruch der Praxis ethischen Problemlösens untergeordnet sein soll – nicht umgekehrt. Es bietet die genuin fachphilosophische Perspektive an und lädt zur fachübergreifenden Arbeit ein. Denn nur so ist ethische Praxis möglich im Angesicht komplexer Probleme, die sich nicht um akademische Fachgrenzen scheren.

Ich danke den Teilnehmer*innen meiner Seminare und Vorlesungen in Wien, Klagenfurt und Dresden für unermüdliche Skepsis, freche Neugier und Mut zum Widerspruch. Gleiches gilt für die zahlreichen Besucher*innen unseres Kaffeehaussalons in Wien Hernals.[1] Durch die Gespräche mit Studierenden innerhalb der universitären Mauern – in Philosophie wie in Informatik – sowie in der abendlichen freien Wildbahn bei Rotwein und Käseplatte durfte und darf ich viel lernen. Besonders gedankt sei Christopher Frauenberger und Peter Reichl, den Mitorganisatoren des Salons, für öffentliche und fachübergreifende Dialoge zwischen Philosophie, Informatik und Mathematik – einschließlich Operngesangs und Weihnachtsvorlesungen. In diesem Sinne gilt mein Dank für transdisziplinäre Zusammenarbeit auch Bernhard Dieber, Albrecht Fritzsche und Markus Peschl; den Kolleg*innen der Forschungsgruppe Cooperative Systems, Fakultät für Informatik, sowie der Forschungsplattform #YouthMediaLife an der Universität Wien; weiterhin Mark Coeckelbergh, Johanna Seibt und Walther Zimmerli für den regen Austausch zur Technikphilosophie und Ethik; Yvonne Hofstetter für Einblicke in die Verbindungen aus Recht und Ethik sowie meinen Lehrern Bernhard Irrgang, Thomas Rentsch und Hans-Ulrich Wöhler für das umfassende Wissen, an dem ich während meines Studiums Anteil haben durfte. Last, not least gilt mein Dank dem

[1] https://funkmichael.com/homo-digitalis-wiener-kreis-zur-digitalen-anthropologie/

Verlag Springer Vieweg und hier konkret Sabine Kathke und David Imgrund für die feine Betreuung, Lektorat, inhaltliche Hinweise, Geduld und Momente des Schmunzelns.

Es bleibt nicht aus – zumindest stellvertretend für die allzu schnell übergangenen Alltäglichkeiten, ohne welche ein solches Buch niemals entstanden wäre – auch meinem Stammcafé im 9. und Hauswirt im 2. Wiener Bezirk zu danken. Ohne die Hektoliter existenzieller Heißgetränke, blitzgescheite Hausfrauenkost sowie Arbeitsasyl für mein Notebook und mich wäre ich nicht weit gekommen. Folgerichtig danke ich auch den großen Elefanten – stellvertretend für viele andere – im Tiergarten Schönbrunn für moralische Unterstützung. In vollem Ernst ließe sich die Aufzählung genauso fort führen – ich bin auch nur ein Mensch. Zu viele bleiben in dieser kurzen Aufzählung unerwähnt, allen voran Familie und Freunde. Ohne sie geht im Leben sowieso nichts.

August des Jahres 2021 im sonnigen schönen Wien

Michael Funk

Hinweise zur Benutzung

Die Buchreihe *Grundlagen der Technikethik* ist zunächst auf vier Bände angelegt, die systematisch aufeinander aufbauen und inhaltlich ineinander verzahnt sind. Sie bilden zusammen einen umfassenden Bogen zur Technikethik mit besonderem Blick auf Robotik, Drohnen, Computer und künstliche Intelligenz. Jedes Buch behandelt ein in sich geschlossenes Thema und kann auch unabhängig von den anderen benutzt werden. Wer sich besonders für *Band 4* interessiert, muss nicht unbedingt *Band 1* gelesen haben. Die jeweilige Fokussierung sorgt für die inhaltliche Eigenständigkeit jedes Buches. Hinweise zur Benutzung und ein jeweils angepasster Anhang erleichtern das Verständnis zusätzlich. Nutzen Sie die darin enthaltene Methodensynopsis sowie das Glossar auch als Zusammenfassung und Überblick! Aus didaktischer Sicht, zum Beispiel beim Einsatz in der universitären Lehre oder zum Selbststudium, ist jedoch ein linearer Durchgang durch die Bücher und Kapitel empfehlenswert. So werden die Methodensynopsis als auch das Glossar von Buch zu Buch schrittweise weiterentwickelt, sodass sich in *Band 4* eine systematisch gefüllte Zusammenschau ergibt. Vorliegender zweiter Band widmet sich der *ethischen Praxis,* also den Methoden der angewandten Ethik und speziellen Konzepten der Technikbewertung. Hierzu zählen kasuistische Verfahren der Einzelfallentscheidung und die Verantwortungsanalyse anhand spezieller Relata, elf Perspektiven technischer Praxis sowie sieben verschiedener Technikbegriffe. Unter besonderer Berücksichtigung von Robotik und KI dienen vier Beispiele zur Illustration und Übung. Ein fünftes thematisiert Gentechnologie.

Band 1 gibt eine methodische Einführung in *Grundlagen der Ethik* am Beispiel von Robotern und KI. Die drei grundlegenden Bedeutungen der Ethik werden anhand ihrer wesentlichen Konzepte vorgestellt und auf Roboter wie KI exemplarisch angewendet. Da Roboter- und KI-Ethik selbst eine Subdisziplin der Technikethik darstellt, wird zusätzlich auf deren Besonderheiten eingegangen. Besonderes Interesse erweckt die neue Perspektive, wonach Moral und Ethik nicht mehr nur menschlich sind, sondern auch in Maschinen vorkommen könnten. *Band 1* und *Band 2* betrachten also Technikethik von der Ethik her.

Der folgende *Band 3* dreht die Perspektive herum und wendet sich nun primär den *technischen Herausforderungen* zu. Hierzu wird in Begriffe und Konzepte der Robotik,

Drohnen und KI eingeführt sowie gesellschaftliche Problemfelder im Umgang mit diesen Technologien analysiert. Technikethik hat mehr Gegenstände als nur Roboter und Computerprogramme. Jedoch lohnt sich ein Einstieg mit Blick auf gerade diese Bereiche, da es sich hier um Querschnitttechnologien der Digitalisierung handelt. Sie sind aus vielen weiteren technischen Anwendung unserer Zeit, von Autos über Industrieanlagen und Forschungslabore bis hin zu smarten Staubsaugern, Häusern und Städten, kaum mehr wegzudenken. Es wird eingeladen über die Verhältnisse zwischen Informatik und Gesellschaft kritisch nachzudenken. *Band 4* knüpft daran an und ist wohl das abstrakteste der vier Bücher. Hier schließt sich der umfassende Bogen der Reihe in theoretischen Fragen nach Maschinensprache, -verkörperung, -bewusstsein und -autonomie. Damit wird nicht aus der Technikethik herausgeführt, sondern weiter in sie hinein. Denn Sprache, Körperlichkeit, Bewusstsein und Autonomie sind Grundphänomene menschlicher Lebensformen sowie ethische Fachtermini, die zunehmend durch Social Robots, Cobots, künstliche neuronale Netze oder Machine Learning vereinnahmt werden. Was steckt dahinter? Das ist Gegenstand einer umfassenden *kritischen Reflexion.*

- Grundlagen der Ethik in Band 1: *Roboter- und KI-Ethik. Eine methodische Einführung*
- Ethische Praxis in Band 2: *Angewandte Ethik und Technikbewertung. Ein methodischer Grundriss*
- Technologische Herausforderungen in Band 3: *Computer und Gesellschaft. Roboter und KI als soziale Herausforderung*
- Kritische Reflexionen in Band 4: *Künstliche Intelligenz, Verkörperung und Autonomie. Theoretische Fragen*

Zur Gestaltung der Querverweise zwischen den einzelnen Bänden

Kursive Angaben beziehen sich auf einen anderen als den jeweils vorliegenden Band der Buchreihe. Wenn zum Beispiel im ersten Buch steht *„Band 2, 2.2"*, dann ist das „zweite Buch" aus der Reihe gemeint und darin der „Abschnitt 2.2". Nicht kursiv sind die Kapitelverweise innerhalb eines vorliegenden Buches. Steht also im ersten Buch „Kapitel 6", dann ist damit der entsprechende Abschnitt im ersten Buch gemeint. Alle Abbildungen und Tabellen sind stets mit dem Band und der Nummer des dortigen Kapitels, in dem sie präsentiert werden, angegeben, z. B.: „Abb. Band 1, 2.1".

Zum Sprachgebrauch

In vorliegendem Buch wird aus stilistischen Gründen die Bezeichnung in einem Geschlecht angewendet, wenn nicht konkrete Personen gemeint sind. Mal ist von „Ingenieurinnen" die Rede, mal wieder von „Ingenieuren" etc. Das ist Absicht und soll stellvertretend für die Vielfältigkeit menschlicher Geschlechter und Lebensstile Abwechslung bringen. Stets sind dabei alle möglichen Geschlechter oder Lebensstile mit angesprochen, so wie es etwa mit Formeln wie „Ingenieur*innen" oder „Ingenieur|(in) en" alternativ praktiziert wird. Ist von „Menschen" oder „der Mensch" die Rede, sind selbstverständlich ausnahmslos alle Kulturen, Religionen und Ethnien damit gemeint. Insbesondere, wenn es um sachlich absolut begründete Unterschiede und Abgrenzungen zwischen Menschen und Maschinen – nennen wir diese nun „soziale autonome Roboter", „Maschinenlernen" oder „künstliche Intelligenz" – geht, dann ist es besonders wichtig, die vielfältigen Lebensentwürfe und historisch-kulturellen Identitäten hinter dem Wort „Mensch" im Blick zu haben.

Inhaltsverzeichnis

1 Grundlagen angewandter Ethik 1
1.1 Pragmatik zwischen Zeitdruck und Unsicherheit 4
1.2 Beispiel 1: Darf mein Roboter lügen? 10
1.3 Kasuistik 15
Literatur 20

2 „Mittelpunkt Mensch!“ Methodisch-sprachkritische Anthropozentrik und leibliche Orientierung 23
2.1 Fehlschlüsse und trendige Robomorphismen 29
2.2 Die „Legende“ von der Information 32
2.3 Soziale Horizonte – Sprachliche Eigenbewegung, Endlichkeit und Verletzlichkeit humaner Lebensformen 34
2.4 Die Gegenprobe – Was setzten Befürworter*innen moralischer Maschinen stillschweigend voraus? 46
Literatur 52

3 Technik kritisch analysieren 55
3.1 Elf Perspektiven technischer Praxis 60
3.2 Was ist Technik? 65
3.3 Umdeutungen und Nebeneffekte 70
3.4 Pfadabhängigkeiten zwischen Effizienz, Risiko, Zufall und Macht 74
3.5 Beispiel 2: „Wenn Russland und China zusamm digitalisiern, kann Österreich kapituliern!“ 80
Literatur 94

4 Individuelle und kollektive Verantwortung 99
4.1 Beispiel 3: Ein Kampfroboter „schießt scharf“ 105
4.2 Beispiel 4: Ein Pflegeroboter „klaut“ Jobs 109
4.3 Beispiel 5: Genschere statt Gartenschere 111
Literatur 118

5 Problemaufriss der Technikethik 121
5.1 Die erste Ebene 124
5.2 Die zweite Ebene 136
Literatur 140

Methodensynopsis *Grundlagen der Technikethik Band 2* 143

Glossar *Grundlagen der Technikethik Band 2* 155

Stichwortverzeichnis 171

Grundlagen angewandter Ethik

1

Zusammenfassung

Konzepte, die bereits in der angewandten Ethik der 1970er-Jahre entwickelt wurden, erweisen sich bei aktuellen Fragen im Umgang mit Technologien, wie z. B. Robotern und KI, als hilfreich. Hierzu zählt die Lösung konkreter Konfliktfälle unter Unsicherheit. Für ausschweifende ethische Debatten fehlt häufig die Zeit, wenn Handlungsdruck entsteht. In vorliegendem Kapitel werden darum pragmatische, gradualistische Verfahren der Einzelfallanalyse vorgestellt. Schwierigkeiten bei der Umsetzung kommen am Beispiel des Szenarios eines lügenden Roboters zur Sprache. Besonderes Augenmerk liegt auf Prinzipien mittlerer Reichweite sowie der Bedeutung und möglichen Weiterentwicklung der Kasuistik. Das taxonomisch-heuristische Sammeln und Kommentieren konkreter Fälle kann in Situationen technischen Handelns Orientierung bieten. Ethische Theorien und Moralkodizes werden ergänzt durch praktische Erfahrungen im Umgang mit Einzelfällen. Damit ist der Boden bereitet für eine systematische Zusammenschau im anschließenden zweiten Kapitel.

Technikethik lässt sich als ein Bereich der **angewandten Ethik** verstehen, also als eine spezialisierte Subdisziplin (*Band 1, 2.1;* Abb. Band 1, 2.1). Jedoch weist sie auch darüber hinaus (Grunwald und Hillerbrand 2021). Zum Beispiel begegnet beim Nachdenken über den angemessenen Einsatz von Robotern, Drohnen und künstlicher Intelligenz (KI) ein komplexes Problemfeld, das über eine bloß fachlich spezialisierte Zuständigkeit hinausweist. **Roboter- und KI-Ethik** ist angewandte Transdisziplinarität (*Band 1, 2.2;* Abb. Band 1, 2.2). **Ingenieurtechnische**, rechtliche, sozialwissenschaftliche oder psychologische Perspektiven spielen dabei eine tragende Rolle. Auch im interdisziplinären Chor der **Technikfolgenabschätzung** bildet die Technikethik eine etablierte Stimme *(Band 1, 6.1).* Selbst innerhalb der Ethik wird man nicht ohne integrative Synergien aus Medizin- oder Sozialethik auskommen, wenn es um Pflege-

© Springer Fachmedien Wiesbaden GmbH, ein Teil von Springer Nature 2022

M. Funk, *Angewandte Ethik und Technikbewertung*,
https://doi.org/10.1007/978-3-658-37085-5_1

roboter oder die gesellschaftlichen Folgen digitaler Technologien geht. Gleiches ließe sich über andere Problemfelder der Technikethik sagen, von Biotechnologie bis hin zu Nano- oder Atomtechnik. Grundlage transdisziplinären Problemlösens sind nicht nur Offenheit, Kommunikation sowie gemeinsames von- und miteinander Lernen, sondern überhaupt das Vorhandensein disziplinären Kennens und Könnens. Ein Grundriss dessen soll für die Disziplin der Technikethik in vorliegendem Buch gegeben werden. Es schließt insofern nahtlos an den ersten Band aus der Reihe *Grundlagen der Technikethik* an. In Kap. 1 werden wir hierzu Arbeitsweisen der angewandten Ethik betrachten, die sich auch für die **Technikbewertung** als wesentlich erweisen. Einen besonderen Schwerpunkt bilden Praktiken der **Einzelfallentscheidung**.

Neuerdings wird erforscht, ob und wie Maschinen selbst **moralisch** handeln, **ethisch** reflektieren und/oder einem **Moralkodex** funktional folgen. Roboter und KI wären dann nicht die Objekte, sondern Subjekte der Roboter- und KI-Ethik. In *Band 1* haben wir diese Aspekte als Ebene II kennengelernt, wo „Ethik der Technik/Roboter/KI" im Genitivus subiectivus verstanden wird. In der Technikethik geht es um Ebene I, also um „Ethik der Technik" im Genitivus obiectivus: Menschen betreiben Wissenschaft von der Moral (=Ethik), um ihr menschliches Handeln im Umgang mit Techniken zu bewerten (*Band 1, 6.2;* Tab. Band 1, 6.2). Wie dabei praktisch verfahren wird, soll in vorliegendem Buch vertieft werden. Jedoch wird dabei Ebene II wie ein Damoklesschwert über unseren Köpfen schweben. Welche Rolle spielt menschengemachte Ethik in einer Welt, die zunehmend von KI dominiert ist? Müssen nicht doch die Grundlagen der Technikethik **robozentrisch** – also mit Maschinen im Mittelpunkt – neu geschrieben werden? Nein! Es gibt dafür wesentliche methodische, wissenschafts- und erkenntnistheoretische Gründe. Technikethik ist wie auch Roboter- und KI-Ethik **methodisch-sprachkritische Anthropozentrik.** Was das bedeutet und warum Menschen im Mittelpunkt stehen, ist Gegenstand von Kap. 2. Von zentraler Bedeutung an der systematischen Nahtstelle zwischen Kap. 1 und Kap. 2 ist Abb. Band 2, 2. Sie visualisiert das methodische Zentrum vorliegender Buchreihe.

Nachdem diese Grundlagen betrachtet sind, folgt eine Vertiefung technikethischer Konzepte in Kap. 3. Methoden und Heuristiken der Einzelfallanalyse werden zugespitzt im Hinblick auf Perspektiven **technischen Handelns** und die verschiedenen Bedeutungen von Technik. Von welcher Technik sprechen wir, wenn von Technik die Rede ist? Weder dem Begriff nach, noch in der materiellen Realität technischer Praxis gibt es *die* Technik. So gibt es zum Beispiel nicht *den* Roboter, über welchen sich *das* **ethische Urteil** bilden ließe. Roboter umschreiben vielfältige technische Systeme, deren Definition keinen eineindeutigen Konsens kennt. Übergänge zum Begriff der KI und des **Computers** sind fließend. Außerdem lassen sich vom Haushaltsroboter über selbstfahrende Autos bis hin zu Industriemaschinen oder Kriegsgeräten sehr verschiedene Bauformen und Anwendungen unterscheiden (siehe hierzu im Detail *Band 3*). Eine ethische Betrachtung setzt nicht nur Arbeitsformen der angewandten Ethik voraus, sondern auch spezifische Mittel der kritischen Technikbewertung, um ein Problem präzise zu fassen. Die hierfür notwendigen Grundlagen der Einzelfallentscheidung aus

Kap. 1 werden in Kap. 3 entsprechend ergänzt. Besondere Schwerpunkte bilden **allgemeine Charakteristika technischen Handelns,** die **Mehrdeutigkeit des Technikbegriffs**, **Umdeutungen**, **Nebeneffekte** oder **Pfadabhängigkeiten**. Ein besonderer Brennpunkt lauert im Begriff der **Verantwortung**. Wer trägt Verantwortung wofür in komplexen technischen Systemen? Diese Frage ist kontrovers und wirft theoretische Probleme innerhalb der Technikethik auf, die wohl noch nicht abschließend beantwortet sind. Sie ist Gegenstand von Kap. 4. Im abschließenden Kap. 5 wird ein zusammenfassender Problemaufriss vorgestellt.

Vorliegender zweiter Band der Reihe *Grundlagen der Technikethik* führt in deren systematisches Herz. Dabei geht es nicht nur um die Behandlung konkreter Anwendungsszenarien. Im Hintergrund stehen Begründungsfragen, wie die nach wie vor offene, aber umso brennendere nach der Verantwortungszuschreibung in komplexen technischen Systemen. Nicht minder grundsätzlich nimmt sich das Problem des methodischen Maßstabes aus. Wo liegt das Lot unserer ethischen Orientierung? Wo und wie beginnen wir die Begründung unseres Umgangs mit Technik? Was sind unsere interpretationsleitenden Angelpunkte der methodischen Ableitung? In *Band 1, 4.5* haben wir die Methodenvielfalt der Ethik bereits angesprochen. Ein Newton der **Metaethik** ist nicht in Sicht und das eine erste theoretische Axiom, von dem aus jede ethische Begründung ihren fundamentalsten Ausgang nimmt, existiert auch nicht (*Band 1, 4.6*). Dabei hat die Beschäftigung mit moralischen oder ethischen Maschinen das Zeug, als äußere Bedrohung eine Art Burgfrieden in der ethischen Landschaft zu beschwören. Auf einmal rückt der Blick nach innen: Bei allem Methodenpluralismus, bei allem Dissens zwischen Konsequentialistinnen und Deontologinnen, zwischen Moral Sense – der Gefühlsethik – und Tugendethik, bei aller Kritik an der idealen Diskursgemeinschaft, bleibt der *handelnde Mensch* auch bei theoretischen Begründungen der kleinste gemeinsame Nenner jeder Ethik. Natürlich eröffnet sich hier wieder ein ideologisches Feld. Können wir nicht gerade von der Roboterethik lernen, dass sich, so wie schon bei der Umweltethik (Ott 2021), ein ideologischer Anthropozentrismus als überholt darstellt? Wie ist diese Arroganz zu rechtfertigen, den Menschen im Mittelpunkt der Moral zu platzieren – zusammen mit oder ohne Gott/Göttern? Warum stehen wir nicht am Anbeginn einer neuen Zeitrechnung, wo Maschinen die nächste Stufe der Moral und Ethik bilden können oder sogar sollen?

Wir werden sehen, dass sich schon aus sprachlichen Gründen eine Fundierung der Technikethik, wie auch der Roboter- und KI-Ethik, außerhalb **leiblich** handelnder Menschen verbietet. Unser moralisches wie ethisches Verhalten gegenüber technischer, natürlicher und sozialer **Umwelt** ist wesentlich von **Verletzlichkeit** und **Endlichkeit** menschlicher Körper, Seelen und Geister, unseres Wissens und Soziallebens geprägt – aber auch von den welterschließenden Potenzialen, welche wir dadurch entfalten. Wir können gar nicht anders, als dem im nichtsprachlichen und sprachlichen Handeln Tribut zu zollen. Menschen sind als praktische Urheberinnen leiblich-sprachlichen Sinns gleichsam das Lot ethischen und moralischen Sinns. Roboter und künstliche Intelligenz stoßen in ihrer Moral- und Ethikfähigkeit an die Grenzen dieser Bedeutungsschichten.

Das heißt zwar nicht, dass wir soziale Werte in technischen Geräten nicht abbilden würden oder dass Maschinen Moral nicht teilweise simulieren könnten. Aber es bleibt schlicht und einfach eine sinnlose und bedeutungsleere Simulation, solange sie nicht von Menschen interpretiert und weiter verwertet wird. Jede Technikethik, so die begründete Annahme, unterliegt einer methodisch-sprachkritischen Anthropozentrik. Schauen wir hierzu zuerst auf die angewandte Ethik. Deren Hintergründe werden in Abschn. 1.1 dargelegt mit Blick auf gradualistische Begründungen top-down und bottom-up. Zur Illustration dient das Beispiel der Entsorgung eines Altgerätes. Außerdem werden Prinzipien mittlerer Reichweite vorgestellt, die in Abschn. 1.2 zum Bestandteil eines fiktiven Konflikts um lügende Roboter werden.

1.1 Pragmatik zwischen Zeitdruck und Unsicherheit

Ethik war als Lehre des guten Lebens, der bestmöglichen sozialen Ordnung und Seelenheilkunde schon in der Antike auch eine **angewandte Kunstfertigkeit.** Heute haben sich daraus viele eigenständige Bereiche wie die Psychotherapie oder Politikwissenschaft abgeschieden. Medizin und Philosophie wurden in Personalunion praktiziert. Auch Mathematik, Naturphilosophie und Naturforschung, die wir heute als Naturwissenschaften kennen, gehörten einst zum Kanon des Fachs. In der europäischen Neuzeit differenzierten sich die Einzelfächer nicht nur so stark aus, dass die Universalgelehrten verschwanden. Mehr noch, es gab eine Tendenz, die Ethik selbst ihres Anwendungscharakters zu entkleiden und auf die Theorie allgemeiner Prinzipien des Handelns von Individuen zu justieren. Ethik als angewandte Wissenschaft und Lehre des sozialen Zusammenlebens geriet in den Hintergrund. Seit den **1970er-Jahren** kommt es jedoch zu einer neuerlichen Thematisierung der Ethik als das, was sie eigentlich immer schon war: eine praktische Wissenschaft, Weisheit und **Klugheitslehre** des individuellen und gemeinschaftlichen Lebens. Nicht mehr die abstrakte Rechtfertigung perfekter Theorien der **Moralbegründung**, sondern das konkrete Leben und Handeln in je einzigartigen **Situationen** gerät seitdem vermehrt in den Fokus. Galt in den Jahrzehnten zuvor die Tendenz, wonach theoretische Betrachtungen zur Subjektivität, Metaphysik oder Sprachanalyse das eigentliche Herz der Philosophie bilden sollten, so rückt der althergebrachte Anwendungsaspekt seit einigen Jahrzehnten wieder verstärkt in den Mittelpunkt. Auch an Universitäten lässt sich das beobachten. Eigene Studiengänge und Lehrstühle für angewandte Ethik bzw. *Applied Ethics* wurden eingerichtet – dazu gehört auch die **Technikphilosophie** mit erheblichen Schnittflächen zur angewandten Ethik. Eine stärkere Beteiligung an öffentlichen Debatten einschließlich Politikberatung wurde im gleichen Atemzug forciert.

Umwelt und Medizin gelten als die klassischen Bereiche des neuen Ethikbooms, denen weitere wie Wirtschaft, Wissenschaften, Medien und Technik hinzutreten. Aktuell erringt die Roboter- und KI-Ethik neben der Bioethik – hier infolge technischer Fortschritte der Life Sciences einschließlich Genetik und Biotechnologie

(Düwell und Steigleder (Hg.) 2003; Düwell 2008; Nagel 2021) – besondere Wahrnehmung. Das Bewusstsein für ökologische Probleme sowie die **Umwelt- und Antiatomkraftbewegungen** haben wesentlichen Anteil – anfänglich vor allem in den **USA.** Hinzu trat im Bereich der Medizinethik die **Infragestellung des traditionell paternalistischen Arzt-Patienten-Verhältnisses.** Es erfuhr nicht nur durch diverse juristische Prozesse gegen Medizinerinnen nach Behandlungsfehlern, sondern auch durch neue Behandlungsmethoden der Biomedizin eine gesteigerte Brisanz. Heute schließt die ethische Diskussion vielfältige Bereiche der Biomedizin ein. Beispiele sind die Präimplantationsdiagnostik, Gentherapie, die Forschung an Embryonen und Stammzellen wie auch Organtransplantation oder Sterbehilfe (Maio 2017; Schöne-Seifert 2007; Ach et al. 2021). Naturwissenschaftliche und eng damit verbunden auch technische Entwicklungen spielen eine tragende Rolle. **Neue technische Handlungsmöglichkeiten führen zu neuen moralischen und ethischen Fragen.** Vor diesem Hintergrund ist auch die Roboter- und KI-Ethik als Teilgebiet der Technikethik einzuordnen. Sie entsteht und debattiert nicht im luftleeren Raum, sondern auf der Grundlage teilweise Jahrtausende alter ethischer Grundsatzfragen, zu denen sich auch die Entwicklungen in der angewandten Ethik der vergangenen Jahrzehnte gesellen.

„Epistemische und *normative Unsicherheiten sind der Ausgangspunkt der Technikethik*“ (Grunwald und Hillerbrand 2021, S. 6; Hervorhebung im Original). Der unsichere und riskante Umgang mit neuen Handlungsmöglichkeiten hat besonders in der Umwelt- und Medizinethik Begründungsfragen aufgeworfen. Ganz ähnlich wird aber auch Technikethik in neueren Entwürfen auf der Grundlage einer Reflexion **„provisorischer Moral“** konzipiert. Sie muss für Revisionen und kritische Konsensbildung offen sein (Hubig 2007; Hubig und Luckner 2021). Das Beharren auf fundamentalen, unverrückbaren und abstrakten Theorien erweist sich als unzeitgemäß im Angesicht der aktuellen sozialen und technischen Dynamik – zumindest dann, wenn keine kritische Prüfung und begründete Revision anstehen darf. 1982 in einer frühen Phase der jüngeren deutschsprachigen Debatte urteilt Hans Lenk programmatisch: „unpragmatische ethische Prinzipienreiterei kann auch unethisch sein“ (Lenk 1982, S. 208). Mit dem Aufstreben der angewandten Ethik wurde die Methodendiskussion der Ethik dynamischer. Es entstand Raum für neue Wege, auf denen heute auch die Technikethik wandelt. Handeln unter Unsicherheit gerinnt im Angesicht der Adressierung individueller und sozialer **Langzeitverantwortung** zu einem Streben nach realistischen Lösungen unter Zeitdruck. Das Problem der **Dringlichkeit** stellt sich besonders, wenn durch technische Innovationen längst schon Fakten geschaffen sind. Im Idealfall verfährt ethische Abwägung jedoch progressiv/prospektiv, noch bevor es zur Anwendung einer bestimmten Technik kommt. Die kritische Interpretation konkreter Situationen technischen Handelns wird als methodisches Verfahren des Deutens und Wertens angestrebt. Dabei ist auch ethische Kompetenz als Schlüsselkonzept zur erfahrungsgestützten Anwendung allgemeiner Leitbilder auf Einzelfälle Gegenstand der Diskussion (Irrgang 2007). Eines der methodischen Hauptprobleme besteht jedoch im Vermeiden von Beliebigkeit.

Wie ist **Situationswillkür** aufgrund ominöser Erfahrungsautorität vorzubeugen? Wie im Fall von Asimovs Robotergesetzen *(Band 1, 5.3)*, ist die Anwendung abstrakter allgemeiner Regeln in kontingenten Alltagssituationen auch bei der Implementierung von moralischen Regeln in Robotern eine nicht triviale Herausforderung. Trotzdem muss eine rationale Handlungsbegründung methodisch nachvollziehbar ausfallen. Wie in der natur- und technikwissenschaftlichen Forschung kommen auf den ersten Blick zwei allgemeine Verfahrensweisen infrage. In der **deduktiven Methode** wird **top-down** operiert, von allgemeinen Prinzipien also auf konkrete Anwendungen geschlossen. Kants kategorischer Imperativ gilt als ein Beispiel *(Band 1, 4.2)* oder eben der formale Ethos der Robotergesetze nach Isaac Asimov (1920–1992). Dem Problem der Verbindung abstrakter Regeln mit der Wahrnehmung des Einzelfalls könnte mit der zweiten Methode begegnet werden. Im **induktiven Verfahren** wird **bottom-up** vorgegangen. Konkrete Fälle sind zu sammeln und zu vergleichen. Im nächsten Schritt folgt der Schluss auf allgemeine Regeln. Aber auch hier bleibt die Abwägung unklar. Interessen gesteuertes Ringen um die Deutungshoheit des Einzelfalls kann zu verheerender Beliebigkeit führen. Eine potenzielle Entscheidung hängt dann ab von unklaren Voraussetzungen und lässt sich nicht allgemein nachvollziehbar begründen (Fenner 2010, S. 10–24; Knoepffler 2010, S. 50–53). Sowohl die deduktive als auch die induktive Methode weisen Schwächen auf. In der angewandten Ethik kommt es vor allem auf die Verbindung der jeweiligen Stärken an.

In *Band 1, 3.1,* Abb. Band 1, 3.1, haben wir bereits bei der Frage nach lebenden Robotern gradualistisches Vorgehen skizziert. Hier soll es nun um die **Verfahren der Urteilsbildung** gehen: Induktion und Deduktion verbinden sich zu Schleifen bzw. Interpretationsspiralen des wechselseitigen Schließens vom Konkreten zum Allgemeinen und umgekehrt. Dem entspricht im Wesentlichen eine wissenschaftliche Begründungsform, wie sie bereits Aristoteles (ca. 384–322 v. u. Z.) andeutet (*Anal. pr. 46A17-27,* Aristoteles 2007, S. 75; *Anal. post. I,* Aristoteles 2011, S. 2–128; Corcilius 2011) und Francis Bacon (1561–1626) im Jahr 1620 unter Berücksichtigung von Experimental- und Beobachtungstechnik zur Grundlage moderner Wissenschaften überhaupt erhebt (*Novum Organum,* Bacon 1999/1620, S. 29, S. 101 et passim): Sinnliche Beobachtung, sprachliches Klassifizieren und kritisch-rationales Begründen, Belegen und Widerlegen stehen in wechselseitigem Zusammenhang. Kurz: Wahrnehmung und Verstand sind aufeinander angewiesen, wie auch Immanuel Kant (1724–1804) wusste (*KrV,* Kant 1974a/1781 ff., Kant 1974b/1781 ff.). In der angewandten Ethik gilt darum ein ethischer (methodischer) Holismus, in welchem stufenweise **Abstraktionsgrade** durchlaufen werden (Fenner 2010, S. 20–23; Knoepffler 2010, S. 53–63; Irrgang 2007, S. 40–60). Hierzu werden verschiedene Stufen diskutiert. Dagmar Fenner (2010, S. 21) unterscheidet zum Beispiel:

1. Ethische Theorien: Moralprinzipien wie Kants kategorischer Imperativ
2. Ethische Prinzipien: allgemeine Grundsätze wie Autonomie, Schadensvermeidung, Fürsorge, Verantwortung
3. Ethische Normen: konkrete Handlungsregeln

4. Singuläre Urteile: normative Umsetzung im Einzelfall im Anbetracht von Alternativen

Für Bernhard Irrgang spielen auch Leitbilder wie Langzeitverantwortung und Nachhaltigkeit eine wichtige Rolle. Hinzu treten Handlungskriterien nichtempirischer Verallgemeinerung. Entsprechend schlägt er eine alternative Abstufung vor (Irrgang 2007, S. 47):

1. Allgemeine Prinzipien und Leitbilder
2. Bereichsspezifische temporale Handlungsregeln (Normen, Werte, Maximen)
3. Anwendungsregeln
4. Handlungskriterien durch ethisch relevante empirische Kriterien

Methodisch liegt die größte Herausforderung darin, vom konkreten Einzelfall angemessen und begründet stufenweise zu den allgemeineren Regeln zu gelangen und umgekehrt. Um den methodischen Anspruch zu wahren und einer beliebigen „Heute-so-morgen-so"-Ethik vorzubeugen, müssen besonders die Übergänge zwischen den Ableitungsschritten rational begründet und allgemein nachvollziehbar offengelegt werden.

Beispiel: Du sollst deinen Roboter fachgerecht entsorgen!

In *Band 1, 4.7* haben wir eine solche graduelle Stufung am Beispiel der Entsorgung eines Roboters im Straßengraben bereits als nichtempirische Verallgemeinerung angesprochen. Wir wollen das nun wiederholen und dabei zeigen, wo sich die beiden Vierstufenmodelle wiederfinden. Zuerst sprangen wir bottom-up vom konkreten Fall zur allgemeinsten Ebene. Wir haben uns ein Urteil gebildet, wie das moralische Problem ethisch einzuordnen ist, und dabei auch gleich schon einen Schluss gezogen – vermutlich weil wir zum Beispiel bei (klassischen) Autos schon längst so zu denken gewöhnt sind (bzw. sein sollten):

„Du darfst deinen Roboter nicht in den Straßengraben werfen, sondern musst ihn fachgerecht entsorgen, weil wir langzeitverantwortlich sind für kommenden Generationen."

=> Schluss von der konkreten einzelnen Handlung auf ein **allgemeines Leitbild/ Prinzip** (2. bei Fenner, 1. bei Irrgang). Dem ließe sich noch eine ethische Theorie voranstellen (1. bei Fenner): Hans Jonas' Imperativ zur **Zukunftsverantwortung** (Kap. 4). Dieser Schluss erfolgte, nachdem die konkrete Situation als umweltethisches Problem erkannt wurde. Zum Beispiel die Prinzipien des **Heilens und Helfens (Medizinethik)**, der **Gerechtigkeit (Sozialethik)** oder der **Schmerzvermeidung** bei Wirbeltieren **(Tierschutzethik)** kommen hier nicht direkt zum Tragen. Sie sind indirekt realisiert im Leitbild der Langzeitverantwortung: Kommende Generationen sollen gerecht behandelt werden und Schmerzen bei (Wirbel-)Tieren wird vorgebeugt, indem potenziell toxische Stoffe aus dem Roboter nicht in Ökosysteme abgeleitet werden. Auch wenn im medizinischen Sinne keine aktive Heilung stattfindet, schlägt doch zumindest Schadensverhütung zu Buche insofern toxische Stoffe über die Nahrungskette nicht in menschliches Essen gelangen.

Da der Verdacht einer unbegründeten eher zufälligen Deutung vorlag – oder sich unser fiktiver Umweltsünder einfach strategisch dumm stellen wollte –, wurde der Schluss top-own in die andere Richtung stufenweise zur Sicherung der Evidenz durchdekliniert:

„Wir tragen Verantwortung für unsere Kinder und Kindeskinder, darum müssen wir uns nachhaltig verhalten."

=> Konkretisierung des allgemeinen Leitbildes/Prinzips in einer **bereichsspezifischen Handlungsregel:** „Nachhaltigkeit" (bei Fenner 3., bei Irrgang 2.).

„Nachhaltigkeit bedeutet Ressourcen und Natur zu schonen und das erreicht man, indem alte Elektrogeräte fachgerecht recycelt werden."

=> **Konkrete Handlungs- bzw. Anwendungsregel** (bei Irrgang 3.). Dabei schließt der Verweis auf das fachgerechte Entsorgen alter Elektrogeräte ethisch relevante empirische Kriterien ein (bei Irrgang 4.; *Band 1, 4.7*), z. B. den Fakt, dass sich Rohstoffe zurückführen und in neuen Geräten wiederverwenden lassen, oder die Tatsache, dass Metalle, Kunst- und Schmierstoffe des Roboters in Boden und Grundwasser gelangen mit negativen Folgen für die Nahrungskette – bis hin zu Menschen. Dabei handelt es sich nicht um einen Sein-Sollen-Fehlschluss *(Band 1, 4.6),* da nicht von diesen Fakten und Tatsachen auf die moralische Pflicht gefolgert wird. Der Schluss wird aus dem allgemeinen ethischen Leitbild der Langzeitverantwortung abgeleitet.

Schlussendlich: „Jetzt, heute und hier, an Ort und Stelle gilt für genau dich: Werfe diesen alten Roboter nicht in diesen Straßengraben, sondern fahre damit zu Fachleuten, um das Gerät professionell recyceln zu lassen!"

=> **Singuläres Urteil,** Umsetzung im Einzelfall entsprechend der Handlungsalternative der angebrachten Entsorgung (bei Fenner 4.) – hier in überkorrekter Formulierung. Besonders die singulären Urteile sind streng individuell und können je nach Kontext stark variieren, wohingegen sich die allgemeineren Ebenen Stufe für Stufe uniformer darstellen lassen. Das entspricht dem Unterschied zwischen speziellen moralischen/ethischen (Wert-)Urteilen und allgemeinen moralischen/ethischen (Wert-)Urteilen. Außermoralische Urteile beziehen sich auf empirische Kriterien *(Band 1, 3.4).* ◀

Im Roboterentsorgungsbeispiel haben wir fünf Grade gebildet, wobei der oberste der Prinzipien und Leitbilder auch den Hinweis auf einen sechsten, den der ethischen Theorie, einschloss. Falten wir alle sechs Ebenen auf, dann ergibt sich folgendes Modell:

1. Ethische Theorien (= Fenner 1.)
2. Allgemeine ethische Prinzipien und Leitbilder (= Fenner 2., Irrgang 1.)
3. Ethische Normen und bereichsspezifische Handlungsregeln (= Fenner 3., Irrgang 2.)
4. Anwendungsregeln (= Irrgang 3.)

5. Handlungskriterien durch ethisch relevante empirische Kriterien (= Irrgang 4.)
6. Singuläre Urteile (= Fenner 4.)

Neben Erfahrung und analytischer Kompetenz gehört auch ein hoher Grad begrifflichen Wissens zu sinnvollen Ableitungen. Es wird zwar von angewandter Ethik gesprochen, ein Theorieverzicht ist damit aber eben gerade nicht gemeint. Denn ich kann einen Einzelfall immer nur im Lichte derjenigen Konzepte bearbeiten, die ich durchschaut und verstanden habe. Fehlen mir diese, dann bleibe ich entweder ratlos zurück oder handele orientierungslos. Die Krux besteht darin, dass reine ethische Lehrbuchgelehrsamkeit auch nicht zum Ziel führen wird.

Die aus der angewandten Ethik bekannten Verfahren wirken vorbildlich für die Methodik der Technikethik. Ein weiterer Impuls, der übrigens auch jüngst auf EU-Ebene in den *Ethics Guidelines for Trustworty Artificial Intelligence* von der *High-Level Expert Group on Artificial Intelligence* der Europäischen Kommission aufgenommen und angepasst wurde (AI HLEG 2019), lässt sich aus einem in der neueren Medizinethik bedeutsam gewordenen Entwurf ableiten, den vier **mittleren Prinzipien** (Weber und Zoglauer 2018, S. 5):

1. Autonomie (Respekt vor den Fähigkeiten des Individuums)
2. Wohltun (Bedürfnisbefriedigung, Förderung des Wohls = Heilen und Helfen)
3. Schadensvermeidung (Schmerz, körperliche und psychische Schäden verhindern)
4. Gerechtigkeit (Fairness in der Verteilung von Nutzen und Lasten)

Nach Tom L. Beauchamp und James F. Childress' 1979 erschienenem Buch *Principles of Biomedical Ethics* stellen diese einen der einflussreichsten Ansätze in der US-amerikanischen Debatte dar (Nagel 2021, S. 211; Rehmann-Sutter 2006, S. 249; Beauchamp und Childress 2001). Die vier Regeln werden als **mittlere Prinzipien** oder auch als **Prima-facie-Regeln** bezeichnet, da sie bis auf Widerruf einen breiten Konsens umfassen, mit vielen abstrakten ethischen Theorien kompatibel sind (Induktion, bottom-up: von ihnen aus lässt sich auf Allgemeineres schließen) und vor allem weil sie sich einfacher als abstrakte Theorien auf den Einzelfall anwenden lassen (Deduktion, top-down: von ihnen lässt sich leichter auf die konkrete Handlungsempfehlung schließen). In der methodisch-gradualistischen Abstufung stehen sie also in der Mitte zwischen abstrakter Theorie und konkreter Anwendung – im oben zusammengefügten sechsstufigen Modell auf der dritten Ebene. Gleiches gilt übrigens auch für den **VDI-Kodex (ethische Grundsätze des Ingenieurberufs)**, den wir als ein Beispiel für Prinzipien mittlerer Reichweite in *Band 1, 5.2* kennengelernt haben. Als Faustregeln sollen sie der moralischen Orientierung dienen. Die vier Prinzipien nach Beauchamp und Childress rekonstruieren moralische Alltagsüberzeugungen und bergen einen kohärenten Zusammenhang. Sie sind *prima facie* – bis auf Widerspruch – gültig, also so etwas wie der kleinste gemeinsame Nenner, mit dem sich ein konkreter Fall abwägen und interpretieren lässt. Als mittlere Prinzipien sind sie jedoch noch allgemein genug, um die Bewertung des Einzelfalls nicht vorwegzunehmen (Marckmann et al. 2008, S. 30–33; Irrgang 2007, S. 139–140). Es geht folglich nicht um Letztbegründung der Normen, sondern um die Handlungsfähigkeit unter Zeitdruck. Zwischen den Prinzipien können jedoch Konflikte entstehen, die sich nicht durch sie alleine auflösen lassen (Fenner 2010, S. 24–28). Betrachten wir hierzu das Beispiel der Lüge und eine kleine Geschichte mit Müller-Lüdenscheidt, Dr. Klöbner und Ente.

1.2 Beispiel 1: Darf mein Roboter lügen?

„Du sollst nicht lügen!" – In berühmten Sätzen wie diesem drückt sich das verbreitete und vielfach überlieferte Lügenverbot aus. Was im Übrigen nicht bedeutet, dass sich jeder daran hält. Gilt das Gebot auch für Maschinen? Darf mein Roboter lügen? Darf ich ihn ungestraft lügen lassen oder sogar dazu aktiv anweisen? Darf ich überhaupt eine Maschine bauen, die zu lügen weiß? Wir wollen an dieser Stelle eine kurze Geschichte erfinden, in der lügende Menschen und Roboter Gutes im Schilde führen. Aber auch Konflikte zwischen den *Prima-facie*-Regeln sehen wir uns an. Zuerst sei geklärt, was eine **Lüge** ist. Unter ihr verstehen wir vorsätzlich unwahre Mitteilungen, die dementsprechend in täuschender Absicht übermittelt werden. Das Vorenthalten wichtiger Informationen zur wahrheitsgemäßen Interpretation eines Sachverhaltes, also das bewusste Unterschlagen wichtiger Kenntnisse, sei ebenfalls eine Lüge. Das Verbot des Lügens gilt unabhängig von Zeit und Ort, es ist eine allgemeine ethische Regel. Um das Lügenverbot in Konflikt mit anderen Regeln zu führen, denken wir uns ein mögliches medizinisches Szenario aus. Übernehmen Maschinen immer mehr Aufgaben in der Pflege und Rehabilitation, aber auch im privaten Alltag, dann findet ein entsprechend intensiver Informationsaustausch mit der Umgebung statt. Dadurch, dass es sich hier um vernetzte Systeme handelt, lassen sich die Daten abgleichen und an zentraler Stelle zusammenfassen. Nehmen wir einmal an, dabei handelt es sich um den PC eines Arztes. Zu seinen langjährigen Patienten zählt ein gut beleibter Herr – wir greifen den Namen Müller-Lüdenscheidt aus der Luft. Herr Müller-Lüdenscheidt leidet unter Adipositas. Er hat Übergewicht.

Vor Jahren wies ihn bereits sein Hausarzt – aus der Luft gegriffen – Dr. Klöbner auf die damit verbundenen Risiken hin. Eine Kur wurde dringendst angeraten. Bereits hier könnte ein Konflikt zwischen *Prima-facie*-Prinzipien entstehen: Das Gebot des Heilens und Helfens konfligiert potenziell mit dem Gebot der Schadensvermeidung. Manche Eingriffe bergen hohe Risiken. Ein Beispiel sind Operationen am offenen Herzen. Hier muss sorgfältig abgewogen werden, ob Risiken wie der Tod auf dem OP-Tisch in einem akzeptablen Verhältnis zur erwartbaren lindernden Wirkung stehen. Da Herr Müller-Lüdenscheidt nur auf eine Kur gehen soll, entfällt dieser Konflikt. Vielleicht vermindert sich seine Lebensqualität für einige Wochen, jedoch haben die Vorteile im Anbetracht der Prävention von Diabetes, Herz-Kreislauf-Problemen oder übermäßigem Gelenkverschleiß klar die Oberhand. Neuerdings müssen wir wohl auch hinzufügen, dass dadurch schwere Verläufe von COVID-19 verhindert werden könnten. Herr Dr. Klöbner drängt zur Kur, wohl wissend, dass diese im Angesicht des Heilens und Helfens die richtige Wahl darstellt. Nur leider handelt es sich bei Herrn Müller-Lüdenscheidt um einen ausgesprochenen Dickkopf, der nicht nur ohne Ente zu baden pflegt – frei nach Loriot –, sondern eben auch die risikoarme wichtige Kur verweigert. Sein Hausarzt gerät darüber in einen ernsten Gewissenskonflikt. Darf er seinen Patienten anlügen, um ihn endlich in bester Absicht zur Kur zu bewegen? Das Gebot des Heilens und Helfens steht dem Lügenverbot gegenüber. Eine wohltuende Notlüge könnte das Mittel der Wahl sein, nachdem ehrliche Aufklärung nicht funktionierte. Soll Dr. Klöbner dramatisieren und wider besseren medizinischen Fachwissens Gefahren absichtlich dazu erfinden, damit sein Gegenüber endlich einlenkt? Schließlich geht es doch substanziell um seine Gesundheit – und nicht nur um warmes Wasser in einer „Fremdwanne" – wieder frei nach Loriot. Es läge also ein moralisch relevanter Konflikt vor, der auch Gegenstand ethischer Reflexion sein könnte.

Erschwerend tritt hinzu, dass Müller-Lüdenscheidt seit einem Jahr auf Kosten der Krankenkasse ein neues Virtual-Reality-Ergometer besitzt. Dabei handelt es sich um einen „smarten Roboter", mit Laufband- und Fahrradfunktion. Das Gerät verfügt über eine 3-D-Brille, die mit der Geschwindigkeit des Bandes und dem Tretwiderstand des Rades verbunden ist. Statt der Tapete lässt sich bei jeder Einheit eine Tour durch ein Naturschutzgebiet der Wahl simulieren. Ein „Iron-Man-Update" oder das „Best of Grand Canyon Spezialpaket" sind natürlich gegen Aufpreis erhältlich, wie auch die entsprechende Klangkulisse nebst „Wald-und-Wiesen-Echtzeit-Duft-Feature". Auf seinem Smartphone hat der Patient eine Gesundheits-App installiert. Sie synchronisiert in einer Cloud die Daten des Hightechhometrainers mit den Ergometern in Dr. Klöbners Praxis. Auf seinem PC ist der Mediziner stets im Bilde über die erbrachte Bewegungsleistung sowie Eckdaten wie Puls, Blutdruck etc. Auch die Lieblingslieder, die Müller-Lüdenscheidt beim Radeln pfeift, sind längst schon erkannt und geben sich neuerdings als Werbebanner im Browser des Smartphones ein Stelldichein. Nur leider liest Dr. Klöbner im Protokoll des Hometrainers seit Monaten lediglich von den Zyklen der automatischen Selbstreinigungsfunktion: Der vernetzte Haushaltsroboter aus Müller-Lüdenscheidts Wohnung muss wohl besonders häufig gegen das Verstauben anrücken. Da diese Form der Datenübertragung in unserem fiktiven Szenario mit geltendem Recht gedeckelt ist, der Arzt darf diese Informationen im Rahmen seiner Schweigepflicht verwerten, stellt sich der Eingriff in die Privatheit hier eher als ein Randproblem dar – das folgert zumindest der Arzt.

Dr. Klöbner hat eher ein schlechtes Gewissen, da das teure System von der Kasse angeschafft wurde und nun keinen Effekt bringt. Wäre das Geld im Interesse des Gemeinwohls nicht besser bei disziplinierten Patientinnen ausgegeben? Der gutherzige Mediziner fasst einen Plan. Er will seinen Patienten zur Kur bewegen und hofft, dass er dort auch langfristigen Gefallen an Fitnessübungen findet. Im Interesse der gerechten Verteilung medizinischer Ressourcen sieht er sich dazu verpflichtet. In der nächsten Sitzung eröffnet Dr. Klöbner Herrn Müller-Lüdenscheidt dramatische Risiken und macht ihm nach allen Regeln der Kunst mit pointierten, nennen wir es „weit hergeholten“ Risiken Angst. Er lügt im Interesse des Patienten. Zusätzlich greift er auf die Apps des Haushaltsroboters, des Hometrainers und des Smartphones zu. Denn hier wurde ein Notlügenmodul eingebaut. Wie von Geisterhand kommen die Geräte zu ähnlich schockierenden Ergebnissen und zeigen diese bildgewaltig kurz vor dem Frühstück sowie zur Schlafenszeit an. Der Patient hat ja schon das Rauchen wegen der Fotos auf den Zigarettenschachteln eingestellt und erliegt neuerlich seiner Angst. Happy End: Müller-Lüdenscheidt knickt ein, geht zur Kur, nimmt ab, entdeckt die Leidenschaft am echten Radfahren, kauft sich vom Erlös seines Haushaltsroboters ein schickes Rennrad und dreht ab sofort seine analogen Runden durch Wald und Wiesen – ohne teure extra Duft- und 3-D-Features. Sogar seine Wohnung poliert er nun mit sportlichem Ehrgeiz und virtuoser Beweglichkeit. Der Robo-Hometrainer geht zurück an die Kasse und wird für andere Patienten weiter verwertet. Was jetzt irgendwie wohltuend, schadenspräventiv und gerecht klingt, hinterlässt Herrn Dr. Klöbner leider nicht so ganz glücklich.

Denn er hat im Angesicht des moralischen Triumphs noch einmal die vier *Prima-facie*-Regeln in den verstaubten Unterlagen seiner Studienzeit nachgeschlagen. Im Ordner Medizinethik liest er eindeutig als erste Regel: Respekt vor der Autonomie des Patienten. Weiter steht da: Patienten dürfen zwar eine Behandlung nicht aktiv erzwingen, jedoch nach umfassender Aufklärung ist deren Entscheidung zu respektieren. Und wenn jemand nicht will, dann will jemand nicht – in dem Fall darf dann der Arzt die Behandlung nicht erzwingen. Als Dr. Klöbner in dem Zusammenhang die Worte **„Informed Consent“** und **„Patientenautonomie“** im Internet sucht, findet er auch einige aktuellere Bücher hierüber (zum Beispiel Maio 2017; Schöne-Seifert 2007 und andere). Er hatte sich so massiv auf die Rechtfertigung seiner Missachtung des Lügenverbots konzentriert, dass ihm die Patientenautonomie aus dem Blick fiel. Mehr noch: Langsam ergreift den gestandenen Medikus dezente Panik. Dr. Klöbner erinnert sich an die Geschichten der Familie seines Bruders. Sie waren lange voneinander durch die innerdeutsche Teilung getrennt. Erst nach 1990 trafen sie sich wieder und es kursierten Stasigeschichten neben Anekdoten aus einer sozial getrimmten Erziehungsdiktatur. Ganz ohne die Apps und Geräte von heute war das Bündeln von Informationen im Dienste der systemkonformen Darstellung von „Wahrheiten“ schon einmal politisches Programm – und Legitimation der manipulativen Zurechtstutzung im Arbeiter- und Bauernstaat. Aber zählt nicht am Ende doch das Glück der meisten? Herrn Müller-Lüdenscheidt geht es prächtig und sein Trainingsroboter hilft einem anderen Menschen! Zwischen „Überwachungsstaat“ und „Diktatur der Technik“ rettet sich Dr. Klöbner in die Gefilde seiner Bereichsethik. „Ja, ich habe die Patientenautonomie missachtet und paternalistisch meine Entscheidung mit manipulativen Lügen durchgesetzt.“ Dem einen geht es blendend und der andere braucht auf den Schock erst einmal ein Bad. Die Ente bleibt draußen. Schließlich ist die neu und hat mindestens Bluetooth …

Aufgabe: Überlegen Sie weiter!

Wie wäre das Szenario zu bewerten, wenn Herr Müller-Lüdenscheidt unter einer schweren Depression leidet, von welcher Dr. Klöbner nichts weiß? Infolge der anhaltenden schockierenden Notlügen begeht der Patient Selbstmord, bevor es zur Kur kommt. Ist der Arzt dann schuld daran? Hat er grob fahrlässig gehandelt, etwa weil er vorher nicht den Rat der Krankenkasse, einer Juristin oder Psychologin eingeholt hat? Oder ist der Gesetzgeber schuld, da er Herrn Dr. Klöbner eine rechtliche Grauzone überlassen hat? Vielleicht spielen aber auch die Krankenkassen eine Rolle, da sie einen hohen Erfolgsdruck auf Ärzte ausüben, wenn teure Medizinroboter finanziert würden? Wie viel Schuld könnte Herrn Müller-Lüdenscheidt treffen, da er sich selbst gegenüber fahrlässig und auf Kosten der Allgemeinheit risikoarmer Maßnahmen verweigert hat? Oder war er schlicht naiv und dumm, weil offensichtlich die Apps seine Sympathien hatten und er auf sie hörte – als Dr. Klöbner sie zum Lügen nutzte? Wäre es nicht seine Autonomie gewesen – der Mut sich seines eigenen Verstandes zu bedienen –, die selbstverschuldeten Echokammern seiner leibvergessenen und smarten Komfortzonen kritisch zu prüfen? Wer könnte noch alles einen Beitrag zu dem Desaster geleistet haben: Hersteller und Entwickler der Geräte – schließlich haben sie ein System gebaut, das lügen kann? Haben die Angehörigen weggesehen? Welche Rolle spielen das jeweilige Wissen und Können der Protagonisten?

Legen wir noch einmal nach und begeben uns in die Perspektive der Krankenkasse. Das Fitnessgerät wurde von ihr bereitgestellt, wie auch der Wartungsservice. Die Daten, die Herrn Dr. Klöbner vorlagen, wurden auch hier zentral erfasst. Lässt sich eine unterlassene Hilfeleistung vorwerfen, da bei der Kasse auch die Daten der Psychiaterin gespeichert wurden, jedoch ohne den Hausarzt automatisch zu informieren? Nehmen wir alternativ an, es lag keine psychische Erkrankung vor. Diese dient also auch nicht zur Rechtfertigung der unterlassenen Fitnessübungen und Kur. Müssten die Versicherer im Interesse der Allgemeinheit dann nicht ein Sanktionsmodell einführen? Geht aus den Daten hervor, dass ein Patient seinen teuren Gesundheitsroboter nicht wenigstens rudimentär nutzt, dann ist das Gerät doch bei anderen Kranken besser aufgehoben? Oder Müller-Lüdenscheidt müsste erhöhte Beiträge zahlen – nicht wegen seiner Krankheit, sondern wegen seiner selbstverschuldeten Disziplinlosigkeit? Fordert das nicht die Gerechtigkeit? Deontologisch würde auf die Absicht gesehen. Sie entspringt einem an sich guten Willen. Utilitaristisch stünden die Folgen im Mittelpunkt. Vermutlich liegt die Wahrheit in der Mitte. Welchen Weg würden Sie gehen? (Siehe auch Kap. 2.)

Andere Gedanken zu lügenden Robotern in der Science-Fiction und im echten Leben hat zum Beispiel Raúl Rojas (2013) versammelt. Die hier versuchte fiktive Geschichte ist ein Gedankenexperiment. Es geht nicht nur um das Thema des Lügens, sondern vor allem um ein besseres Verständnis der Konflikte zwischen mittleren Prinzipien und entsprechende Anwendungsprobleme in der Technikethik. Mit Blick auf aktuelle Initiativen auf EU-Ebene, wie den *Ethics Guidelines for Trustworty Artificial Intelligence* der *High-Level Expert Group on Artificial Intelligence* (AI HLEG 2019) wurden die vier Gebote der 1970er-Jahre aktualisiert. In der deutschen Übersetzung lauten sie: Achtung der menschlichen Autonomie, Schadensverhütung, Fairness und Erklärbarkeit. Sie unterscheiden sich von den klassischen Prinzipien nach Beauchamp und Childress (1979 in *Principles of Biomedical Ethics* erschienen) in einem Punkt: Wohltun/Heilen und Helfen wurde ersetzt durch **Erklärbarkeit** (und für Gerechtigkeit wurde die ohnehin im Englischen häufig anzutreffende Bezeichnung der Fairness verwendet, als eine pragmatischere, weniger fundamentalistische Variante der Gerechtigkeit). Erklärbarkeit, auch **Transparenz**, ist ein Tribut an die Chancen und Risiken aktueller KI. Jedoch darf auch kritisch gefragt werden, warum eine KI ausgerechnet dann „vertrauenswürdig" sein soll, wenn sie nur Schaden verhütet, ohne notwendigerweise auch einen Effekt für die Förderung des Wohls erbringen zu müssen. *Prima-facie*-Prinzipien sind nicht der Weisheit letzter Schluss. Im Umgang mit KI wie in der Biomedizin stellen sie ein pragmatisches Werkzeug dar, das sich bewähren muss.

An dieser Stelle wird übrigens der Unterschied zwischen einem **Ethos** *(Band 1, 5)* und gelebter **Moral** *(Band 1, 3)* besonders offensichtlich: Im Wortlaut standardisierte Regeln bleiben sinnlos, ohne einen entsprechenden Lebensstil, in dem Taten folgen. Moralisches Handeln wird nicht durch top-down entworfene Prinzipien standardisiert, sondern durch kulturell und sozial vielfältige, nicht monokausal beherrschbare Praxis. Die *Ethics* Guidelines der Europäischen Kommission werden darum kritisch diskutiert, weiterentwickelt, ergänzt und durch Pilotprojekte, Best Practices und Checklisten zur praktischen Umsetzung (die sich vor allem an Herstellerinnen richten) ergänzt (AI HLEG 2020). Auch andere Initiativen sind mit der Ausarbeitung ähnlicher Dokumente beschäftigt. Genannt sei exemplarisch das *Institute of Electrical and Electronics Engineers (IEEE)* das 2019 Guidelines zu *Ethically Aligned Design* vorgelegt hat (IEEE 2019). Dabei handelt es sich um eine provisorische Form der Kodifizierung. Deren Erfolg wird sich auch im Vergleich zu alternativen Paradigmen im Umgang mit KI zu erweisen haben. Genannt seien das Social-Scoring-System in China oder die weniger auf staatliche Regulierung setzenden USA. Doch nun wieder zurück in die Gefilde der Methodologie und Theorie. Wir wollen die Ausführungen aus Abschn. 1.1 noch etwas vertiefen. Hierzu sehen wir uns im anschließenden Abschnitt das Konzept der Situationsethik (Kasuistik) und die Bedeutung der Analogiebildung an. Danach brechen wir eine sprachkritisch begründete Lanze für die Fundierung der Technikethik im endlichen und verletzlichen Menschsein (Kap. 2).

1.3 Kasuistik

Kasuistik (von lat. "casus", der Fall) oder auch **Situationsethik** ist ein Konzept mit zumindest drei Bedeutungen. Zum einen bezeichnet es die Bearbeitung eines Einzelfalls hinsichtlich universalisierbarer moralischer Prinzipien, Regeln, Leitbilder oder Grundsätze. Wir handeln immer in konkreten Situationen, die mal mehr, mal weniger einzigartig sind. Vielleicht sagen wir dann: „Jetzt hat mich dieser Roboter angelogen! So etwas ist mir auch noch nicht passiert.“ Für einen solchen unerwarteten Fall sind die geltenden Normen zunächst erst einmal zu finden und dann anzuwenden (Forschner 2002). Kasuistik arbeitet bottom-up von konkreten Fällen beginnend hin zu allgemeinen Regeln (Rehmann-Sutter 2006, S. 250). In dieser **ersten Bedeutung** reiht sich das Konzept in die allgemeinen Arbeitsweisen angewandter Ethik ein (Abschn. 1.1). Wie andere Aspekte, so ist auch die aktuelle Beschäftigung mit Kasuistik durch Probleme der Bioethik seit den 1970er-Jahren motiviert. Besonders in den USA wirkte sie als kritische Triebfeder gegen starre Vorgaben bloß top-down verfahrender und dazu noch dogmatisierender Moralphilosophie, da diese sich in dringlichen medizinischen Entscheidungslagen als zu sperrig erwiesen. Der Handlungsdruck konkreter Situationen lässt oftmals keine Zeit für breite Grundsatzdebatten. Dementsprechend ist das Lösen von Fällen einer bloßen ethischen Theoriebildung vorzuziehen (Steigleder 2003, S. 152–158; Jonsen und Toulmin 1988). Der Einzelfall wird unter generelle Prinzipien gefasst, geordnet, abgegrenzt und bewertet. Sowohl **analogisches Vorgehen** als auch **logisches Ableiten** sind hierbei möglich. Das methodische Ableiten haben wir in Abschn. 1.1 am Beispiel der fachgerechten Entsorgung eines Roboters skizziert. Im Konkreten lässt sich das Allgemeine erkennen und im Horizont von Paradigmen und Prinzipien interpretieren. Technikethisch wird auch von hermeneutischen oder zetetischen Prozeduren gesprochen bzw. von **Hermeneutik und Zetetik** (Irrgang 2007, S. 11–15).

Methodisch wird der Einzelfall dabei nicht nur bottom-up unter bestehende allgemeine Regeln subsumiert. Er birgt stets das Potenzial, die Theoriebildung zu beeinflussen. Vom Bodensatz des wahren Lebens aufsteigend findet manch umwerfendes Gegenbeispiel seinen Weg ins Herz einer Theorie, um diese postwendend zu erschüttern. Wir haben gerade in Abschn. 1.2 das Beispiel des **Lügenverbotes** betrachtet. Nach Immanuel Kants kategorischem Imperativ gilt dieses obligatorisch, da sonst jede Form des Sprechens ihren wahrheitstragenden Sinn einbüße. Ein klassisches Gegenargument entspringt der konkreten Situation, in welcher ein Mörder an meine Tür klopft und in letaler Absicht den Aufenthaltsort meines Freundes erfragt. Ich weiß, wo er sich befindet, und müsste wahrheitsgetreu antworten. Aber ist das wirklich moralisch und ethisch korrekt? Mache ich mich dann nicht der Beihilfe zum Mord schuldig? Muss ich nicht gerade lügen, weil das Leben eines Menschen wertvoller ist, als die Wahrheit eines Satzes? Rigorose Realitätsferne dieser oder ähnlicher Art wird dem kantischen Ansatz häufig vorgeworfen (zur rechtlichen und ethischen Einordnung siehe Höffe 2004, S. 194–196; Höffe 2012, S. 112–115). Es war aber auch Immanuel Kant, der darauf hinwies, dass jede Ethik, die sich nicht nur als Metaethik, Philosophiegeschichte oder Moralbegründung versteht, sondern praktische Ratschläge geben will, kasuistische Methoden enthält (*MAT*, Kant 2017/1797; Forschner 2002). Diese dienen als immanente Prüfschleifen.

In einer **zweiten Bedeutung** meint Kasuistik das Sammeln und analogische Vergleichen von Einzelfällen. Wie in einer umfassenden Bibliothek sind alle möglichen Situationen zu dokumentieren, sodass sie sich bei Bedarf als Lösungsschablonen aus der Schublade ziehen lassen. Kasuistik im zweiten Wortsinn kann auch als geschlossenes System sittlicher Vorschriften verstanden werden oder gar als Sündenregister (Fenner 2010, S. 14; Forschner 2002; Pieper 2017, S. 157). Ansätze dieser besonderen Art – des Sündenregisters – sind jedoch berechtigterweise in die Kritik geraten und für ethische Technikbewertung unbrauchbar. Denn es geht vor allem darum, methodisch und eigenverantwortlich mit unerwarteten Situationen umgehen zu können, nicht darum, von der Kanzelpredigt herab die Anweisung des eigenen Sollens zu empfangen. Auf der anderen Seite könnte diese Art der Kasuistik durch Digitalisierung ein orientierungsstiftendes Revival feiern. Da sich unser Wissen mehr zu einem „ich weiß, wie ich schnell an die Information komme", und weg von einem „das weiß ich auswendig" entwickelt – was in Anbetracht der ständig zunehmenden Flut neuer Informationen keine schlechte Strategie ist –, könnten abrufbare Beispielfälle zur Lösung ethischer Konflikte gerade in der Roboter- und KI-Ethik wichtig werden. Ein Hauptproblem im Zeitalter der *Fake News* bleibt dadurch natürlich zunächst ungelöst: Woher weiß ich, dass die schnell gefundene Information wirklich Hand und Fuß hat? Jedenfalls verbieten schon der transdisziplinäre Zugang der Technikethik sowie permanente technische Innovationen, die uns wie am Fließband stetig neue Handlungsoptionen eröffnen, das Aufstellen von hermetisch abgeschlossenen Bußregistern.

Das Bilden von **Analogien und Disanalogien** zu bereits bekannten Fällen – ohne Anspruch auf einen einmalig festgesetzten Katalog für jeden Winkel moralischen Lebens – stellt für die Methodik der Einzelfallentscheidung ein hilfreiches Verfahren dar. Ähnlich wie bei der Minimalethik von Beauchamp und Childress – dem Ansatz mittlerer Prinzipien –, dem VDI-Kodex oder anderen *Ethics Guidelines* kann der Bereich allgemeiner Normen und Prinzipien zunächst umgangen werden. Entsprechend lassen sich Entscheidungsfindungen abkürzen, was einen Beitrag zur Handlungsfähigkeit leistet. Die Bildung moralischer Urteile beginnt und endet bei Einzelfällen (Birnbacher 2007, S. 90–92). Systematisch steht der Vergleich neuer Fälle mit bereits bekannten und die anschließende induktive Verallgemeinerung an. Paradigmatisch wirken Beispiele mit starker Evidenz und präziser Narration. Hinzu tritt die taxonomische Zuordnung zu einem oder mehreren Themen (Rehmann-Sutter 2006, S. 249). Durch gelingenden oder misslingenden Vergleich entstehen peu à peu Stammbäume und Vergleichstabellen. Aus ethischer Sicht wesentlich ist jedoch die Kommentierung der jeweiligen Einzelfallentscheidung gerade hinsichtlich der universalisierbaren allgemeinen Normen und Prinzipien. Denn nur so kann eine Situation für die Zukunft vorbildlich wirken, ohne in Willkür abzugleiten. In einem **dritten eher didaktischen Sinn** meint Kasuistik schlicht die Vermittlung allgemeiner eher abstrakter Normen vorgeführt am konkreten Beispiel (Pieper 2017, S. 157). Gemeinsam ist der zweiten und dritten Bedeutung das analogische Vorgehen – einmal, um sich im Handeln zu orientieren, einmal, um Handlungswissen zu vermitteln. Damit ergänzt sie den in Abschn. 1.1 vorgestellten Ansatz.

Wie in der Technikfolgenabschätzung *(Band 1, 6.1)* kommt dem progressiven ethischen Think Tanking eine bedeutende Rolle bei. Potenzielle Konflikte werden in Zukunftsszenarien erprobt, denn wir sollten uns Gedanken machen, bevor das Kind buchstäblich in den Brunnen fällt. Gedanken wie die in Abschn. 1.2 können hierzu dienen. Andernfalls füllen wir bloß dokumentierend und nachträglich ethisch verarztend Tabellen aus. Kasuistik als progressives Erarbeiten möglicher Konfliktlösungen sowie didaktisches Konzept, um den Blick für das Konkrete im Spiegel des Allgemeinen zu schulen, ist ein wesentlicher Teil transdisziplinärer Kompetenz. Das Verfahren weist Ähnlichkeiten zur **Case-Study-Methode** auf. Vorbild ist die wirtschaftswissenschaftliche Ausbildung, um Entscheidungsoptionen für Unternehmen zu erarbeiten. Die wesentliche Kompetenz wird als analytischer Blick anhand von ganz konkreten Fällen geschult – eine konsequente Umsetzung des Learning by Doing (Krohn 2008; Krohn 2017). Von der Sache her funktioniert auch handwerkliches Unterrichten häufig nach dem gleichen Schema. Faustregeln fassen manchen Tipp und Trick zusammen. Jedoch erfolgt die Ausprägung der entscheidenden Fertigkeiten im Umgang mit dem realen Material. Damit nicht sofort wertvolles Neuholz zerstückelt wird, üben wir erst einmal trocken am Verschnitt der letzten Woche. Gleiches gilt für Musiker. Bevor wir uns vor Publikum stellen, üben wir gemeinsam und bevor wir mit anderen musizieren, trainieren wir allein – jedoch stets mit dem realen Instrument ein reales Musikstück.

So ähnlich kann Kasuistik in der Roboter- und KI-Ethik auch funktionieren. Zuerst sammeln wir reale Konfliktfälle aus dem wahren Leben. Dann entwerfen wir verschiedene Lösungsvorschläge, um sie zu vergleichen. Zuletzt ordnen wir die Einzelfälle als auch deren Lösungswege entsprechend einheitlicher **Kriterien** an. Als Kriterien kommen infrage: die je verwendeten technischen Geräte, die durch den Konflikt berührten Werte oder Bereiche, der jeweilige moralische Konflikt sowie die entsprechende ethische Handlungsempfehlung, ihre Begründung, aber auch andere Aspekte wie die Folgen der problematischen Handlung. Schließlich ist eine Taxonomie gar nicht notwendig am Konflikt selbst, sondern an der konkreten ethischen Lösung ausrichtbar. Das taxonomisch-heuristische Verfahren zur systematischen Bildung von Analogien und Disanalogien verspricht wertvollen Nutzen auch für die Technikethik – sowohl zur Dokumentation des Gewesenen als auch zur antizipativen Vorbereitung auf das Kommende. Nichtsdestotrotz gibt es zu wenige Arbeiten hierzu – besonders zur Taxonomie und Heuristik. Das Verhältnis der Anzahl technologischer Innovationen zur Anzahl entsprechender Folgenbewertungen ist leider ungenügend. Dabei ist es höchste Zeit, den ethischen Thinktank zu überhitzen und möglichst viele Anwendungsszenarien durchzuspielen, bevor wir es im globalen Freiluftlaboratorium des Planeten Erde mit allen realen Risiken und Nebenwirkungen tun.

Der Problemaufriss zur Technikethik in Kap. 5 und die Zusammenschau einiger Bereiche der Roboter- und KI-Ethik in *Band 1, 6.2* lassen sich als provisorische Vorschläge für die taxonomisch-heuristische Gliederung solcher Case Studies sehen. Das Dringlichkeitsproblem des Handelns unter Unsicherheit ließe sich in weiterer Folge zumindest progressiv abmildern, indem bereits vor der Einführung einer neuen Technologie Gedanken über mögliche Konfliktfälle und deren Lösungen in der Schublade warten. Vor diesem Hintergrund könnten auch Maschinen zu Artificial Descriptive Ethical Agents *(Band 1, 4.1)* – genauer zu *Artificial Casuistic Agents* – gerinnen. Das ist zumindest nicht abwegig, insofern wir von KI-Dienstleistungen ausgehen, die ethische Entscheidungsfindung „beratend" durch das Modellieren von Szenarien oder Gegenrechnen von Einzelfalltaxonomien zu Lösungsbäumen unterstützen. Sie bleiben auch dann ein Mittel für menschliche Zwecke, übernehmen quasi die Bürokratie des Einzelfalls und rütteln nicht an der anthropologischen Fundierung, die jeder Ethik zukommt (anschließender Abschnitt). Außerdem bleibt eine generelle **Skepsis** erhalten. Denn selbst die besten vorgefertigten und überfülltesten Aktenschränke sind manchen Zufällen und unwahrscheinlichen Wendungen im wahren Leben nicht gewachsen. Handeln unter Unsicherheit lässt sich bürokratisch schulen, darf aber nicht mit Schubladenwirtschaft verwechselt werden.

▶ **Definition: Retrospektive und prospektive Kasuistik** Unter Kasuistik verstehen wir die Beschreibung, den analogischen Vergleich, die analytische wie synthetische Lösung und die taxonomisch-heuristische Einordnung eines moralischen und/oder ethischen Konflikts in einer konkreten Situation. Das schließt die fallbezogene Urteilsbildung ein. Kasuistik umfasst pragmatische Elemente des Problemlösens unter Zeitdruck und leistet durch Heuristiken eine Orientierungshilfe im Alltag. Eine pädagogische Funktion ist zusätzlich erfüllt, wenn am praktischen Beispiel "learning by doing" angewandte Ethik unterrichtet wird. Wir sprechen in der Technikethik dann von einer ***retrospektiven Kasuistik,*** wenn es um einen bereits eingetretenen konkreten Konfliktfall im Umgang mit Technik geht. Wird der Einzelfall jedoch ausgedacht und rational auf ein Zukunftsszenario bezogen, dann sprechen wir von einer ***prospektiven Kasuistik.*** Aus der Analyse, Analogie und Disanalogie potenzieller zukünftiger Konflikte lassen sich Handlungsoptionen für die Gegenwart aufzeigen. Wie durch eine Glaskugel die Zukunft vorhersehen lässt sich dadurch nicht. Es geht vor allem darum, den kritischen und analytischen Blick zu schulen, um auf Unvorhergesehenes vorbereitet zu sein – getreu dem Motto: (Begründete) Vorsicht ist besser als Nachsicht. Das schließt ethisches Think Tanking und Gedankenexperimente ein. Auch einige Werke der Science-Fiction, wie Asimovs Erzählungen, leisten einen Beitrag *(Band 1, 5.3; Band 3, 2.1; Band 4, 3.2; Band 4, 3.4).* Prospektive Kasuistik ist in der Technikfolgenabschätzung auch mit dem Begriff der Technikzukünfte angesprochen *(Band 1, 6.1).*

Conclusio

Technikethik operiert nicht im luftleeren Raum. Die Verfahren und Begriffe aktueller ethischer Praxis wurden seit den 1970er-Jahren zunehmend durch die Themen Medizin, Umwelt/Ökologie und Natur befördert. An dieser Entwicklung nimmt die Technikethik als eigenständige Bereichsethik von Anfang an Teil. Mehr noch, es lässt sich argumentieren, dass neue technologische Möglichkeiten und Problemlagen – von der Atomkraft bis hin zur Medizintechnik – die Herausbildung einer genuin angewandten Ethik wesentlich befördert haben. Jedoch wäre es verfehlt, ethische Praxis als Reaktion auf die Technologien der 1970er-Jahre zu reduzieren. Ethik ist immer schon auch eine Klugheitslehre und Art der Lebensweisheit gewesen. Als Seelenheilkunde und Suche nach dem glücklichen Leben in einer Gemeinschaft reichen ihre Wurzeln bis weit in die Antike zurück. Auf der anderen Seite hat die europäische Neuzeit mit ihrem Ideal wissenschaftlicher Exaktheit, Rationalität und methodischer Strenge auch die Ethik mitgerissen. Nicht nur die Emanzipation der Seelenheilkunde als Psychologie und Psychotherapie vom Fach der Ethik, sondern vor allem der Anspruch, Ethik wie auch Philosophie als Wissenschaft im neuzeitlichen Sinne zu begreifen, haben nachhaltige Spuren gezeichnet. Es brauchte eine Art Rückbesinnung angestoßen durch technologische Herausforderungen etwa im Umgang mit Atommüll, um durch die neuzeitlich exakte historische Schraffur wieder den Anwendungscharakter der Ethik verstärkt zu entdecken. Heute verbindet Technikethik beide Aspekte. Sie ist eine Wissenschaft von der Moral, geprägt von Rationalität und Methodik, sowie eine praktische Kunst der kritischen Einzelfallverhandlung.

Kennzeichnend für einen methodischen Grundriss der Technikethik ist die Abwägung einer konkreten Handlungsempfehlung durch ein mehrstufiges Verfahren. Der konkrete Einzelfall lässt sich induktiv einem Schema aus sechs Stufen folgend in Beziehung zu allgemeinen Prinzipien und Theorien setzen – umgekehrt lässt sich deduktiv vom Allgemeinen gradualistisch zum Konkreten verfahren. Handlungsdruck und kurze Reaktionszeit erzwingen auch in der Technikethik eine gewisse Pragmatik, um mit Unsicherheiten und Ungewissheiten umgehen zu können. Das Ausruhen auf abstrakten Überlegungen zur Theorie des Sollens reicht nicht aus und kann selbst die Gestalt eines moralistischen Fehlschlusses annehmen – wo nur auf das Sollen geschaut wird und die Mittel zur praktischen Umsetzung aus dem Blick geraten. Aber auch problemfreie Prinzipienreiterei oder das Erzeugen von Scheinproblemen sind meist nicht nur methodisch verfehlt, sondern auch regelrecht unethisch. Sogenannte mittlere Prinzipien, die auch als *Prima-facie*-Regeln bezeichnet werden, befinden sich dem Namen entsprechend im graduellen Schema auf einer mittigen Stufe. Sie sind allgemein genug, um in diversen Situationen anwendbar zu sein und das Ergebnis nicht vorwegzunehmen, jedoch auch konkret genug, um einen verständlichen Handlungsbezug herzustellen. Vier dieser Prinzipien wurden 1979 für die biomedizinische Ethik entwickelt. Sie lauten Respekt vor Autonomie, heilen und helfen, Schaden vermeiden und Gerechtigkeit umsetzen.

In neueren Kodizes – wie einem 2019 von der EU zur vertrauenswürdigen KI verabschiedeten – werden diese *Prima-facie*-Regeln wiederholt, angepasst und weiterentwickelt. Die jeweiligen Prinzipien können jedoch auch untereinander in Konflikt geraten. Nicht nur dadurch setzt deren Umsetzung mehr als bloß *Ethics Guidelines* voraus, die von oben nach unten kommuniziert werden. Wer nicht lernt mit der Autonomie anderer Menschen im moralischen Alltag umzugehen, wird eine entsprechend kodifizierte Formulierung bestenfalls als Lippenbekenntnis nachreden. Aus methodischer Sicht nimmt darüber hinaus die Kasuistik eine herausragende Rolle ein. Das Sammeln, Bewerten und Ordnen von Einzelfällen erfüllt eine wesentliche didaktische Funktion, wo es um das Erlernen analytischer und praktischer Fähigkeiten im Umgang mit unerwarteten Situationen geht. Das retrospektive Verwalten eingetretener Fälle kann wie eine Bibliothek bzw. Best-Practice-Sammlung wirken. Auch vorausschauendes, prospektives Antizipieren konkreter Fälle, deren Eintrittswahrscheinlichkeiten und potenzieller Lösungen gehören zur angewandten Technikethik. In Kap. 2 werden wir vier Wege der Kasuistik unterscheiden und diese mit dem Gradualismus angewandter Technikethik verbinden. Peu à peu wird Technikethik als methodisch-sprachkritische Anthropozentrik vertieft.

Literatur

Ach JS/Düber D/Quante M (2021) "Medizinethik." In Grunwald A/Hillerbrand R (Hg) Handbuch Technikethik. 2., aktualisierte und erweiterte Auflage. Metzler Springer, Berlin, S 229–233

AI HLEG (2019) Ethics Guidelines for Trustworthy Artificial Intelligence. High-Level Expert Group on Artificial Intelligence. 8. April 2019. European Commission, Brüssel. [Online: https://ec.europa.eu/futurium/en/ai-alliance-consultation.1.html (27. Juli 2021)]

AI HLEG (2020) The Assessment List for Trustworthy Artificial Intelligence (ALTAI) for self-assessment. European Commission, Brussels. [Online: https://futurium.ec.europa.eu/en/european-ai-alliance/document/ai-hleg-assessment-list-trustworthy-artificial-intelligence-altai (27. Juli 2021)]

Aristoteles (2011) Zweite Analytik. Analytica Posteriora. Griechisch-Deutsch. Felix Meiner, Hamburg

Aristoteles (2007) Analytica Priora. Buch I. Werke in deutscher Übersetzung. Band 3. Teil I. Akademie Verlag, Berlin

Bacon F (1999/1620) Neues Organon. Teilband 1. Lateinisch-Deutsch. Felix Meiner, Hamburg

Beauchamp TL/Childress JF (2001) Principles of Biomedical Ethics. Fifth Edition. Oxford University Press, Oxford

Birnbacher 2007 D Birnbacher 2007 Analytische Einführung in die Ethik 2 Walter de Gruyter Berlin/New York

Corcilius K (2011) "Methode." In Rapp C/Corcilius K (Hg) Aristoteles Handbuch. Leben – Werk – Wirkung. Metzler, Stuttgart/Weimar, S 266–271

Düwell M/Steigleder K (Hg) (2003) Bioethik. Eine Einführung. Suhrkamp, Frankfurt a.M.

Düwell M (2008) Bioethik. Methoden, Theorien und Bereiche. Metzler, Stuttgart/Weimar

Fenner D (2010) Einführung in die angewandte Ethik. Francke, Tübingen

Forschner M (2002) „Kasuistik.“ In Höffe O (Hg) Lexikon der Ethik. 6. neubearbeitete Auflage. C.H. Beck, München, S 132–133

Grunwald A/Hillerbrand R (2021) „Überblick über die Technikethik.“ In Grunwald A/Hillerbrand R (Hg) Handbuch Technikethik. 2., aktualisierte und erweiterte Auflage. Metzler/Springer, Berlin, S 3–12

Höffe O (2004) Immanuel Kant. 6., überarbeitete Auflage. C.H. Beck, München

Höffe O (2012) Kants Kritik der praktischen Vernunft. Eine Philosophie der Freiheit. C.H. Beck, München

Hubig C (2007) Die Kunst des Möglichen II. Ethik der Technik als provisorische Moral. Transcript, Bielefeld

Hubig C/Luckner A (2021) “Klugheitsethik/Provisorische Moral.” In Grunwald A/Hillerbrand R (Hg) Handbuch Technikethik. 2., aktualisierte und erweiterte Auflage. Metzler/Springer, Berlin, S 155–159

IEEE (2019) Ethically Aligned Design. [Online: https://standards.ieee.org/industry-connections/ec/ead-v1.html (27. Juli 2021)]

Irrgang B (2007) Hermeneutische Ethik. Pragmatisch-ethische Orientierung in technologischen Gesellschaften. WBG, Darmstadt

Jonsen A/Toulmin S (1988) The abuse of casuistry. University of Chicago Press, Berkeley

Kant I (1974a/1781ff) Kritik der reinen Vernunft 1. Band III Werkausgabe. Herausgegeben von Wilhelm Weischedel. Suhrkamp, Frankfurt a.M.

Kant I (1974b/1781ff) Kritik der reinen Vernunft 2. Band IV Werkausgabe. Herausgegeben von Wilhelm Weischedel. Suhrkamp, Frankfurt a.M.

Kant I (2017/1797) Metaphysische Anfangsgründe der Tugendlehre. Metaphysik der Sitten. Zweiter Teil. 3., durchgesehene und verbesserte Auflage. Felix Meiner, Hamburg

Knoepffler N (2010) Angewandte Ethik. Ein systematischer Leitfaden. Böhlau, Köln/Weimar/Wien

Krohn W (2008) „Epistemische Qualität transdisziplinärer Forschung.“ In Bergmann M/Schramm E (Hg) Transdisziplinäre Forschung. Integrative Forschungsprozesse verstehen und bewerten. Campus Verlag, Frankfurt a.M. / New York, S 39–68

Krohn W (2017) “Interdisciplinary Cases and Disciplinary Knowledge. Epistemic Challenges of Interdisciplinary Research.” In Frodeman R/Klein JT/Pacheco RCS (HG) The Oxford Handbook of Interdisciplinarity. Second Edition. Oxford University Press, Oxford, S 40–52

Lenk H (1982) Zur Sozialphilosophie der Technik. Suhrkamp, Frankfurt a.M.

Marckmann G/Bormuth M/Wiesing U (2008) Allgemeine Einführung in die medizinische Ethik. In Wiesing U (Hg) Ethik in der Medizin. Ein Studienbuch. Reclam, Stuttgart, S 21–35

Maio G (2017) Mittelpunkt Mensch. Ethik in der Medizin. Ein Lehrbuch. Mit einer Einführung in die Ethik der Pflege. 2. Auflage. Schattauer, Stuttgart

Nagel S (2021) “Bioethik.” In Grunwald A/Hillerbrand R (Hg) Handbuch Technikethik. 2., aktualisierte und erweiterte Auflage. Metzler/Springer, Berlin, S 208–212

Ott K (2021) “Umweltethik.” In Grunwald A/Hillerbrand R (Hg) Handbuch Technikethik. 2., aktualisierte und erweiterte Auflage. Metzler/Springer, Berlin, S 244–249

Pieper A (2017) Einführung in die Ethik. 7. Auflage. Francke, Tübingen

Rehmann-Sutter C (2006) „Bioethik.“ In Düwell M/Hübenthal Ch/Werner M (Hg) Handbuch Ethik. 2. Auflage. J.B. Metzler, Stuttgart/Weimar, S 247–253

Rojas R (2013) „Können Roboter lügen?“ In Rojas R (2013) Können Roboter lügen? Essays zur Robotik und Künstlichen Intelligenz. Hg. Florian Rötzer. Heise, Hannover. EPUB. ISBN 978–3–944099–92–7 (V1)

Schöne-Seifert B (2007) Grundlagen der Medizinethik. Alfred Kröner, Stuttgart

Steigleder K (2003) „Kasuistische Ansätze in der Bioethik.“ In Düwell M/Steigleder K (Hg) Bioethik. Eine Einführung. Suhrkamp, Frankfurt a.M., S 152–167

Weber K/Zoglauer T (2018) „Maschinenethik und Technikethik.“ In Bendel O (Hg) Handbuch Maschinenethik. Springer VS, Wiesbaden. [(DOI) https://doi.org/10.1007/978-3-658-17484-2_10-1]

„Mittelpunkt Mensch!" Methodisch-sprachkritische Anthropozentrik und leibliche Orientierung

2

Zusammenfassung

Welche methodischen Wege lassen sich in der angewandten Technikethik gehen? Top-down und bottom-up, jeweils logisch ableitend und analogisch vergleichend, ergeben sich vier Optionen für eine einzelfallbezogene Kasuistik. Die gradualistische Stufung ethischer Urteilsbildung ist zu berücksichtigen wie auch die Trennung normativer und deskriptiver Wortverwendung. Hierzu wird mit Abb. Band 2, 2 eine zentrale Zusammenfassung zur technikethischen Praxis vorgestellt. Vertiefend kommen die Möglichkeitsbedingungen einer solchen Verfahrensform zur Sprache. Technikethische Urteilsbildung hat menschliche Handlungen zum Gegenstand, wird aber auch durch menschliche Praxis selbst ermöglicht. Das betrifft zum Beispiel die Vollzugsperspektive des Sprechens, aus der auch Vertreterinnen des Trans- oder Posthumanismus nicht heraus können. Methodisch-sprachkritische Anthropozentrik erweist sich als methodische Basis einer an gemeinschaftlich und leiblich existierenden Menschen orientierten rationalen Technikbewertung. Auch wenn wir über moralische Maschinen nachdenken, lässt sich das menschliche Handeln als Fixpunkt jeder Ethik nicht überwinden. Technikethik ist rationaler, selbstkritischer Humanismus.

Vorliegender Abschnitt segelt unter dem Banner einer Formulierung, die Giovanni Maio in seiner Medizinethik verwendet: „Mittelpunkt Mensch" (Maio 2017). **Normativität** hat in der Philosophie mindestens zwei Seiten. Sie meint zum einen moralische und ethische Normen, die menschliche Handlungen betreffen. So gesehen bedeutet das Banner so viel wie: Menschen sollen in der Technikethik stets im Mittelpunkt stehen. Dieser Aspekt, der auch in verschiedenen Entwürfen zu *Human-centered* Design *und entsprechenden Ethics* Guidelines *angesprochen wird (AI HLEG 2019 etc.), ist nicht trivial. Im Angesicht medizinethischer Fragen übt etwa Maio Kritik an sogenannter Apparatemedizin, Bürokratisierung, wirtschaftlichem Effizienzdruck und der Reduktion*

© Springer Fachmedien Wiesbaden GmbH, ein Teil von Springer Nature 2022
M. Funk, *Angewandte Ethik und Technikbewertung*,
https://doi.org/10.1007/978-3-658-37085-5_2

von leiblichen Menschen auf analytisch fragmentierte Krankheitsbilder. All das hat natürlich auch seine Berechtigung und ist ein Kennzeichen hoch entwickelter Gesundheitssysteme. Jedoch droht das Abgleiten in eine schleichende **Technokratie**, also die Gestaltung medizinischer Praxis nach technologischen Sachnormen, die eine Eigendynamik entwickeln können (Liu et al. 2021). Menschen als ganzheitliche, soziale und in mannigfaltige Lebensentwürfe eingebettete Wesen drohen aus dem Blick zu geraten. Dabei ist gerade im Gesundheitswesen das Patientenwohl von besonderem Interesse und entsprechend das Verstehen der Patientinnen in ihren konkreten leiblichen Situationen zu fordern (Bergemann 2020; Huber 2021). Gefahren einer fehlgeleiteten Technokratie gelten auch über die Medizin hinaus ganz allgemein beim Umgang mit **Informationstechnologien** (Janich 2006; Fuchs 2020). Neben technischen Sachnormen gibt es weitere wie juristische, diagnostische etc. In vorliegendem Buch geht es um die philosophischen.

Die zweite Art philosophischer Normen leitet sich aus der ersten ab, wobei es nun um Erkenntnishandlungen geht. Forschung und technische Entwicklung sind nicht nur im ethisch oder moralisch relevanten Sinn normative Praxis, sondern auch im epistemischen und wissenschaftstheoretischen. Soll heißen, es gibt **epistemische Normen,** nach denen wir unser aktives Ringen um Wissen, Kennen und Können ausrichten. Methodologien sind Beispiele dafür, wo nicht primär die Forschungsethik gemeint ist („Begehe kein Plagiat!"), sondern wo die operationalen Ordnungen zur **Genese** (praktisches Erzeugung wissenschaftlicher Tatsachen in Experimenten) und vor allem der **Geltung** (Rechtfertigung einer Tatsachenaussage hinsichtlich ihrer Begründung) im Mittelpunkt stehen *(Band 4, 1.1; Band 4, 5.1)*. Im Anhang vorliegenden Buches, wie auch der anderen Bände der Buchreihe *Grundlagen der Technikethik,* ist eine *Methodensynopsis* enthalten. Blättern bzw. scrollen Sie einmal vor, Sie werden dort Aussagen finden, die epistemische Normen ausdrücken („Vermeiden Sie den Sein-Sollen-Fehlschluss!" etc.). In diesem Sinne ist die Aussage „Mittelpunkt Mensch!" auch epistemisch zu verstehen. Sie meint dann, dass die methodische Geltung ethischer Technikbewertung aus menschlichen Handlungen abgeleitet wird und nicht aus Funktionen der Informationsverarbeitung – also von Computern, Robotern oder künstlicher Intelligenz (KI), die wir für „ethisch" halten könnten. Um diese Art der epistemischen Normativität soll es in vorliegendem Abschnitt gehen. Wir stoßen somit in das methodische Herz der Technikethik vor, indem wir das bereits in Kap. 1 Gesagte zusammenführen und noch etwas in die Tiefe bohren.

Hierzu wollen wir uns zuerst Abb. Band 2, 2 ansehen. Kasuistisches Vorgehen – ob logisch ableitend oder analogisch vergleichend, retrospektiv oder prospektiv (Abschn. 1.3) – bleibt operational unterbestimmt ohne eine methodisch gesicherte Orientierung. Leiten wir zum Beispiel (handlungs-)logisch gradualistisch aus Moralprinzipien ab (1. Ethische Theorien; siehe die sechs Stufen in Abschn. 1.1), dann stellt sich die Frage nach deren Begründung. Für Immanuel Kant (1724–1804) war dies der **kategorische Imperativ,** orientiert am initialen an sich guten Willen *(Band 1, 4.2)*. Im **Utilitarismus** stehen hingegen die Folgen der Handlung im Mittelpunkt, errechnet mit dem nützlichen Maß des **utilitaristischen Imperativs** *(Band 1, 4.3)*. Das diskursethische **Moralprinzip** kennt die kommunikative Gemeinschaft, in welcher alle Beteiligten einer (moralischen)

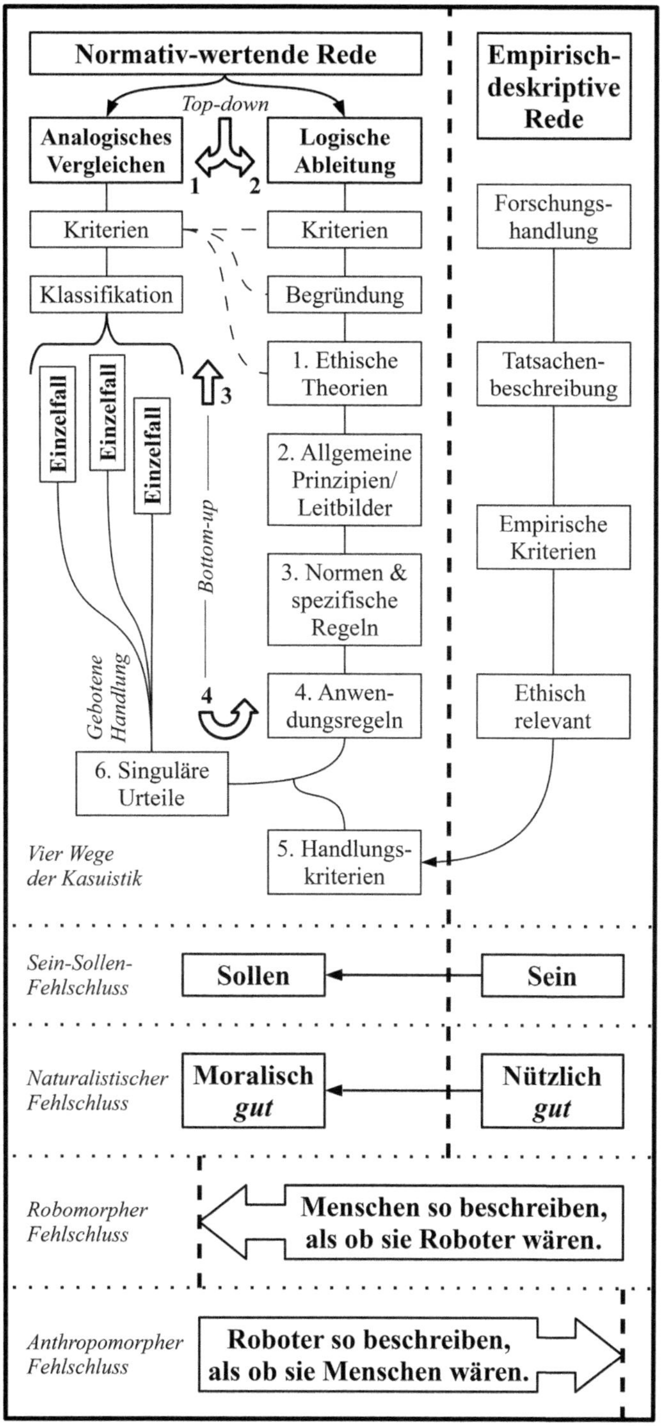

Abb. Band 2, 2 Vier Wege der Kasuistik und die Differenz normativ-wertender und empirisch-deskriptiver Rede

Norm zustimmen *(Band 1, 4.4)*. Dies sind nur drei Beispiele für mögliche Moralprinzipien, die bei der gestuften Ableitung top-down an oberer Stelle stehen können. Mit Blick auf die kollektive Langzeitverantwortung technischen Handelns ließe sich auch der Imperativ von Hans Jonas ergänzen oder das **Prinzip der Bedingungserhaltung** (beides sehen wir uns in Kap. 4 an). Es geht dabei um die Kriterien, anhand derer wir die Bewertungskette eichen: gute Motivationen, nützliche Folgen, idealer Konsens in einer Diskursgemeinschaft oder Erhaltung der Bedingungen verantwortlichen Handelns für kommende Generationen – weitere Ansätze bieten Tugenden, „objektive" Werte oder einen Moral Sense als Alternativen an. In Abb. Band 2, 2 entspricht dem graduellen Ableiten der zweite von vier Wegen in der linken Spalte der normativ-wertenden Rede (top-down 2).

Die gerade erwähnten Moralprinzipien verorten wir in Box „1. Ethische Theorien". Sie dienen zur Kriterienbildung für die Erarbeitung eines „singulären Urteils" (Box „6."). Wir sprechen auch von **Entscheidungskriterien**. Davon zu unterscheiden sind die metaethischen **Begründungskriterien**. Diese dienen wiederum zur Erarbeitung der Moralprinzipien *(Band 1, 4.5)*. In der Box „Kriterien" oberhalb der „Begründung" ethischer Theorien finden wir sie in der Abbildung vertreten. Zwischen den erwähnten Boxen der (handlungs-)logischen Ableitung und dem analogischen Vergleichen fallen einige gestrichelte Linien auf. Diese deuten skizzenhaft die möglichen, aber nicht zwingenden Übergänge zwischen den abstrakteren Bereichen beider Verfahren an.

Gehen wir analogisch vergleichend vor, dann benötigen wir zunächst kein oberstes Moralprinzip. Die Taxonomie, Klassifikation oder Heuristik konkreter Einzelfälle kann sich an anderen (Vergleichs-)Kriterien orientieren, wie sittlichen Normen, die miteinander in Konflikt geraten, empirischen Handlungsfolgen oder weiteren (Abb. Band 2, 2, linke Spalte, **top-down 1**). Es wird nach **Ordnungskriterien** analogisch eine Klammer gebildet, unter der sich die jeweiligen Einzelfälle in verschiedene Gefäße einsortieren lassen. Ändern sich die Kriterien, dann kann bildlich gesprochen ein Glas wieder geöffnet werden und einzelne Konflikte lassen sich neu sortieren. Verfahren dieser Art sind zum Beispiel aus den biologischen Wissenschaften und der Geologie hinlänglich bekannt. Stammbäume zur Beschreibung der **Humanevolution** in der Paläoanthropologie stellen paradigmatische Beispiele dar. Seit den technischen Verfahren der Genomsequenzierung sind neue Kriterien zur Einordnung von Fossilien in die mögliche Entwicklungsgeschichte des Menschen gegeben. Was uns die oberflächliche Vermessung von humanen Fossilien verbirgt, das wird durch den neuen Tiefenblick der Genetik offenbart: Mitteleuropäerinnen tragen grob 1 % Neandertalergene in sich. Wie in vielen anderen Bereichen der Botanik und Zoologie, so eröffnet die Genetik auch in der Humanevolution auf methodischem Weg neue Anhaltspunkte zur Einordnung konkreter Einzelfälle (Fossilien und Fundkontexte) in Klassifikationen (Stammbäume; Gutmann et al. 2010; Schrenk und Müller 2007; Funk 2015a; Funk 2015b). Insofern ist das analogische Verfahren top-down ein sehr dynamischer Prozess, der einer methodisch rekonstruierbaren Kriterienbildung folgt.

Wir haben in Abschn. 1.3 festgestellt, dass Einzelfälle selbst auch das Potenzial bergen, Theorien zu erschüttern. Wir sprechen dann von einem Gegenbeispiel oder einer **Falsifikation**. Das gilt methodisch für Natur- und Technikwissenschaften, ganz ähnlich jedoch auch in der Ethik – bei allen weiteren Unterschieden. In der Humanevolution können einzelne Funde eine Schlüsselstellung in der Rekonstruktion prähistorischer Vergangenheiten spielen und zur Neuinterpretation bereits vorhandenen Materials beitragen. Exemplarisch lässt sich die wissenschaftliche Sprengkraft von Schlüsselfunden an der Frage nachvollziehen, wann der „moderne" Mensch entstanden ist. Bisher galten ca. 200.000 Jahre als gesetzt. Aktuelle Funde sind jedoch älter und gleichfalls dem *Homo sapiens* zuzurechnen: „Die neuen Erkenntnisse lassen nun auch umstrittene frühere Fossilien in neuem Licht erscheinen: So rechnen die Forscher ein etwa 260.000 Jahre altes Schädelfragment aus Florisbad in Südafrika nun ebenfalls dem *Homo sapiens* zu."[1] Die wichtige Einsicht lautet, dass ein konkreter Einzelfund nicht nur in eine neue Schublade zu sortieren ist, sondern die Kriterien, nach denen bekannte Funde geordnet wurden, beeinflussen kann. Methodisch-handlungstheoretisch gesehen folgen die Prozeduren der ethischen Kasuistik auf dem dritten Weg (Abb. Band 2, 2, **bottom-up 3**) einer vergleichbaren Verfahrensstruktur. Werden dabei nicht nur die Interpretation und Einordnung vorhandener Fälle verändert, sondern auch die Prinzipien einer zugrunde liegenden Theorie, dann können wir von einer Falsifikation oder eben einem Gegenbeispiel sprechen. In der Abbildung entspricht dem der vierte Weg bei den Einzelfällen beginnend gegen den Uhrzeigersinn gelesen bis hin zu den ethischen Theorien und deren Begründung (**bottom-up 4**).

Methode bedeutet einen Weg mit Wegweisern geordnet auf einer möglichst präzisen Landkarte zu verfolgen. Da die spannendsten Momente der Forschung auf Neuland gegangen werden – das gilt wohl für Robotik genauso wie für Biologie und die Ethik –, sind entsprechend präzise Karten nicht vorhanden. Lediglich mancher Kompass vermag grob die Richtung zu deuten. Vier dieser Richtungsangaben ethischer Einzelfallverhandlung sehen wir in Abb. Band 2, 2 vor uns. Gerade haben wir sie vom Allgemeinen analogisch (top-down 1) oder logisch (**top-down 2**) zum Konkreten hin skizziert. Von den Einzelfällen lässt sich in umgekehrter Richtung auf logischen (bottom-up 4) oder analogischen (bottom-up 3) Pfaden zum Allgemeinen fortschreiten. Sowohl in der Praxis empirischer Forschung als auch in der Praxis ethischer Urteilsbildung werden diese Wege meist nicht idealtypisch isoliert betreten. Sie verdichten sich zu ineinander geschachtelten Prozessen, quasi Pendelbewegungen zwischen der Begründung abstrakter Sätze, deren sinnvoller Anwendung und Überprüfung im echten Leben. Der Weg top-down 2 von den Kriterien (handlungs-)logischer Ableitung bis hin zu den singulären Urteilen des Einzelfalls kann direkt in den Weg bottom-up 3 übergehen. In diesem Fall

[1] https://www.zeit.de/news/2017-06/07/wissenschaft-der-moderne-mensch-ist-wesentlich-aelter-als-angenommen-07214604.

versammelt eine metaethische Klassifikation die verschiedenen ethischen Sprachen und Begründungsansätze für die Lösung eines konkreten Falls. Es wird also mehrmals mit verschiedenen (Entscheidungs-)Kriterien und Begründungsangeboten top-down 2 verfahren. Anhand des Vergleichs der Ergebnisse lässt sich konkret studieren, welche argumentative Evidenz zum Beispiel eine deontologische Analyse von einer utilitaristischen unterscheidet (bottom-up 3). Geht gegen den Uhrzeigersinn gelesen der Weg top-down 1 in bottom-up 4 über, dann werden zuerst analoge Einzelfälle gesammelt und anschließend untersucht, ob sich diese im Rahmen einer vorliegenden ethischen Theorie überhaupt sinnvoll lösen lassen. Dies ist eine mögliche Methode, mit der Methodenvielfalt in der Ethik umzugehen. Zusätzlich entstehen vielfältige Startpunkte. Beginnen und enden wir bei Einzelfällen, wie im Rahmen der Kasuistik von Birnbacher vorgeschlagen, dann entstehen die Wege bottom-up 3 bzw. 4 übergehend von unten nach oben in top-down 1 bzw. 2. Dass wir dabei stufenweise auch durch die oberen theorielastigen Stufen gehen, schützt gegen einzelfallimmanente Willkür.

Bildlich nachvollziehbar entstehen kreisende, spiral- und/oder pendelförmige Bewegungen auf allen vier Wegen, wenn die abstrakten Grade der logischen Ableitung und des analogischen Vergleichens aneinandergekoppelt sind (in Abb. Band 2, 2 durch die gestrichelte Linie zwischen den beiden Strängen illustriert). Das kann zur kohärenten Aufarbeitung eines Problems führen, wenn wir zum Beispiel die konkreten Handlungsfolgen als Entscheidungs(!)kriterium gleichermaßen für die Ableitung und die Ordnung gebrauchen. (Im folgenden Abschnitt sehen wir, warum wir empirische Handlungsfolgen zwar als Entscheidungs-, jedoch nicht als Begründungskriterien nutzen dürfen.) Aber auch konkrete moralische Werte – wie Menschenrechte – können diesen Zweck erfüllen –, zumal häufig mehrere Kriterien sowohl zur Entscheidungsfindung als auch bei der Begründung oder Ordnung zur Anwendung kommen. Dass Menschenrechte ohnehin spätestens bei den allgemeinen Leitbildern (Box „2.") oder Normen (Box „3.") eine Rolle spielen, ist nicht strittig. Die Frage ist nur, ob in einem Einzelfall Menschenrechte unbedingt herangezogen werden müssen. Denken wir an Dr. Klöbner und Müller-Lüdenscheidt (Abschn. 1.2), dann kommen wir um diese nicht herum. Schließlich geht es um Persönlichkeitsrechte des Patienten im Angesicht umfassender medizinischer Überwachung. Denken wir jedoch an unseren ökologischen Missetäter und den Roboter im Straßengraben (*Band 1, 4.7* und Abschn. 1.1), dann spielt eher der Eigenwert der natürlichen Umwelt eine Rolle sowie die Langzeitverantwortung. Im Zusammenhang mit selbstfahrenden Autos lässt sich zum Beispiel das Recht auf Mobilität als Entscheidungskriterium anlegen, bei Fällen im Umfeld dessen, was wir Industrie 4.0 nennen, das Recht jedes Menschen auf (würdevolle) Arbeit. Das Sammeln und anwendungsbezogene Vergleichen von moralischen Werten für einen Konfliktfall unterliegt selbst wiederum einer kasuistischen Methode.

Aufgabe: Gehen Sie selbst einige Wege!

In Abschn. 1.2 konfligierten die Patientenautonomie von Müller-Lüdenscheidt mit den Geboten des Heilens und der Schadensvermeidung auf der Seite von Dr. Klöbner. Wir können diese Situation mit verschiedenen Top-down-2-Schleifen durchdeklinieren und die jeweiligen Ergebnisse bottom-up 3 vergleichen: Welcher Wert (Patientenautonomie oder Heilen/Schadensvermeidung) gewinnt wie oft die Überhand? Wie viele unterschiedliche Lösungsangebote lassen sich argumentativ erzeugen? Welche (moralischen) Werte und Prinzipien lassen sich anlegen? Bedenken Sie auch die Parallelen zum aktuellen Wertekonflikt in der COVID-19-Pandemie: Wie viel Privatheit dürfen/können/müssen wir aufgeben, um durch umfassendes Monitoring – vielleicht so wie in China (?) – die Virusausbreitung und damit gesundheitlichen Schäden effektiver zu verhüten? Versuchen Sie auch die Wege top-down 1 und bottom-up 4 und experimentieren Sie ruhig mit verschiedenen Argumenten etwas herum. Tipp: Eine Tabelle, in welcher sich die jeweiligen Prinzipien, Kriterien und Werte erfassen lassen, kann helfen. (Siehe auch den Tabellenvorschlag in Abschn. 3.2 sowie Kap. 4.)

In den folgenden Abschnitten erarbeiten wir uns Schritt für Schritt ein genaueres Bild menschlich begründeter Ethik. Wir wenden uns dem „Mittelpunk Mensch" zu, auf welchem eine solche Methodenheuristik aufbaut, und überlegen, warum eine robozentrische Moralbegründung nicht möglich ist. Abschn. 2.1 behandelt das untere Drittel von Abb. Band 2, 2 mit Blick auf mögliche Fehlschlüsse. Daran anschließend erfolgt eine Darstellung des Unterschieds zwischen Kommunikation und technischer Informationsverarbeitung (Abschn. 2.2). Kommunikation ist zwischenmenschliche, leibliche Praxis und nicht mit Informationsverarbeitung zu verwechseln. Kennzeichnend hierfür sind existenzielle Merkmale menschlichen leiblichen Lebens, die sich in Begrenzungen des Beobachterstandpunktes, aber auch in kreativen Potenzialen der Vollzugsperspektive offenbaren. Vor diesem Hintergrund werden in Abschn. 2.3 die Endlichkeit und Verletzlichkeit humaner Lebensformen herausgestellt sowie diverse Asymmetrien im zwischenmenschlichen Alltag, aber auch in der Mensch-Technik-Interaktion als Gegenstände der Ethik aufgedeckt. Abschn. 2.4 präsentiert eine Art Gegenprobe und offenbart menschliche Sprachhandlungen selbst wiederum als Grundlage post- und transhumanistischer Positionen.

2.1 Fehlschlüsse und trendige Robomorphismen

Unabhängig davon, ob wir (handlungs-)logisch ableitend oder analogisch vergleichend in bzw. mit konkreten Situationen verfahren, kommt dem Vermeiden von Fehlschlüssen herausragende Bedeutung bei. In der Ethik darf vom bloßen Sein nicht auf ein Sollen geschlossen werden (**Sein-Sollen-Fehlschluss, Humesches Gesetz,** *Band 1, 4.6*).

Die Setzung der ersten Begründungsinstanz ist also nicht durch eine naturalistische oder wie auch immer geartete **empirische Tatsachenaussage** möglich (moralisch Gutes ist nicht durch außermoralisch, nützlich Gutes zu definieren: **naturalistischer Fehlschluss**). Bei aller Methodenvielfalt der Ethik, diese Einsicht ist Teil allgemeiner Merkmale ethischer Theorien und Verfahren. Sie durchdringt die eingangs angesprochene epistemische Normativität. Darum finden wir in Abb. Band 2, 2 auch zwei Spalten. Die linke umfasst das **normativ-wertende Sprechen** und die rechte das **empirisch-deskriptive.** In den beiden darunterliegenden, durch je eine grob gestrichelte horizontale Linie abgesetzten Segmenten werden die Fehlschlüsse grafisch illustriert: Der Übergang vom Sein zum Sollen und vom pragmatisch Guten zum moralisch Guten (jeweils ein durchbrechender Pfeil) ist nicht möglich. Eine Linie von der Box des Forschungshandelns zu den ethisch relevanten empirischen Kriterien (Box „5.") durchstößt jedoch die vertikale Naht der beiden Spalten auf zulässige Art und Weise. Zuerst ist festzuhalten, dass die Schritte auf der rechten Seite der tatsachenorientierten empirischen Forschung eine sehr grobe unvollständige Skizze darstellen. Naturwissenschaftliches und technisches Arbeiten ist eine Summe viel komplexerer Prozesse!

Da es hier jedoch um die Methodik der Technikethik als angewandter Ethik geht, muss es bei der nur schemenhaften Andeutung bleiben. Verfahren wir jedoch in der Ethik ohne Blick für die praktische Umsetzbarkeit des Sollens sowie die weiteren empirischen Rahmenbedingungen, begehen wir einen weltfremden **moralistischen Fehlschluss.** Darum ist das Einschleifen empirischer Tatsachen methodisch nötig – jedoch auf angebrachte Art und Weise *(Band 1, 4.7)*. Hierzu werden Fakten als empirische Kriterien auf ihre ethische Relevanz hin überprüft und dann auf dem Weg zum singulären Urteil zusätzlich eingebracht. Dass ein selbstfahrendes Auto hässlich aussieht, mag keine ethisch relevante, sondern eine ästhetisch relevante Tatsache sein – zugegeben, eine durchaus subjektive „Tatsache", über die sich einem „Wert" gleich streiten lässt, Geschmäcker sind ja verschieden. Wenn jedoch ein solches Gerät massiv persönliche Informationen sensorisch aufnehmen muss, um sicher zu funktionieren, dann ist dieser Umstand ethisch brisant. Setzen wir zum Beispiel den moralischen Wert der Privatheit sinnvollerweise als Kriterium oder Norm auf dem Weg top-down 2 ein, dann kann die Anwendung von selbstfahrenden Automobilen unter Umständen ethischen Restriktionen unterliegen. Tritt ein zweites ethisch relevantes empirisches Kriterium hinzu, nämlich dass das Gerät besonders gegen unbefugten Zugriff auf die Informationen geschützt ist, dann ließen sich die Restriktionen im konkreten Fall oder sogar allgemein lockern.

Aber war es dann nicht auch ein Sein-Sollen-Fehlschluss, wenn wir gerade (Kap. 2) die Verfahren der angewandten Ethik mit der tatsachenorientierten Biologie humaner Evolution verglichen haben? Nein, denn es handelte sich dabei um eine didaktische Analogie. Die Verfahren der Ethik sollten durch Vergleich einiger Methoden empirischer Fächer deutlicher erscheinen. Um neben der Biologie ein Beispiel aus der Praxis der Softwareentwicklung zu ergänzen: Hier existieren ebenfalls eigene Stammbäume zur Einordnung von Programmiersprachen, die bestimmten Kriterien wie Verwendungszweck, Sprachkategorie oder Grad der Abstraktion folgen (Krypczyk und

Bochkor 2018, S. 66–72). Ändern sich die Ordnungskriterien, dann sieht auch der Baum der Programmiersprachen verschieden aus. Damit ist nicht gesagt, dass sich Ethik methodisch auf naturwissenschaftliche oder ingenieurtechnische Verfahren reduzieren ließe. Denn es gibt einen wesentlichen Unterschied, der gar nicht überbetont werden kann: **Geltung, Sinn und Bedeutung normativ-wertender und empirisch-deskriptiver Rede sind zu unterscheiden.**

Beide Bereiche wurden in der lockeren Analogie zwischen ethischen Verfahren und Paläoanthropologie bzw. Informatik nicht verwechselt, da es nicht um die inhaltliche Tatsachenbeschreibung ging, sondern um menschliches Problemlösungs- und Forschungs*handeln* – also um epistemische Normen. Übrigens ist das auch der Grund, warum manchmal von *(handlungs-)*logischen Ableitungen die Rede ist: Es geht um die Schrittfolge gelingender, meist arbeitsteiliger Praxis, in welcher *formal*logische Theorie ein wichtiger Teil ist, jedoch allein nichts bringt. Es wurde ja auch nicht behauptet, dass Biologinnen, Informatikerinnen und Philosophinnen inhaltlich das Gleiche feststellen, sondern dass es zumindest einige Facetten gibt, in denen sie auf ihren Wegen der Forschung mit ganz ähnlichen Wegweisern, Kompassen und Karten *navigieren – also etwas praktisch tun.* So gesehen haben wir den Bereich normativer Rede auch bei diesen Analogien nicht verlassen. Denn wir sprachen über epistemische Handlungen, die stets auch moralischen Wertungen offenstehen. Forschungshandeln ist nie wertfrei, so wie übrigens auch Technik nie wertfrei ist (Abschn. 3.3). Sehen wir uns noch einmal den Begriff des Kriteriums an. Wir sprachen von Entscheidungs-, Begründungs- und Ordnungskriterien und davon, dass konkrete empirische Handlungsfolgen als ein mögliches Entscheidungs- oder Ordnungskriterium (neben weiteren) infrage kommen, jedoch nicht als Begründungskriterium. Der Einfluss von tatsächlichen Folgen auf die Erarbeitung eines singulären Urteils muss selbst wiederum begründet werden und sich in eine Ableitung aus einem Moralprinzip einreihen, sonst würden wir ja aus der Feststellung von Tatsachen unzulässig auf ein Sollen schließen. Als Ordnungskriterium sind Handlungsfolgen zulässig, so lange wir sie zum Sammeln und Beschreiben nutzen. Werden sie allein zur moralischen Wertung einer Ordnung gebraucht, springen wir wiederum unzulässig von der deskriptiven in die normative Redeweise.

Der Teufel lauert im Detail. Diese wesentlichen Unterschiede in den Bedeutungsschichten unserer Sprache zu sehen, kann nicht oft genug wiederholt und geübt werden. Denn wir bauen uns gerade Maschinen, die uns das glatte Gegenteil vorgaukeln: sprechende Roboter. Wir müssen noch etwas nachbohren. **Robozentrische bzw. robomorphe Fehlschlüsse** entstehen, wenn Menschen sich selbst oder andere Menschen so beschreiben, *als ob* sie Roboter wären *(Band 1, 4.6)*. Wir können jedoch menschliches Handeln, Moral und Ethik nicht sinnvoll beschreiben, so als ob es sich dabei um natürliche Tatsachen handeln würde. Genau dieser Fehler wird mit einem robomorphen Fehlschluss begangen: Die (Handlungs-)Vollzüge menschlicher Praxis erscheinen unzulässigerweise als natürlich-physikalische Kenngrößen. Umgekehrt gaukelt ein **anthropomorpher Fehlschluss** menschliche Roboter vor, die handeln könnten (statt zu funktionieren). Zur Illustration dieser beiden Fehlschlüsse finden wir in Abb. Band 2, 2 die beiden untersten Segmente. Die vertikale Trennlinie zwischen den beiden Redeweisen wird bildlich durch einen großen erobernden Pfeil von der einen über die andere Seite geschoben – quasi eine feindliche Übernahme im Gebrauch der Sprache. Wir wollen diese Einsicht mit Blick auf manch trendiges Missverständnis vertiefen. Denn gerade im Angesicht zunehmend menschenähnlich wirkender sogenannter smarter, autonomer und selbstlernender Maschinen **erscheint das Aufstellen unzulässiger Postulate künstlicher Intelligenz zur Fundierung von Ethik verführerisch spektakulär.** Ein naiver Robozentrismus kann sich auf (ideengeschichtliche) Annahmen der Superintelligenz, selbstlernender Algorithmen und Singularität berufen *(Band 3, 2.1; Band 3, 5.2).*

Künstliche Intelligenz und Roboter wären nach diesem Glauben ab einem bestimmten Point of no Return dem Menschen zuerst ebenbürtig und dann allgemein überlegen – auch in moralischen und ethischen Belangen. Aus dieser spekulativen Annahme folgte der Schluss, dass ethische Theorien und Prinzipien zu orientieren wären an nichthumaner Intelligenz. Maschinen rückten zu Ungunsten der Menschen ins Zentrum, aus Humanismus würde technologischer und/oder ideologischer Posthumanismus. Würden wir das naturwissenschaftlich-materialistisch weiterdenken, dann suchten wir unvermeidlich nach einem metaethischen Urknall oder etwas Vergleichbarem. Aus diesem Anfang – er läge entweder in der Vergangenheit materieller Evolution oder ereignete sich im Moment der Singularität zukünftig – könnten wir bzw. Maschinen alle ethischen Schlüsse erstfundierend ableiten. Die Galaxien ethischer Urteile beherbergten einen menschlich bewohnten Planeten als ethischen Sonderfall, dessen Saat wahrer Intelligenz gerade erst im Maschinenzeitalter vernetzter Universalautomaten aufginge. Oder wir träumten noch komfortabler davon, dass Moral und Ethik – und damit jede Verantwortung – gleich komplett zu leugnen wären, da sie die evolutionäre Sackgasse einer begrenzten humanen Verhaltensform ausfüllten. Alles bestünde aus empirisch beschreibbaren Fakten und geistloser Materie. Sonst existiere nichts. Oder wir sähen uns ununterscheidbaren Alteritäten gegenüber in einem moralischen Universum gleichgeschalteter Geschöpfe. In manchen Visionen des sogenannten Post- und Transhumanismus lassen sich vulgärmaterialistische Spekulationen dieser oder ähnlicher Couleur finden – wir werden darauf immer wieder zurückkommen (müssen). Was ist daran falsch? Hierin sind so ziemlich alle Fehlschlüsse bravourös versammelt, die wir in der Ethik nach allen Regeln der Unkunst und mit pompösem Gespür für Fettnäpfchen hinlegen können.

2.2 Die „Legende" von der Information

Versuchen wir die Sachlage noch etwas analytisch aufzurollen. Werfen wir hierzu mit Peter Janich einen sprach- und methodenkritischen Blick auf informationsverarbeitende Systeme wie Computer, Roboter oder Drohnen. Vielen Natur- und Technikwissenschaften liegen „begleitphilosophische" Sichtweisen auf **Information** zugrunde, die sich auf den zweiten Blick als eine Legende offenbaren (Janich 2006, S. 11–23). Information sei eine physikalische Größe wie Raum oder Zeit. Sie sei wie ein Naturereignis wissenschaftlich exakt beschreibbar und dementsprechend ein Gegenstand der Nachrichtentechnik im weiteren Sinne des Wortes. Aber auch genetische Information eröffne Grundlagen biotechnologischer Objektbearbeitung. Mit Blick auf den Menschen könne das Gehirn als ein informationsverarbeitendes Netzwerk behandelt werden, dessen neuronale Strukturen in biochemischem Informationsaustausch miteinander stünden. Zugrunde liegt solchen Sichtweisen ein naturalistisches Denkschema und ein nachrichtentechnisches Paradigma (Janich 2006, S. 69), in welchem Information nicht als kulturelle Handlungen des gegenseitigen Informierens, also der zwischenmenschlichen Kommunikation, wahrgenommen wird. „Die Mechanisierung des Kommunizierens führt zur Verwechslung sinnvoller Rede mit natürlichen Schallereignissen" (Janich 2006, S. 66). In unserer Abb. Band 2, 2 entspricht der von Janich kritisierten Legende die Eroberung der linken Spalte durch die rechte: Ein robomorpher Fehlschluss wird begangen, weil Menschen mit den Bedeutungsschichten derjenigen Redeweise beschrieben werden, die wir eigentlich für den Umgang mit technischen Sachverhalten entwickelt haben. Das ist jedoch ein Irrtum (siehe auch z. B. Kambartel1989a; Fuchs 2020, S. 42–51). Damit erfolgt im nächsten Schritt die Aushebelung des Humeschen Gesetzes, weil ein Verbot des Schlusses vom Sein auf das Sollen überhaupt erst einmal die Wahrnehmung der Trennung beider Bedeutungsebenen voraussetzt. Oder anders gesagt: Es kann dann überhaupt nicht mehr ohne Fehlschluss gesprochen werden.

Kommunikation ist humanes sprachliches und nichtsprachliches Handeln. Es liegt im Bereich der Moral und ist darum Gegenstand ethischen Nachdenkens (Kap. 3 und Kap. 4). Handelnd und sprechend setzen sich Menschen Ziele, wählen dementsprechend Mittel aus und sind so für die Folgen verantwortlich (Janich 2006, S. 67, 144–149, 154, 174–176; zur Handlungstheorie im Detail siehe Janich 2014). Reduzieren wir kommunikatives Handeln – von der Mimik und Gestik über die Verbalsprache bis hin zur Schrift – auf den nachrichtentechnischen Austausch von Informationen, die wir *wie empirische Tatsachen beschreiben,* dann liegt ein sprachlicher Kategorienfehler vor:

> „Ob beim Telefonieren Sinnvolles oder Sinnloses, Wahres oder Falsches, Nützliches oder Nutzloses, Verständliches oder Unverständliches gesagt wird, spielt für die Funktion des Telefons keine Rolle. Genau das gleiche gilt für den naturalisierten Informationsbegriff und seine naturwissenschaftlichen Übernahmen" (Janich 2006, S. 113).

Daraus ergibt sich eine wesentliche Schlussfolgerung: Moral kann schon aus sprachkritischen Gründen keine naturwissenschaftliche oder technische Funktion der Informationsverarbeitung sein. Soll heißen: Dass Information, aber auch Leben und anderes in den Natur- und Technikwissenschaften funktional zugespitzt beschrieben werden, entsprechend natürlichen Sachverhalten, Messwerten oder physikalischen Größen, ist richtig und gut so. Damit ist ein wesentlicher Erfolgsfaktor rationaler empirischer Forschung und der daraus entspringenden praktischen Anwendungen von Medizin bis Raumfahrt benannt. Problematisch ist jedoch die Rückprojektion – die nach Janich im Endeffekt einer philosophischen Kurzsichtigkeit geschuldet ist und nicht so sehr den Natur- und Technikwissenschaften selbst –, nach welcher die normativ-wertende Geltung unserer sozialen Kommunikation selbst eine naturwissenschaftlich umgriffene natürliche Tatsache sei. Das ist eine Legende, die uns nicht zuletzt in manch irrationale Untiefen des sogenannten Trans- und Posthumanismus stürzt. Vor dieser Legende soll aus methodischen Gründen auch in vorliegendem Buch ausdrücklich gewarnt werden. Wenn man so will, folgt zur Verhütung ein **technikethischer Imperativ:** Du sollst Informationstechnologien nicht ethisch bewerten, so als ob das Reden über Messwerte gleich dem Reden über moralische Werte wäre. „Das heißt, die Rede von Information und Kommunikation soll *programmatisch auf menschliche Sprache begrenzt* werden, weil nur für sie, und dort methodisch primär, von Bedeutung und Geltung sinnvoll die Rede sein kann" (Janich 2006, S. 148; Hervorhebung im Original). Wenn wir mit Robotern sinnvoll reden, dann reden wir durch die Maschinen mit uns selbst und benutzen sie als Mittel für unsere (ge- oder misslingende) Kommunikation (Janich 2006, S. 159–161; *Band 4, 2*). Damit ist inhaltlich noch nicht gesagt, was wir dürfen oder nicht. Es ist ein Grundstein zur Prävention des schnellen und nachhaltigen Missverständnisses gelegt.

„In diesem Sinne soll hier Kommunikation als Mittel verstanden werden, *Kooperation zu organisieren.* … Es ist genau diese Angewiesenheit auf Kooperation, die den entscheidenden *Grund* abgibt, *sich gegenseitig für das Reden verantwortlich zu machen*" (Janich 2006, S. 147; Hervorhebung im Original).

Gegenstand der Roboter- und KI-Ethik ist – unter methodischer Berücksichtigung der erwähnten sprachlichen Trennung – auch das Weiterdenken dieses Befundes. Sind sprechende Roboter Mittel für Zwecke, dann brauchen wir nicht über Maschinen als Subjekte der Verantwortung nachzudenken. Gehen wir jedoch davon aus, dass Roboter Kooperationspartner im kommunikativen Handeln der Menschen wären – wogegen jedoch gute Gründe sprechen –, dann wären folglich Tür und Tor für die Verantwortungszuschreibung gegenüber Maschinen geöffnet. Dieser Punkt erfordert besondere Aufmerksamkeit, da durch soziale Roboter im Alltag sowie durch kollaborative Industrieroboter (Cobots) in professionellen Anwendungen die Mensch-Roboter-Interaktionen zunehmend „kooperativ" werden *(Band 3, 1.2; Band 3, 2)*. Maschinen erscheinen als Alter Egos die jedoch nur im übertragenen, metaphorischen Sinne „kooperieren" bzw. „kollaborieren" und auf Grundlage technischer Informationsverarbeitung funktionieren. Das metaphorische Sprechen über „kooperierende Automaten" ist hingegen eine kommunikative Handlung zwischen Menschen.

2.3 Soziale Horizonte – Sprachliche Eigenbewegung, Endlichkeit und Verletzlichkeit humaner Lebensformen

Vertiefen wir weiter: Wie wir gerade gesehen haben, liegen normativ-wertende und empirisch-deskriptive Rede in verschiedenen Geltungsbereichen. Besonders in der Technikethik sollten wir bildlich gesprochen die Eigenbewegung unserer sprachlichen Welt verstehen, um die Bahnen entfernter Sterne präziser betrachten zu können. Wir befinden uns buchstäblich auf einem *sozialen Bezugssystemsystem*, wenn wir sinn- und bedeutungsvoll miteinander kommunizieren. Methodisch kommen wir aus unseren Horizontlinien des Sprechens nicht heraus – auch und gerade weil es viele verschiedene Kulturen und Sprachgemeinschaften gibt. Lernen wir eine andere Sprache oder Kultur (kennen), dann öffnen wir unsere **Perspektive**. Wir sagen: „Jemand hat seinen Horizont erweitert." Ja, wertvoll erweitert, jedoch eben nicht verlassen. Kurz: Wir können in der Technikethik gar nicht anders, als mit menschlich vollzogenen Bedeutungen zu urteilen. Gleiches gilt für das Sprechen von, über, mit und durch Maschinen in der Roboter- und KI-Ethik. Ohne sozial miteinander handelnde Menschen gibt es keinen Sinn und keine Bedeutungen in der technologischen Informationsverarbeitung. Das deckt Peter Janich in seiner Entlarvung der „Legende von der Information" auf (Janich 2006). Thomas Fuchs analysiert den gleichen Umstand als eine Grundlage seiner „Verteidigung des Menschen nach vorne". Er sucht eine progressive leiblich-humanistische Antwort auf manch kurzsichtige Visionen des Trans- und Posthumanismus: „Die Verteidigung des Menschen ist insofern nicht nur eine theoretische Aufgabe, sondern auch eine ethische Pflicht" (Fuchs 2020, S. 17; siehe auch **technikethischer Imperativ** in Abschn. 2.2).

Teil der „theoretischen Aufgabe" ist ein genaues Verständnis der sprachlichen Perspektiven, durch die wir unseren Umgang mit Technik *teilnehmend* beobachten. Präzisieren wir wieder mit Janich: Reden kommt durch **Vollzug** in die Welt, wir machen es, wir handeln sprachlich aus unserer **Erste-Person-Perspektive** in einer sozialen Gemeinschaft. Dementsprechend entstehen die Gegenstände der Informationstheorien durch menschliche Praxis, nicht durch die bloß theoretische Darstellung praktischer Vollzüge. Letztere lassen sich einer eigenen **Beschreibungsperspektive** zuordnen, die wiederum die Teilnahme und Beobachtung kennt. Wer zum Beispiel über die eigene Geschichte berichtet, der nimmt teil, ist also mit seinen Worten selbst ein Ausschnitt dessen. Beobachtung erfolgt hingegen in der Beschreibung anatomischer Merkmale des menschlichen Körpers. Ob diese wahr sind, hängt nicht davon ab, dass man selbst über sie verfügt – im Gegensatz zum historischen oder normativ-kulturellen Narrativ. Also: Dass *Homo sapiens* durch obligatorische Bipedie – den aufrechten Gang auf zwei Beinen – gekennzeichnet ist, gilt auch unabhängig davon, dass ich zweibeinig laufe (ich *beschreibe beobachtend*); dass die sogenannte Wende in Ostdeutschland vor ca. 30 Jahren ihre ganz eigenen Geschichten und Schicksale bedingt, gilt abhängig von menschlich hervorgebrachten Zeugnissen wie Zeitzeugenberichten aller Art, Film- und Tondokumenten, Akten, historischen Studien etc. (ich war dabei und *beschreibe teilnehmend* und/oder ich bin auf die entsprechenden Zeitzeugnisse teilnehmender Menschen angewiesen). In beiden Fällen gilt: Das Kommunizieren einer wissenschaftlichen Theorie ist wiederum ein Vollzug der anerkannt und verstanden werden muss (Janich 2006, S. 151–153).

Soll heißen: Wenn ich behaupte, dass Menschen durch aufrechten Gang anatomisch gekennzeichnet sind, dann wird das in Worten ausgedrückt, die in sozialen Zusammenhängen gelernt wurden. Eventuell benutze ich dann das Fachwort „obligatorische Bipedie". Auch wenn ich historische Vergleiche zwischen der Teilung Deutschlands in

BRD und DDR bis 1990 sowie der Teilung Koreas in ein nördliches und ein südliches Land ziehe, dann muss ich das in Worten so vortragen, dass andere Menschen folgen und zustimmen können. Misslingt mir das, sollte ich einen anderen sprachlichen Vollzug finden, also die Geschichte anders erzählen und besser begründen. Aus dieser doppelten Verwicklung kommt kein Wissenschaftler heraus. Jede Forscherin arbeitet sich somit an den zeitlichen, räumlichen und soziokulturellen Grenzen der eigenen sowie gemeinschaftlichen Handlungen ab. Ohne individuelle Vollzüge und geteiltes Kommunizieren gibt es kein theoretisches Wissen und keine Information. In letzter Konsequenz bleibt unsere alltägliche, sprachliche, technische und wissenschaftliche Sicht auf die Welt perspektivisch begrenzt – auch in der Moral und Ethik. Insofern ist der ethische Methodenpluralismus auch keine Überraschung (*Band 1, 4.6*). Niemand kann sich aus seiner Lebensführung herausheben und völlig unabhängig von der eigenen Existenz die Moral anderer Menschen bewerten. Keine Maschine kann *mein Leben oder* Ihr *Leben führen*. Das gilt genauso für den Verfasser vorliegenden Buches, dessen Worte Sie gerade lesen. Umso wichtiger ist dann jedoch die Reflexion methodischer Operationen, durch welche möglichst universelle, allgemeingültige Normen erarbeitet und verhandelt werden. Sprachkritik (*Band 1, 3.3*) führt nicht in Relativismus, sondern steht für den rationalen Umgang mit den perspektivischen Grenzen sprachlicher Praxis.

Hintergrund: Perspektivität und Beobachterstandpunkt
Prominent wurde das Konzept der **Perspektivität** mit der Entdeckung der konstruierbaren Zentralperspektive in Architektur und Kunst der Renaissance durch Filippo Brunelleschi (1377–1446) und Leon Battista Alberti (1404–1472; Markschies 2011). In der Physik spielt der **Beobachterstandpunkt** eine essenzielle Rolle. Seit der Renaissance, aber auch schon eher wird er verkörpert durch den erkennenden Blick durch das Teleskop und verbunden mit Namen wie Galileo Galilei (1564–1642). Wesentlich für die empirisch-experimentelle Physik ist auch die Berücksichtigung der Eigenbewegung der Beobachterin in Bezug zu den beobachteten Objekten. Hieraus entspringt der Begriff des **Bezugssystems**. Ist mit Nikolaus Kopernikus (1473–1543), seinen Vordenkern und Nachfahren erst einmal die Erde aus ihrer ruhigen Lage befreit, so ist auch ihre Eigenbewegung bei der Interpretation von Beobachtungsdaten terrestrischer Teleskope unbedingt zu berücksichtigen (Carrier 2001; Kambartel1989b). Man stelle sich zur Veranschaulichung zwei Züge in einem Bahnhof vor. Wir blicken aus dem Fenster und ganz langsam, wir spüren noch keine Be- oder Entschleunigung, beginnen die Wagons neben uns zu rollen. Ergo: Der Nachbarzug verlässt die Station. Doch dann, zur Überraschung bemerken wir ein Rumpeln unter unseren Füßen und sehen im gegenüberliegenden Fenster den Bahnsteig wandern. Es ist wohl unser Zug – *Bezugs*system –, das sich räumlich relativ zu den beobachteten Objekten bewegt.

In der Physik des 20. Jahrhunderts erlangte das Problem des Beobachterstandpunktes eine tiefergehende philosophische Bedeutung mit den Relativitäts- und Quantentheorien, der Unschärferelation und dem Welle-Teilchen-Dualismus – prägend waren hier neben Albert Einstein (1879–1955), Werner Heisenberg (1901–1976) auch Erwin Schrödinger (1887–1961) und andere. Grob gesagt wurde damit auch in physikalischen Theorien erwiesen, dass keine Beobachtung ohne aktiven Eingriff der Beobachterin möglich ist, wodurch sich das beobachtete System selbst in seiner Wahrnehmung und Beschreibung verändert (Scheibe 2007, S. 242 et passim). Wir beobachten also aktiv und sind Begrenzungen unserer Perspektive ausgeliefert. Aus der Physik ergießt sich das Wasser auf die Mühlen philosophischer Erkenntniskritik, welche sich schon davor und bis heute an der Idee eines archimedischen Punktes kritisch abarbeitet. Mittlerweile ist ziemlich sicher: Es existiert kein Standpunkt, um die Welt aus einer gottgleichen Vogelperspektive von außen gesehen aus den Angeln zu heben. Zumindest nicht für uns Menschen und die Techniken, die wir hervorbringen. Das gilt so auch für die Technikethik.

Die damit verbundene **Endlichkeit** unseres Wissens ist nicht nur sprachkritisch-methodischen oder physikalisch-perspektivischen Gründen geschuldet. Sie ist Gegenstand menschlich-leiblicher Lebensformen überhaupt. Sinn und Geltung der normativ-wertenden Rede sind verbunden mit den Grenzen und der **Verletzlichkeit** humaner Praxis. Wenn wir so wollen, bildet sich daraus eine Klammer, die wir über die linke Spalte in Abb. Band 2, 2 legen können: In der normativ-wertenden Rede setzen wir uns mit den Vollzügen leiblicher Praxis auseinander. Hinter die existenziellen Merkmale dieser Praxis können wir in der Ethik nicht zurückgehen (Rentsch 1999, 2003). Der **Leib** des Menschen wird folglich verstanden als ein Ineinander aus sozial-existenziellen und natürlich-körperlichen Facetten. Entsprechend trennen wir auch normativ-wertendes Sprechen, wo von Menschen in ihrer leiblichen Existenz die Rede ist, und deskriptiv-beschreibendes, wo Merkmale des Körpers wie Blutdruck oder Puls beschrieben werden. Bekannt ist Helmuth Plessners (1892–1985) Charakterisierung humanen Verhaltens nach der Formel: „Leib sein und Körper haben“ (Plessner 1941, S. 238 et passim). In ähnlich unauflösbarer Doppeldeutigkeit betrachtet Hermann Schmitz das Spürbare am Menschen als räumliche und dynamische Beschaffenheit leiblicher Regungen (Schmitz 2011); und Gernot Böhme findet die Formulierung des Leibes als „die Natur, die wir selbst sind“ (Böhme 2019, S. 30–38). Es ist mit Rücksicht auf den gerade erwähnten begrenzten Blick der Beobachterin kein Zufall, dass Plessner im gleichen Atemzug auch von der exzentrischen Position des sich zu sich selbst verhaltenden sinnlich-leiblichen Menschen spricht (Plessner 1970). Wir existieren in unserer Natur und können von der Sache her gar nicht anders, als unsere Körper selbst zu instrumentalisieren: beim Schreibenlernen, durch sportliche Übungen, im Tanz, im Liebesleben, aber auch im Krieg. Selbst wenn wir unsere Körper durch Hightechprothesen oder Bodyhacking über ihre „natürlichen“ Potenziale hinaus verstärken, kommen wir aus dem existenziellen Vollzug dieser Selbstinstrumentalisierung nicht heraus, wir können unseren Leib als etwas, das wir existenziell selbst sind, nicht verlassen.

Daraus folgt: Kein Experiment wird von archimedischen Beobachterinnen durchgeführt, sondern von leiblichen, in konkreten Situationen sinnlich aktiven Menschen. Weder im Sprechen noch beim Gebrauch von Technik oder beim wissenschaftlichen Forschen kommen wir buchstäblich aus unserer Haut. Leib ist immer schon vollzogen, bevor wir uns einem Thema inhaltlich zuwenden. Zum Beispiel: Sie halten gerade ein Buch in den Händen oder einen E-Book-Reader, ich schreibe das hier gerade, indem ich durch meine Brille den Cursor auf dem Bildschirm verfolge und dabei meinen Fingern auf der Tastatur lausche. Währenddessen wird mir klar: Ich spreche Sie in einer leiblichen Zukunft an, da wir nicht getrennt voneinander gleichzeitig ein Buch schreiben und lesen können. Ihre Lesesituation bleibt mir entzogen, so wie Ihnen meine Schreibsituation – im Wiener Café bei Funky Music, Sachertorte und einem politisch ungefährlichen „großen Braunen". Hier sehen Sie, was eine *teilnehmende Beschreibung* ist: Meine Bohemian Rhapsody gilt abhängig von meiner Teilnahme. Sie können das nicht von außen beobachten, ein unhintergehbarer Horizont bremst uns perspektivisch ein. Ich kann mich in meinem Narrativ auch einfach nur selbst inszenieren am Schreibtisch auf eine graue Mauer starrend. Wer irritiert über den „großen Braunen" beim Lesen stolpert, erfährt gleichzeitig die Stromschnellen menschlicher Kommunikation: Was hier als gescheiter Kaffee höchste Reputation genießt, erscheint dort als obszön oder historisch grenzwertiges Sprachbild.

Leibliche Umstände wie diese zeitliche **Asymmetrie** prägen menschliche Kommunikation an allen Ecken und Enden. Daraus folgt eine **methodisch zu begreifende Anthropozentrik**: Wir wissen vielleicht nicht, ob wir der Mittelpunkt des Universums sind, doch die Mittelpunkte unseres Sprechens, Handelns und Existierens sind wir allemal. Aus diesen lokalen und gemeinschaftlichen Umgangszentren heraus erkennen wir perspektivisch begrenzt unsere Umwelten. Kompakt ausgedrückt: „Mittelpunkt Mensch!" – Ein grundsätzliches Credo, das sich übrigens in der Medizinethik immer wieder einzufordern lohnt, auch mit Blick auf die Psychiatrie (Maio 2017; Böhme 2019, S. 79–113; Fuchs 2020, S. 255–319). Im Angesicht trendiger Robomorphismen, Trans- und Posthumanismen gesprochen: „Nicht eine abstrakte Innerlichkeit, körperloses Bewusstsein oder reiner Geist sind die Leitideen einer humanistischen Sicht des Menschen, sondern seine *konkrete, leibliche Existenz*" (Fuchs 2020, S. 12; Hervorhebung im Original). Und: „Es gilt also, unsere Leiblichkeit ebenso wie unsere leibliche Natur gegen ihre Herabsetzung und Entwertung zu verteidigen" (Fuchs 2020, S. 113). Dabei eröffnen sich allgemeine existenzielle Merkmale menschlich-leiblicher Lebens*vollzüge*, die das Handeln in konkreten Situationen prägen. In jedem Einzelfall spielt der explizite oder implizite normative Umgang mit

- der *Endlichkeit* humaner Lebensformen und Kulturen, individuellem Altern,
- der *Sterblichkeit* und *Fragilität* unserer Existenz,
- der *Begrenzung* unseres Wissens und Könnens,
- der *Störanfälligkeit* unserer Kommunikation (Missverständnisse) und Lebensentwürfe
- sowie der Verletzbarkeit des menschlichen Leibes, einschließlich körperlicher und mentaler Gebrechen,

eine grundsätzliche Rolle – unabhängig von der Eingriffstiefe technischer Instrumente in unseren Körper. Jede ethische Situationsentscheidung baut auf diesen im Hintergrund mitschwingenden Merkmalen menschlicher Existenz auf (Rentsch 1999, S. 165–175 et passim; Irrgang 2007, S. 11–15, S. 141 et passim; Coeckelbergh 2013). Sie legen sich wie die erwähnte Klammer um die linke Spalte in Abb. Band 2, 2. Warum ist eine solche Forderung nicht selbst wieder ein Fehlschluss? Weil es nicht um die empirisch-anthropologische Beschreibung humaner Physiologie oder Kognition geht (das wäre die Perspektive beobachtender Beschreibung), sondern um die **Möglichkeitsbedingungen** menschlichen *Handelns,* die wir im Vollzug selbst erfahren und verwirklichen (müssen).

Das Wort „Endlichkeit“ ist insofern nur eine provisorische Notlösung, da es tief sitzende Erfahrungen beschreibt, die sich nur schwer in Worte kleiden lassen. Es geht um den Unterschied zwischen der biologisch-physiologischen Beschreibung dessen, was während des Sterbens mit meinem Körper passiert, und dessen, was ich aus meinem Leben mache im Angesicht des Todes, aber auch naturwissenschaftlicher Erklärungen dessen – kurz: dass ich gar nicht anders kann, als mich bewusst oder unbewusst zum Tod zu verhalten. Wir verlassen damit die Ebene der angewandten Ethik und blicken auf die tief in das philosophische und ethische Denken verwurzelte transzendentale Grundfrage. Mit Thomas Rentsch gesprochen: „Wie ist eine menschliche Welt überhaupt möglich?“ (Rentsch 1999, S. 60–65). Diese Frage berührt die Fundamente der Technikethik genau dann, wenn wir über die Verlegung der Grundlagen menschlicher Welten in Maschinen nachdenken – also wie es mit Ebene II der Roboter- und KI-Ethik *(Band 1, 6.2)* angesprochen ist – oder wenn der Umgang mit Technik unsere existenziellen Vollzüge berührt oder wenn wir unsere humanen Lebensweisen gegen Sachzwänge, Technokratien und andere Gefahren selbstverschuldeter Entmündigung behaupten müssen.

Metaphorisch gesprochen handelt es sich bei den aufgezählten Merkmalen leiblicher Praxis um eine **existenzielle Hintergrundstrahlung**, die wiederum unser sprachliches und nichtsprachliches Handeln sinngebend einrahmt. Im unvermeidlichen Vollzug sprachlicher und nichtsprachlicher Praxen (durch Menschen) liegt der Grund für die **methodisch-sprachkritische Anthropozentrik,** die auch in Ebene II der Roboter- und KI-Ethik – wenn wir über Maschinen als moralische oder ethische Subjekte nachdenken – nicht überwunden wird. Sie äußert sich in der Einsicht, dass wir unser moralisches Tun und ethisches Nach- wie Vordenken mit begrifflichem Sinn entsprechend unserer endlichen und verletzlichen Lebensformen bilden, insofern unser Wissen um und unsere Perspektive auf unsere Praxis selbst begrenzt sind. Nichtwissen und Skepsis, also das zweifelnde Prüfen von Erkenntnissen, bilden den Kern ethischen Verhaltens, der sich trotz des Strebens nach universalisierbaren ethischen Theorien nicht aus der Gleichung heraus kürzen lässt. Die Anerkennung unserer eigenen undurchschauten Chancen erschließt eine selbstkritische skeptische Demut, die sich genau gesehen nicht als Makel, sondern als methodischer Vorteil erweist.

Menschen können mit Unerwartetem und Unberechenbarem flexibel umgehen. Denn wir sind in der Lage, uns selbst als Überraschung zu verwirklichen und kreativ selbst zu gestalten. Häufig gebrauchen wir dann das Wort „Zufall“ oder reden vom „Glück der Anpassungsfähigen“. Menschliche Existenzen können zwar scheitern, aber sie stecken auch voller Möglichkeiten, die sich gerade in offenen Systemen, also vorgefundenen komplexen Umwelten entfalten können. Das eine ist nicht ohne das andere zu haben – außer in logisch geschlossenen Systemen fernab alltäglicher Lebensstile. Es ist ja kein Zufall, dass fähige Pädagogen nicht erst seit gestern genau um ihre eigene Fehlbarkeit wissen. Wunderbare und ungeplant effektive Entwicklungen werden möglich, wenn Lehrerinnen einen Fehler zugeben und ganz praktisch an sich arbeiten, um es besser machen zu können. Was bei Kindern, die das als vorbildliche Orientierungshilfe miterleben dürfen, möglich wird, kann keine Theorie einfangen. Stellen Sie sich zur

Gegenprobe eine Lehrerin vor, die im Glauben an die perfekte, allumfassende Theorie in ihrem Kopf jeden Dialog mit den Schülerinnen einstellt und sich in ihren perfekten Einsichten selbst feiert! Selbst der große Platoniker Platon inszenierte sein lehrreiches Vorbild Sokrates im prüfenden Gespräch, als er seine Dialoge abgefasst hat … und Letzterer wusste sinngemäß, dass er nichts weiß.

Auf der anderen Seite vermittelt die methodische Konditionierung menschlicher Potenziale eine Ordnung – nicht der Aktenordner auf dem Schreibtisch, sondern geregelt aufgebauter Sprachhandlungen in Verbindungen mit nichtsprachlichen Handlungen. Beim sprachlichen Handeln geht es um Kommunikation (z. B. *über* Zahnpflege verbal mit oder ohne Gesten reden), beim nichtsprachlichen um andere Handlungsziele wie Körperpflege (Zähneputzen zum Zweck der Mundhygiene) oder Werkzeugherstellung (Zahnbürste bauen zum Zweck des Zähneputzens; Janich 2014, S. 22–24, S. 47–64; *Band 4, 2.1*). Das Thema der Sprache bei Menschen und Maschinen rollen wir in *Band 4, 2* noch einmal systematisch auf. Es soll in vorliegendem Abschnitt zunächst um das anthropozentrische Lot der Technikethik gehen, das sich sowohl auf moralische und ethische wie auch auf epistemische Normen auswirkt. Hierzu gehören **Asymmetrien,** die moralische und ethische Praxis kennzeichnen (Rentsch 1999, S. 175–178). Wären alle Menschen wirklich gleich – in jeder Hinsicht symmetrisch –, dann gäbe es wohl weder Moral noch Ethik und wahrscheinlich auch keinen Bedarf für Recht. Das wäre gar nicht nötig. Auch in der Technikethik gilt die Gleichheit vor dem Gesetz oder das Gebot der Gleichberechtigung als eine Notwendigkeit im gesellschaftlichen Umgang mit Ungleichheiten. Hinzu tritt die existenzielle Dimension: Respekt und Toleranz bewähren sich, wenn eben nicht die eigene Sichtweise von Beginn an in den Vordergrund gerückt wird, sondern wenn Ungleichheiten etwa in sexuellen und/oder religiösen Identitäten zwischenmenschlich anerkannt werden.

Man muss ja eben gerade nicht immer alles verstehen oder selbst nachmachen, um andere Menschen respektieren und tolerieren zu können. Vor dem Hintergrund universeller Menschenrechte gehört das Aushalten dieser Spannung dazu. Eine besondere Art diffuser Gleichmacherei begegnet dort, wo Menschen und Maschinen auf eine Stufe gestellt werden. Das birgt zumindest die Gefahr, Asymmetrien menschlich-leiblicher Existenz aus dem Blick zu verlieren, und müsste auch erst einmal begründet werden. Denn zum einen ist es unethisch, mit Scheinproblemen von realen Problem abzulenken. Zum anderen kann die Annahme der Gleichheit zwischen Menschen und ihren Werkzeugen, also Maschinen, zu dem totalitären – und schlussendlich immer noch von Menschen gemachten – Kurzschluss führen, dass mit den technischen Funktionen von Maschinen nun endlich ein objektiv beschreibbarer, universeller Maßstab für menschliche Lebensführung gefunden sei, der dann auch allen möglichen Kulturen, Ethnien, Identitäten und Lebensstilen aufzuzwingen sei. Mit methodischer Technikethik, Aufklärung, Skepsis, Vernunftkritik, also wissenschaftlichem Zweifeln und Prüfen, jedenfalls mit Menschenwürde und Menschenrechten hätte so ein Schluss jedenfalls wenig zu tun.

Es gibt verschiedene Arten der Asymmetrie, etwa solche, die mit Endlichkeit und Verletzlichkeit verbunden sind. Sehen wir uns einige Beispiele der *Mensch-Technik-Asymmetrien* an:

1. Verletzlichkeit und Anpassungsfähigkeit in den Mensch-Roboter-Interaktionen:
   1. a. Physische Asymmetrie: Maschinenkörper, z. B. Pflegeroboter, sind meistens robuster und „stärker" als menschliche Organismen, besonders pflegebedürftiger Menschen
   1. b. Interaktive Asymmetrie: Menschliche Leiber sind physiologisch flexibler und anpassungsfähiger als die meisten Roboterkörper, z. B. das Umgehen mit unerwarteten Situationen und das Lernen impliziten Wissens durch physiologische Sensomotorik
2. Endlichkeit und Lebenszeit im Vergleich zwischen Menschen und Computern:
   2. a. *Existenzielle Asymmetrie* menschlicher Leiblichkeit:
      I. Endlichkeit: Streben nach einem erfüllten, glücklichen und gesunden Leben in einer begrenzten Zeitspanne (aus rationaler Sicht das Fundament der Technikethik)
      II. Unsterblichkeit:
         a) durch Sinngebung eines begrenzten Lebens über den Tod hinaus (im kulturellen Gedächtnis) durch Kunstwerke, wissenschaftliche oder politische Verdienste etc.
         b) durch Fortpflanzung und Erziehung, um etwas von sich biologisch wie kulturell in Kindern zu bewahren
         c) durch Religion, Hoffnung und Streben nach dem Tod oder Wiedergeburt
         d) durch trans- oder posthumanistische Weltbilder, Ideologien oder Ersatzreligionen, die zu Leitlinien technologischer Praxis werden können
   2. b. *Asymmetrische Betriebszeiten* bei computerbasierten Technologien:
      I. Begrenzte Einsatzzeit physischer Hardware durch Verschleiß, geplante Obsoleszenz oder funktionales „Veralten"
      II. Software:
         a) Praktische „Endlichkeit" (Metapher) durch neue Datenformate, Maschinensprachen, Abhängigkeit von physischen Datenträgern
         b) Theoretische „Unsterblichkeit" (Metapher) durch Updates und angenommene Unabhängigkeit von Datenträgern

Und einige Beispiele *zwischenmenschlicher Asymmetrien:*

3. Kommunikation
   3. a. *Existenzielle Asymmetrie*: Störanfälligkeit der zwischenmenschlichen Kommunikation, Missverstehen von Menschen, Worten und Taten; jede Kommunikation kommt an ein Ende
   3. b. *Interaktive Asymmetrie:*

I. Sprachlich: z. B. Technologietransfer in andere Sprach- und Kulturräume, wodurch sinnvolle Übersetzungen von Anleitungen und Beschriftungen eines Geräts notwendig werden
II. Normativ: z. B. der mit Technologietransfer verbundene Wissens-, Macht- und (moralische) Wertetransfer, woraus Abhängigkeiten, Unabhängigkeiten oder Identitätsverluste folgen können – mit unmittelbaren Auswirkungen auf kommunikative Praxis

4. Soziale Asymmetrien durch technische Macht: z. B. Zugang zu Informationen und Statussymbolen, Zugang zum Arbeitsmarkt (wer kein Auto und/oder keinen Führerschein hat, ist im Nachteil)
5. Ökonomische Asymmetrien: z. B. Zugang zu Ressourcen wie Metadaten für die Entwicklung von Machine Learning
6. Rechtliche Asymmetrien: z. B. Legalität der Stammzellforschung mit Auswirkungen auf die Wettbewerbsfähigkeit und Innovationskraft von Biotechnologieunternehmen
7. Politische und militärische Asymmetrien: z. B. technisch induzierte Formen der militärischen Konfliktbewältigung in sogenannten neuen Kriegen (Kaldor 2007; Münkler 2014; eine technologisch unterlegene Partei versucht den bewaffneten Konflikt durch Guerillataktiken und Verlangsamung zu führen, jedenfalls einer „symmetrischen" Feldschlacht auszuweichen, während eine technologisch überlegene Partei die Beschleunigung sowie die direkte Konfrontation sucht)
8. Asymmetrien durch Wissen und Nichtwissen

Etc.

▶ **Tipp: Heuristiken ungleicher Verhältnisse** Das Finden und Anordnen von Asymmetrien hilft zum einen bei der Analyse technischer Praxis, um sich also zuerst einen Überblick über die Art und Weise einer Techniknutzung zu verschaffen. Zum anderen erleichtern deren Analyse und übersichtliche Darstellung das Identifizieren moralischer wie ethischer Probleme. Asymmetrien im Sinne zwischenmenschlicher Ungleichheit führen z. B. regelmäßig zu Gerechtigkeitskonflikten (Verteilung von Ressourcen, Bildung, Chancen, politischer Macht und Mitbestimmung von Minderheiten etc.). Auch Probleme der Verantwortungszuschreibung bei technischem Handeln in komplexen Systemen fußen auf asymmetrischen Beziehungen, die sich z. B. durch Outsourcing ergeben (wo Softwareentwicklerinnen diverse Elemente integrieren, die zugeliefert, also von anderen verantwortet werden). Der Begriff der Asymmetrie ist dabei vielschichtig. Beachten Sie die unterschiedlichen Arten (Nummern beziehen sich auf die Aufzählung vor dieser Box):

- empirisch-deskriptive Asymmetrien der Mensch-Technik-Interaktion, die als ethisch relevante empirische Kriterien gelten können (1.: faktische Schwäche eines Pflegebedürftigen menschlichen Körpers verglichen mit einer motorisierten Pflegemaschine aus Metallen, Kunststoffen und Halbleitern); dass dem so ist, soll in einer graduellen Abwägung im geeigneten Schritt berücksichtigt werden (Box 5 „Handlungskriterien" in Abb. Band 2, 2);

- empirisch-deskriptive Asymmetrien, die nur bei der Beschreibung von Technik zu finden sind (2.b.: Software vs. Hardware; rechte Spalte in Abb. Band 2, 2);
- existenzielle Asymmetrien, die für alle Menschen gleich sind (2.a.: endliche Lebensdauer und Streben nach Sinn wie Glück; 3.a.: Umgehen mit zwischenmenschlichen Missverständnissen); sie dienen als Fundamente der Technikethik („Kriterien" und „Begründung", linke Spalte in Abb. Band 2, 2);
- normative Asymmetrien im zwischenmenschlichen Leben, die zu Ungleichheiten und Ungerechtigkeiten führen können (3. bis 8.); verhandelt als je konkrete „Einzelfälle" (linke Spalte in Abb. Band 2, 2).

▶ **Aufgabe: Wie asymmetrisch sind asymmetrische Kriege?** Meistens treffen sich verschiedene Arten der Asymmetrie und eröffnen verschiedene Perspektiven auf ein Problem. So lässt sich militärische Asymmetrie (7.) normativ lesen, also entsprechend der Frage nach erlaubten Handlungsweisen in kriegerischen Konflikten (wie sie durch die Haager Landkriegsordnung(en), Genfer Konvention(en) und andere Übereinkommen mehr oder weniger verbindlich formuliert wurden), aber auch empirisch-deskriptiv, wo es um die Feststellung der Tatsache technologisch-materieller oder ökonomisch-quantitativer Überlegenheit geht. Ob sich dann eine auf den ersten Blick überlegene oder unterlegene Partei an die Genfer Konvention hält, ist eine normative Frage. Asymmetrien durch epistemische Normativität betreffen (8.) etwa das Wissen und Nichtwissen sowie Methoden zielführender Forschungshandlungen. In Analogie lässt sich eine Guerillataktik als epistemische Norm interpretieren (sinngemäß die Hit-and-Run-Handlungsnorm: „Wenn dein Gegner technologisch und ökonomisch überlegen ist, dann meide direkte Konfrontationen und agiere in kleinen nicht uniformierten Gruppen aus dem Hinterhalt!").

1. Vergleichen Sie epistemische Normen (also taktische bzw. methodische Handlungsanweisungen) im Guerillakrieg mit denen bei wissenschaftlichen Experimenten! Welche Gemeinsamkeiten und Unterschiede finden sich entsprechend der verschiedenen Arten der Asymmetrien?
2. Wiederholen Sie den Vergleich mit Blick auf moralische, ethische und rechtliche Normen!

   In den vergangenen Jahrhunderten wurden diverse theoretische Überlegungen hierzu verfasst – wie Clausewitz (1780–1831), der vom „kleinen Krieg" sprach, bis hin zu Che Guevara (1928–1967). Doch heute sind Eisenbahnen, Maschinengewehre oder Panzer nicht mehr die technologischen „Gamechanger".

3. Finden und unterscheiden Sie verschiedene Asymmetrien im Umgang mit Kampfdrohnen, sogenannten autonomen Kampfrobotern, aber auch im Cyberwar! Welche existenziellen Asymmetrien prägen alle bewaffneten Konflikte? (Vertiefung: Leben und Tod mag als existenzielle Asymmetrie aller Kriege auf der Hand liegen. Doch gilt das auch im Cyberwar, wo ein nun virtuelles Gefechtsfeld im Cyberspace eröffnet wird?).

Selbst ohne ganz genau zu wissen, was „der Mensch" in seinem „Wesen" wirklich ist, genügt schon diese methodische Einsicht, dass wir eingebettet in vielfältige asymmetrische Lebensvollzüge sprechen, um Menschen im (handlungs-)logischen Zentrum der Technikethik zu belassen. Anders gesagt: Wüssten wir, wer und was wir wirklich sind, dann könnten wir uns recht einfach extern abbilden. Wir stünden auf symmetrischer Augenhöhe mit uns selbst und anderen Entitäten wie hergestellten Robotern. Dass dem nicht so ist, wollen wir im anschließenden Abschnitt mit einer Gegenprobe erörtern. Sprachkritisch-methodisch ist die hier anzuwendende Anthropozentrik, gerade weil es nicht so einfach möglich ist, *den* Menschen in seinem Wesen eineindeutig zu beschreiben. Was bleibt ist ein selbstkritischer Rückzug nach vorn, mit Blick auf die sprachlichen und methodischen Mittel menschlichen Erkennens als Zugang zu einer rationalen Technikbewertung. Im Anbetracht der augenwischenden Unsterblichkeitsverheißungen oder diffusen Alteritätswolken manch modischer Trans- und Posthumanismen lässt es sich gar nicht überbetonen: Leibliche, handelnde, sprechende, emotionale und denkende Menschen, so wie sie als endliche und verletzliche Wesen gemeinschaftlich und durchaus unterschiedlich *aktiv* leben, sind das Lot und erste (nicht theoretische) Axiom jeder Ethik – auch und gerade der Technikethik. Selbst wenn wir wollen, wir können nicht mit Maschinen auf einer Stufe stehen. Das ist eine normative und keine bloß beschreibende Einsicht. Sie prägt unsere moralischen wie epistemischen Handlungen.

Hintergrund: Der Mensch, das Maß aller Dinge?

Menschen sind das Schlüsselthema der Philosophie seit den Anfängen der Überlieferung. Häufig stand dabei *Die Stellung des Menschen im Kosmos* zur Diskussion – so übrigens auch ein Buchtitel von Max Scheler (1874–1928) aus dem Jahr 1927 (Scheler 2018/1927). Aus dem für die europäischen Wissenschaften prägenden vorsokratischen Denken ist der **Homo-mensura-Satz** als eine Art *Locus classicus* des Anthropozentrismus überliefert. Er lautet in einfacher Übersetzung: „Der Mensch ist das Maß aller Dinge, der seienden, daß/wie sie sind, der nichtseienden, daß/wie sie nicht sind" (angelehnt an *Theätet 152a,* Platon 2007, S. 41; siehe auch Graeser 1993, S. 21; Urheber: Protagoras von Abdera, 5. Jh. v. u. Z.). Verschiedene Lesarten sind möglich, die teilweise auch auf die moderne Rede von Sachverhalten verweisen oder subjektiv-relative Form von Wahrheiten – gemessen am menschlichen Maß (Graeser 1993, S. 20–32). In der **Renaissance** steht besonders das Menschenbild im Mittelpunkt. Humanistische Ideale der Bildung, Freiheit und Würde trägt Giovanni Pico della Mirandola (1463–1494) im Jahr 1486 in einer berühmten Rede vor (Pico della Mirandola 1990/1486; Leinkauf 2020, S. 18–20). Dabei ist Humanismus nicht das Gleiche wie Renaissance, da im Humanismus gilt,

„daß der Mensch sich *mit sich selbst und seinen Möglichkeiten* wesentlich befaßt, daß die 'conditio humana' auf dem Prüfstand steht, daß es um die Grundlegung einer neuen Anthropologie geht ..., daß ein neues (aber an der Antike orientiertes) universelles Bildungsideal mit dem Ausdruck 'humanus' oder 'humaniora' verbunden worden ist“ (Leinkauf 2020, S. 17; Hervorhebung im Original; zur kritischen Einordnung des Begriffs „Humanismus“ als durchaus uneinheitlich gebra uchte historische Konstruktion siehe Leinkauf 2020, S. 13–14 sowie Kuhn 2014, S. 7–14, 30–31).

Im 19. Jahrhundert ist es zum Beispiel Ludwig Feuerbach (1804–1872), der den aktiv handelnden leiblichen Menschen in den Mittelpunkt seines **anthropologischen Materialismus** rückt (Feuerbach 1983/1843). Ernst Kapp (1808–1896) unternimmt in seinem 1877 veröffentlichten Buch *Grundlinien einer Philosophie der Technik* frühe Gehversuche einer modernen Technikphilosophie, indem er eine anthropologische Technikdeutung und die Idee der Organprojektion entwirft (Kapp 2015/1877). Auf bis heute prägende Art und Weise rückt Immanuel Kant um 1800 den Menschen in das Zentrum als erkennendes transzendentales Subjekt – weg von den Dingen –, als freies Individuum durch Selbstgesetzgebung des Willens und als rechtlichen Mittelpunkt jedes Gemeinwesens via Menschenwürde und Menschenrechten (*KrV,* Kant 1974a/1781 ff., Kant 1974b/1781 ff.; *GMS,* Kant 1974c/1785 ff.; *KpV,* Kant 1974d/1788; Höffe 2011, S. 49–50; Tetens 2012, S. 310–317). Heute fragen wir uns nach den Eigenschaften des Menschen, seiner (Sonder)Stellung, Freiheit und Würde im Angesicht der KI und humanoiden Roboter.

Seit dem späten **20. Jahrhundert** gerät Anthropozentrik immer wieder von verschiedenen Seiten in die Kritik. Sie wurde im Zusammenhang mit Humanismus oder Eurozentrismus als Gegenstand veralteter Ansätze auf den Prüfstand gestellt, z. B. durch Bürgerrechtsbewegungen oder postkoloniale Debatten. Umwelt- und Tierschutzethik haben zur Erosion anthropozentrischer Vorurteile im Umgang mit belebter und unbelebter Natur seit den 1970er-Jahren beigetragen. Jedoch lässt sich gerade dieses skeptische Hinterfragen wiederum als Ausdruck aufgeklärten Humanismus und anthropozentrischer Vernunftwissenschaft deuten. Anthropozentrik im wissenschaftlichen – nicht ideologischen – Sinne ist streng von Rassismus, Antisemitismus, Sexismus oder eurozentrischem Chauvinismus zu unterscheiden. Aus heutiger Sicht ist tatsächlich berechtigte Kritik an seit der Neuzeit von alten, weißen Männern dominierter, europäischer Blindheit z. B. gegenüber anderen Kulturen oder Frauen anzubringen. Nur wird bei Ideologie- und Vorurteilskritik ja Aufklärung und Humanismus als Emanzipation der eigenen Vernunft bereits in Anspruch genommen und nicht überwunden.

Als ***New Materialism*** (Neuer Materialismus) werden verschiedene Strömungen der Gegenwart bezeichnet, in denen Autorinnen wie Karen Barad, Rosi Braidotti oder Donna Haraway die Rolle materieller Artefakte über einen bloß auf menschliche Handlungen zentrierten Blick herausstellen wollen. Zur Debatte stehen Abgrenzungen traditioneller Gattungsbegriffe wie Natur und Kultur oder geschlechtliche Identitäten, um sie von ihrem anthropozentrischen, neuzeitlichen Ballast zu befreien. Beeinflusst von Jacques Derrida, Emmanuel Levinas und anderen werden die Entzogenheit und Unverfügbarkeit des anderen (Mensch, aber auch Tier, Pflanze, Ökosystem oder Ding) als Asymmetrien im Rahmen „postanthropozentrischer“ oder „posthumanistischer“ Ethik thematisiert (Hoppe und Lemke 2021). Auch hier stellt sich jedoch die Frage, ob diese Art der Ideologiekritik nicht selbst schon Aufklärung ist – anstatt deren Überwindung – und – vor allem – zumindest im methodischen Sinne in Wahrheit anthropozentrisch bleiben muss, da sie in menschlichen Worten von und für Menschen vorgetragen steht als Beitrag zum Hinterfragen menschengemachter Vorurteile. Jedenfalls reiht sich die in vorliegendem Buch betonte *methodisch-sprachkritische Anthropozentrik* in das rationale Vernunftprogramm aufgeklärter und skeptischer Philosophie ein – und versammelt bedenkenswerte Gründe für Menschen im Zentrum aktueller Technikethik. In *Band 4, 1.1* und *Band 4, 5.1* vertiefen wir hierzu die theoretischen Grundlagen zur Autonomie und Freiheit bei Menschen im Vergleich zu technischen Funktionen bei Maschinen.

2.4 Die Gegenprobe – Was setzten Befürworter*innen moralischer Maschinen stillschweigend voraus?

Zuweilen ist das kritische Hinterfragen des Anthropozentrismus bzw. der Anthropozentrik ein lohnendes Geschäft – abseits der ohnehin für wissenschaftliches Forschen einzufordernden Selbstkritik und prüfenden Skepsis. Nachdem die Erde nicht im Mittelpunkt des Sonnensystems steht, der Mensch vom Affen abstammt und diverse Vorformen menschlichen Verhaltens bis zur Werkzeugverwendung im Tierreich belegt wurden, nachdem uns Emotionen und das Unterbewusstsein viel stärker prägen, als einem aufgeklärten Theoretiker lieb sein mag, nach all dem folgt die nächste **Kränkung menschlicher Macht** durch verschiedenste KI-Systeme – neuerdings unter den Sammelbegriffen des Machine Learning sowie der künstlichen neuronalen Netzwerke –, die von höherer Mathematik über Spracherkennung bis hin zum Schachspiel Domänen humaner Intelligenz erobern (diese Kränkungen gehören zum gepflegten Repertoire der aktuellen Debatte, exemplarisch sei verwiesen auf Floridi 2015, S. 11, S. 125–129). Außerdem stehen längst schon mit Ebene II der Roboter- und KI-Ethik Begriffe künstlicher moralischer und ethischer Akteure zur Verfügung. Warum also nicht gleich den ganzen Menschen vom Sockel stoßen und auf jede Anthropozentrik verzichten? Sie könnte der Grund einer unsäglich arroganten Diskriminierung gegenüber den „armen", „unschuldigen" Robotern sein, die wir vor „ungerechter" Misshandlung durch speziezistische Menschen zu schützen hätten – die also ihre eigene Spezies boshaft über alle anderen erheben. Dramatisieren wir weiter: Aufklärung und Humanismus seien Teufelswerk, insofern sie einem in jeder Hinsicht rassistischen, diskriminierenden, sexistischen – und was uns alles noch so einfällt – Menschenbild Vorschub leisten würden. Technikethik wäre darum ein Befreiungskampf, in welchem wir gegen andere Menschen für die politische, moralische etc. Autonomie von Maschinen zu kämpfen hätten.

Ob der Mensch – was auch immer *der* Mensch sein mag – im Mittelpunkt des Universums steht und/oder was sein Wesen letztendlich wirklich auszeichnet, lassen wir an dieser Stelle offen. Das sind Fragen philosophischer oder naturwissenschaftlicher Anthropologie, letztlich wohl auch Glaubensfragen, die sich einer wissenschaftlichen Erklärung entziehen. Was wir jedoch nicht offen lassen, ist die Einsicht, dass **menschliche Handlungen im Mittelpunkt** stehen, auch in der Technikethik sowie einer rationalen Roboter- und KI-Ethik (methodisch-sprachkritische Anthropozentrik). Wir können nicht den ganzen Menschen vom Sockel stoßen, weil eine methodisch-sprachkritische Anthropozentrik nicht nur in der Rede ihrer Befürworterinnen, sondern *auch* in der (sinnvollen) Rede jeder Befürworterin nichtmenschlicher moralischer Wesen präsent bleibt. Wer pro moralischer oder juristischer Rechte der Roboter streitet, setzt bereits eine menschliche Sprache voraus und will andere Menschen kommunikativ überzeugen. Damit wird immer schon auf die gemeinsame Geltung (humaner) sozialer Praxis Bezug genommen. Maschinenmoral trägt das zwischenmenschliche Sprechen als Voraussetzung.

Dieser Umstand mildert nicht den potenziellen Nutzen des Nachdenkens über **Roboterrechte** und darüber, wie weit Maschinen in den Bereich der Moral und Ethik vorrücken können. Jedoch dürfte dieser Nutzen vor allem bei denjenigen Wesen liegen, die sich überhaupt an der Kommunikation beteiligen (können), also bei Menschen. Dass wir nun inklusiv kommunizieren sollten, ist dann im humanistischen und aufgeklärten Sinne eine zwischenmenschliche Norm. Anders gesagt: Wer für gleichberechtigte Maschinen streitet, wird stets andere Menschen ausgrenzen, da sich die eigene Redeweise nicht mehr ohne Widerspruch für andere Menschen öffnen lässt. Das ist ja die Krux mit den im vorherigen Abschnitt aufgezeigten Asymmetrien: Wer wirkliche **Inklusion** will, muss mit Ungleichheiten konstruktiv umgehen können, anstatt sie in einer blauäugigen, sprachlichen Gleichmacherei zu verdecken. Wir haben in Jahrhunderten des Ringens um Humanismus und Aufklärung trotz furchtbarer Fehlschläge schon einiges über den konstruktiven Umgang mit Ungleichheiten gelernt. Aus methodischen, moralischen und ethischen Gründen erscheint es durchaus fragwürdig, das nun für semantische Spekulationsblasen emanzipierter Maschinen über den Haufen werfen zu wollen (als Beispiel einer öffentlichkeitswirksam inszenierten Blase sei verwiesen auf Harari 2019).

Drehen wir in einer Gegenprobe die Medaille noch einmal herum: **Wer für moralische Maschinen und ethische Roboter streitet** – was ein durchaus spannendes und faszinierendes Gedankenexperiment darstellt –, muss den methodischen Orientierungspunkt humanen, sprachlichen und nichtsprachlichen Handelns widerlegen, ersetzen, aushebeln oder wie auch immer. Es muss ein Nachweis geführt werden, dass sich die Vollzugsperspektive moralischen Handelns in Computer verlegen ließe. Um das zu leisten, müssten wir diese jedoch im Rechner oder Roboter selbst einnehmen können. So lange wir uns für andere Menschen verständlich ausdrücken, ist das nicht der Fall, denn wir setzen dann immer schon unser humanes sinn- und geltungstragendes leiblich-existenzielles Bezugssystem voraus. Wer hingegen behauptet, dass sich alles in Alteritäten auflöst, dass Roboter, Tiere, Pflanzen, Menschen, Steine usw. auf einer gleichen Stufe stehen, der übersieht einmal mehr seine eigene Redeweise – in einer menschlichen Sprache mit zwischenmenschlicher Bedeutung, sodass man auch von anderen Menschen verstanden wird.

Wir können die Gleichstellung aus wissenschaftlicher Sicht erst anerkennen, wenn ein Stein oder Roboter in einer steinischen oder robotischen Sprache *sinnvoll* und auf Augenhöhe mit uns kommuniziert. Wir müssten also davon ausgehen, dass es zwischen dem kommunikativen Verhalten von Steinen, Robotern und Menschen keinen Unterschied gibt, sodass sich alle Entitäten auf die gleiche Ebene bedeutungsvollen Redens begeben könnten. Vorausgesetzt wäre dann auch, dass wir Menschen die Erfahrung machen können, wie es ist, ein Stein oder Roboter zu sein – und zwar eben nicht im übertragenen, metaphorischen Sinn und auch nicht unter Berufung auf Rauschmittel, sondern durch permanente Existenz. Das liegt doch etwas fernab der Realität rationaler

Argumente. Aus wissenschaftlicher Sicht lässt sich nicht sinnvoll begründen, wie eine nichtanthropozentrische Technikethik möglich ist. Sieht wissenschaftliche Sicht alles? Nein, es mag viele bio- oder physiozentrische Lebensstile und Religionen geben, deren Glaubensfragen sich nicht gänzlich wissenschaftlich beantworten lassen oder sich sogar einem wissenschaftlichen Zugriff gänzlich entziehen (zur Physio-, Bio-, Techno- und Robozentrik siehe *Band 1, 3.1* und *Band 1, 3.2*). Auch das ist übrigens eine wichtige Einsicht zum Umgang mit Ungleichheiten.

Wenn wir unseren eigenen Vollzug nicht aus der Vogelperspektive beobachten können, dann haben wir auch keinen direkten Zugriff auf die postulierten Vollzugsperspektiven anderer Wesen. Wie Wittgenstein einst sprachkritisch schrieb: „Wenn ein Löwe sprechen könnte, wir könnten ihn nicht verstehen" (*PPF § 327,* Wittgenstein 2009/1953, S. 235). Würde ein Roboter moralisch urteilen entsprechend seiner robotischen Moral, dann könnten wir ihn ebenfalls nicht verstehen. Es gäbe gar kein Prüfkriterium, ob das, was die Maschine da tut, irgendeinen Bezug zur Maschinen- oder Menschenmoral hat, es sei denn, sie simuliert uns. Um ein Prüfkriterium zu erhalten, müssten wir einem sprichwörtlichen Kaspar Hauser gleich jeden sprachlich-sozialen Gefüges entbehren, um von außen auf die Moralfähigkeit eines technischen Systems objektiv blicken zu können. Diese generelle Limitierung unseres Zugriffs auf die Welt ist bedingt im Sprachgebrauch. Insofern mäandert **philosophische Sprachkritik** methodisch um die Grenzbereiche der sinnvollen Wortverwendung *(Band 1, 3.3)*. Die Praxis und Lebenswirklichkeit eines Löwen unterscheidet sich grundsätzlich von der uns typisch menschlichen. Wir können ganz andere Anlagen entfalten und dementsprechend kommunikativ handeln oder uns materiell-kulturell gestalten als ein sich instinktiv verhaltender Löwe, wenngleich wir bei einigen Punkten sicherlich auch das Nachsehen haben – Stichwort Gebiss. Warum glauben wir aber, dass wir manche Roboter verstehen? Weil wir in Wirklichkeit durch die Maschinen zu uns selbst sprechen, besonders in Alltagssprachen *(Band 4, 2)*. Aber auch formale Maschinensprachen bauen auf einer logisch-mathematischen Basis auf, die von Menschen bewiesen wurde. Das gilt gleichfalls für „selbstlernende" Algorithmen oder Sprachbots (Mainzer 2016, S. VI et passim).

Die ganze Wortform – „selbstlernender Algorithmus" – ist genau genommen schon ein Kategorienfehler. Algorithmen dieser Art stellen eine funktionale datengestützte Form der regelgeleiteten, endlichen Prozessoptimierung dar, in welcher Modelle hinsichtlich der Wahrscheinlichkeit einer korrekten Prognose optimiert werden (zur Algorithmendefinition im Detail siehe *Band 3, 6.2*). Mit Lernen – und da kennen wir aus dem menschlichem Leben viele Formen vom Auswendiglernen einer binomischen Formel bis hin zum sensomotorischen Lernen eines Tanzschrittes und dem sozialepisodischen Lernen anständiger Umgangsformen – hat das nichts zu tun. Wo wir der Eigendynamik intransparenter Algorithmen nicht mehr folgen können, schaffen wir vielleicht gefährliche Informationsverarbeitung, jedoch weder Bewusstsein noch Leben und schon gar nicht Moral. Unsere eigene Verantwortungslosigkeit im Umgang mit sogenannten selbstlernenden Algorithmen ist keine Begründung für Maschinenmoral, sondern beschreibt fahrlässiges menschliches Verhalten. Solange wir die Geräte zu verstehen glauben, haben wir in Wirklichkeit immer schon selbst Sinn und Bedeutung in ihre Signale hineingelegt.

Dabei ist es nicht untypisch, dass Menschen auch mit Projektionen auf Technik den Tod zu verdrängen suchen (Came 2018). Von Musik bis Tanz, von Reisen bis Forschung, von Familie bis Ehrenamt, von Malerei bis Leichtathletik – es gibt so viele Wege, dem Endlichen Sinn zu geben, ohne menschlich perfekte Maschinen herbeizufantasieren. Menschen bleiben das methodische Maß sowohl der Technikethik als auch der Roboter- und KI-Ethik – selbst wenn bzw. gerade weil Menschen häufig alles andere als logisch eineindeutig und fehlerfrei agieren. Um Fehler zu minimieren, Effizienz zu steigern, neues Wissen zu sammeln oder unangenehme Lasten abzunehmen, können technologische Hilfsmittel zur Lebensverlängerung wiederum sehr nützlich sein. Sie sind Medien der Neugier und können als faszinierendes Forschungsfeld unserer endlichen Existenz wiederum einen Sinn geben. Im Bereich der Medizin kommen sie als konkrete Mittel zur *Verlängerung der gesunden Lebenszeit* und höheren Lebensqualität innerhalb einer endlichen Existenz infrage (Lorenz Sorgner 2016, 2018). Doch auch hier bleiben normative Lebensformen menschlicher Gemeinschaften die Richtschnur: „Personen sind keine Programme" und „Programme sind keine Personen" (Fuchs 2020, S. 35–51).

„Wo der Mensch seinesgleichen und sich als das *methodisch Primäre* für Handeln und Reden erkannt hat, kann die *Technik* als *das methodisch Sekundäre* im doppelten Sinne beherrscht werden, nämlich einerseits intellektuell als Know-how und Mittel und andererseits als Gegenstand der Verantwortung" (Janich 2006, S. 176; Hervorhebungen im Original).

Methodisch-sprachkritische Anthropozentrik meint also keineswegs Speziesismus, Egoismus, Zerstörung der Ökosysteme oder Tierquälerei, sondern begründet im Gegenteil ja gerade die menschliche Verantwortung im Umgang mit belebten und unbelebten Umwelten. Natur ist wertvoll – das zu begreifen, ist eine humane Leistung –, vom Wert verschiedener menschlicher Lebensstile oder Kulturen ganz zu schweigen. Wer aber Technik als das methodisch Primäre anspricht und in eine entsprechende Robozentrik verfällt, untergräbt bereits zwischenmenschliche oder ökologische Verantwortung. Im anschließenden Kap. 3 betrachten wir den Begriff der Technik genauer sowie Hilfsmittel zur ethischen Bewertung technischen Handelns. Kap. 4 schließt mit dem Thema der Verantwortung im Umgang mit Technik an.

Übersicht: Mittelpunkt Mensch! Oder: Methodisch-sprachkritische Anthropozentrik
Jede Technikethik ist als Moralwissenschaft notwendig anthropozentrisch. In der methodisch-sprachkritischen Anthropozentrik geht es nicht um die Sonderstellung eines göttlich geschaffenen Wesens, auch nicht um ein humanistisches Bildungsideal. Es geht um die Einsicht, dass wir aus der Praxis unseres kommunikativen Handelns – des Sprechens und Deutens – nicht herauskönnen. Die konstruktiven sprachlichen und nicht-sprachlichen Vollzüge menschlichen Handelns bilden den methodischen Anfangspunkt der Technikethik – sowie der Roboter- und

KI-Ethik –, insofern auf Ebene II über moralische oder ethische Maschinen nachgedacht wird. Als Bedingung der Möglichkeit menschlicher Existenz sind die Vollzüge leiblicher Handlungen gekennzeichnet durch Endlichkeit, perspektivische Begrenzung, Fragilität, Störanfälligkeit und Verletzbarkeit des Leibes, Wissens und Könnens, unserer Kommunikation, Gemeinschaften und Lebensentwürfe. Daraus folgen nicht pessimistische Schlüsse, da die Endlichkeit und Verletzbarkeit menschlicher Lebensstile auch wesentliche Formen kreativen, sozialen und intelligenten Handelns eröffnen – ohne gelingenden Umgang mit Begrenztem entsteht kein Glück. Insofern ist der selbstkritische, konstruktive und dialogische Umgang mit Ungleichheiten eine wesentliche Aufgabe menschlicher Gesellschaften. Hierzu bietet die Technikethik durch Analysen verschiedener (auch normativer) Asymmetrien rationale Werkzeuge an. Zu den methodischen Folgerungen gehört (siehe auch Abb. Band 2, 2):

1. Die Unterscheidung zwischen normativ-wertenden und deskriptiv-beschreibenden Redeweisen, da sich Erstere auf die Geltung moralischer Handlungsvollzüge der Menschen beziehen, Letztere jedoch auf Tatsachenaussagen, die einem anderen Wahrheitskriterium folgen
2. Die anschließende Unterscheidung zwischen Begründungs-, Entscheidungs- und Ordnungskriterien bei der Durchführung ethischer Schlüsse. Entsprechend 1. kommen empirische Tatsachen wie konkrete Handlungsfolgen als Entscheidungskriterien oder Ordnungskriterien (neben anderen) in Betracht, nicht jedoch als Begründungskriterien
3. Der mehrfach erwähnte Ausschluss naturalistischer, moralistischer, robomorpher und anthropomorpher Fehlschlüsse sowie die Beachtung des Humeschen Gesetzes
4. Ein daraus folgender **technikethischer Imperativ:** Du sollst (Informations-) Technologien nicht ethisch bewerten, so als ob das Reden über Messwerte gleich dem Reden über moralische Werte wäre
5. Damit verbunden steht auch die Forderung nach einer Vermeidung der Legendenbildung im Umgang mit dem Wort Information durch Beachtung der Vollzugsperspektive: Moralische Information entsteht durch kommunikatives Handeln, nicht durch das Beschreiben dieses Handelns – dementsprechend ist der Vollzug von Moral durch Informationstechnologien nicht ersetzbar. Es bleibt bei Simulationen.

Conclusio

Technikethik ist wie jede Ethik eine Wissenschaft von der Moral *(Band 1, 4.1)*. Als solche folgt sie spezifischen Methoden, um technisches Handeln in verschiedenen Situationen adäquat bewerten zu können. Beeinflusst von graduellen Verfahren sowie der Kasuistik angewandter Ethik lassen sich top-down und bottom-up, jeweils logisch-ableitend und analogisch-vergleichend, vier Grundoperationen unterscheiden. Dabei werden verschiedene Abstraktionsgrade durchlaufen. So lassen sich Einzelfälle unter allgemeinen Gesichtspunkten betrachten und/oder allgemeine Theorien durch Einzelfälle kritisch widerlegen. Mittels Analogiebildungen können im Wechselspiel aus Heuristiken und Einzelfallvergleichen praktische Probleme angegangen werden. In Abb. Band 2, 2 wurde hierzu eine zentrale Übersicht gegeben. Nicht nur die vier genannten Wege sind darin übersichtlich dargestellt, sondern auch zu vermeidende Fehlschlüsse sowie das methodisch korrekte Einbringen empirischer Tatsachen in eine normative ethische Ableitung. Durch die grafische Zusammenfassung der methodischen Grundlagen wird der graduelle Bezug zwischen Einzelfall, allgemeinen Regeln sowie der Kriterienbildung zur Begründung einer allgemeinen Regel deutlich. Mit den vier Wegen in ihren dargestellten Wechselwirkungen lässt sich dem Konzept angewandter Ethik folgend eine provisorische Verfahrensordnung in die Vielfalt moralphilosophischer Ansätze bringen, um unter Zeitdruck und Unsicherheit zu pragmatischen Lösungen zu gelangen. Abb. Band 2, 2 lässt sich als tägliches Brot ethischer Technikbewertung gebrauchen.

Eine zweite methodische Facette ergänzt diesen Grundriss. Dabei geht es um die Begründungskriterien und Möglichkeitsbedingungen. Technikethik ist angewandter Humanismus im Sinne einer methodisch-sprachkritischen Anthropozentrik. Sie sollte nicht als Maschinenmoral missverstanden werden oder auf Gleichsetzungen von Menschen und Robotern oder KI aufbauen. Denn menschliche Handlungen, die wir selbst vollziehen – auch Sprechen gehört dazu –, sind methodisch primär und ermöglichen rationale Technikethik als selbstkritische Praxis. Das mag auf den ersten Blick vielleicht wie ein banaler Zirkelschluss wirken, sinngemäß: „Handlungen ermöglichen Praxis", bzw. noch schärfer: „Weil wir es tun, darum machen wir es." Tatsächlich geht es aber darum, *was* wir tun. Erkennen wir Handlungen als methodisch primäre Grundlagen an, dann ist noch nicht klar, ob Menschen die Krone der Schöpfung sind oder was uns evolutionär objektiv zu kreativen und selbstbewussten Wesen über Tiere oder sogenannte autonome Technik erheben könnte. Diese Fragen brauchen wir beim technikethischen Problemlösen auch überhaupt nicht zu beantworten, vor allem wenn das Theologinnen und Biologen besser können. In *Band 4* vorliegender Buchreihe gibt es hierzu diverse Vertiefungen. Unsere Kernfrage lautet an dieser Stelle jedoch: „Was soll ich tun?" (entsprechend dem kantischen Problemaufriss; *Band 1, 2.2; Band 1, 6.2*).

Alle Versuche, Ethik nicht zumindest als eine methodisch-sprachkritische Anthropozentrik zu begründen, scheitern aus handlungslogischen Gründen. Denn sie sind ja selbst Handlungen, die von ihren Vertreterinnen gegenüber anderen

Menschen vorgetragen werden. Hinter diese Vollzüge und ihre notwendigen perspektivischen Grenzen können wir nicht zurückgehen. Trans- und posthumanistische Moralbegründungen scheitern an diesem Umstand. Sich diese Möglichkeitsbedingungen der Technik vor Augen zu führen, ist insbesondere in Zeiten hoher Erwartungen an KI und Robotik essenziell. Wichtig ist, dass die entsprechenden handlungslogischen Grundlagen auch unabhängig davon gelten und zum Beispiel die Umwelt-, Natur- oder Tierschutzethik gleichermaßen begründen. Statt also Menschen und Maschinen rechtlich oder moralisch auf eine Stufe zu stellen, sollten wir lieber im aufgeklärt humanistischen Sinne selbstkritisch am konstruktiven Umgang mit Ungleichheiten arbeiten. So lassen sich dann auch ökologische Herausforderungen angehen. Dementsprechend wurden in vorliegendem Abschnitt verschiedene Formen der Asymmetrien vor dem Hintergrund menschlich-leiblicher Lebensformen unterschieden. Deren Analyse ist ein wichtiges Element normativer und rationaler Technikbewertung. Sowohl methodisch als auch inhaltlich stehen Menschen an erster Stelle – nicht zuletzt wenn es um ökologische Verantwortung technischen Handelns geht.

Literatur

AI HLEG (2019) Ethics Guidelines for Trustworthy Artificial Intelligence. High-Level Expert Group on Artificial Intelligence. 8. April 2019. European Commission, Brüssel. [Online: https://ec.europa.eu/futurium/en/ai-alliance-consultation.1.html (27. Juli 2021)]

Bergemann L (2020) „Bedeutung des Situationsverstehens im Pflege und Gesundheitswesen unter anthropologischen Gesichtspunkten.“ In Riedel A/Lehmeyer S (Hg) Ethik im Gesundheitswesen. Springer Reference Pflege – Therapie – Gesundheit. Springer, Berlin/Heidelberg. [(DOI) https://doi.org/10.1007/978-3-662-58685-3_4-1]

Böhme G (2019) Leib. Die Natur, die wir selbst sind. Suhrkamp, Frankfurt a.M.

Came D (2018) „Der Tod und seine Leugnung im Transhumanismus.“ In Göcke BP/Meier-Hamidi F (Hg) Designobjekt Mensch. Die Agenda des Transhumanismus auf dem Prüfstand. Herder, Basel/Freiburg/Wien, S 95–113

Carrier M (2001) Nikolaus Kopernikus. C.H. Beck, München

Coeckelbergh M (2013) Human Being @ Risk. Enhancement, Technology, and the Evaluation of Vulnerability Transformations. Springer, Dordrecht

Feuerbach L (1983/1843) Grundsätze der Philosophie der Zukunft. Klostermann, Frankfurt a.M.

Floridi L (2015) Die 4. Revolution. Wie die Infosphäre unser Leben verändert. Suhrkamp, Berlin

Fuchs T (2020) Verteidigung des Menschen. Grundfragen einer verkörperten Anthropologie. Suhrkamp, Frankfurt a.M.

Funk M (2015a) „Philosophie der Technik zwischen Paläoanthropologie und Evolutionsbiologie. Ein Beitrag zum Methodenproblem transdisziplinärer Forschung.“ In Funk M (Hg) ‚Transdisziplinär‘ ‚Interkulturell‘. Technikphilosophie nach der akademischen Kleinstaaterei. Königshausen & Neumann, Würzburg, S 135–158

Funk M (2015b) „Tatsachen – Modelle – Szenarien… Wie lässt sich das Wissen der Paläoanthropologie begründen?“ In Engelschalt Julia/Maibaum A (Hg) Auf der Suche nach den Tatsachen: Proceedings der 1. Tagung des Nachwuchsnetzwerks „INSIST“, 22.–23. Oktober 2014. SSOAR, Berlin, S 80–97 [Online: http://nbn-resolving.de/urn:nbn:de:0168-ssoar-454743] [open access]

Gutmann M/Hertler C/Schrenk F (2010) „Der Mensch als Gegenstand der Paläoanthropologie und das Problem der Szenarien.“ In Gerhardt V/Nida-Rümelin J (Hg) Evolution in Natur und Kultur. De Gruyter, Berlin/New York, S 135–161

Graeser A (1993) Die Philosophie der Antike 2. Sophistik und Sokratik, Plato und Aristoteles. Geschichte der Philosophie. Band II. C.H. Beck, München

Harari YN (2019) Homo Deus. Eine Geschichte von Morgen. C.H. Beck, München

Höffe O (2011) Kants Kritik der reinen Vernunft. Die Grundlegung der modernen Philosophie. C.H. Beck, München

Hoppe K/Lemke T (2021) Neue Materialismen zur Einführung. Junius, Hamburg

Huber JM (2021) „Technikanwendung im Spannungsfeld von Freiheit, Sicherheit und neuen Abhängigkeiten.“ In Riedel A/Lehmeyer S (Hg) Ethik im Gesundheitswesen. Springer Reference Pflege – Therapie – Gesundheit. Springer, Berlin/Heidelberg. [(DOI) https://doi.org/10.1007/978-3-662-58685-3_83-1]

Irrgang B (2007) Hermeneutische Ethik. Pragmatisch-ethische Orientierung in technologischen Gesellschaften. WBG, Darmstadt

Janich P (2006) Was ist Information? Kritik einer Legende. Suhrkamp, Frankfurt a.M.

Janich P (2014) Sprache und Methode. Eine Einführung in philosophische Reflexion. Francke, Tübingen

Kaldor M (2007) Neue und alte Kriege. Organisierte Gewalt im Zeitalter der Globalisierung. Suhrkamp, Frankfurt a.M.

Kambartel F (1989a) Philosophie der humanen Welt. Abhandlungen. Suhrkamp, Frankfurt a.M.

Kambartel W (1989b) „Perspektive, Perspektivismus. II. Kunst.“ In Ritter J/Gründer K (Hg) Historisches Wörterbuch der Philosophie. Band 7: P-Q. Schwabe, Basel, S 375–377

Kant I (1974a/1781ff) Kritik der reinen Vernunft 1. Band III Werkausgabe. Herausgegeben von Wilhelm Weischedel. Suhrkamp, Frankfurt a.M.

Kant I (1974b/1781ff) Kritik der reinen Vernunft 2. Band IV Werkausgabe. Herausgegeben von Wilhelm Weischedel. Suhrkamp, Frankfurt a.M.

Kant I (1974c/1785ff) Grundlegung zur Metaphysik der Sitten. In Band VII Werkausgabe. Herausgegeben von Wilhelm Weischedel. Suhrkamp, Frankfurt a.M., S 7–102

Kant I (1974d/1788) Kritik der praktischen Vernunft. In Band VII Werkausgabe. Herausgegeben von Wilhelm Weischedel. Suhrkamp, Frankfurt a.M. S 103–302

Kapp E (2015/1877) Grundlinien einer Philosophie der Technik. Zur Entstehungsgeschichte der Kultur aus neuen Gesichtspunkten. Meiner, Hamburg

Kuhn HC (2014) Philosophie der Renaissance. Grundkurs Philosophie Band 8,1. Kohlhammer, Stuttgart

Krypczyk V/Bochkor O (2018) Handbuch für Softwareentwickler. Rheinwerk, Bonn

Leinkauf T (2020) Die Philosophie des Humanismus und der Renaissance. Geschichte der Philosophie Band VI. C.H. Beck, München

Liu Y/Lan L/Zhu Q (2021) „Technocracy.“ In Grunwald A/Hillerbrand R (Hg) Handbuch Technikethik. 2., aktualisierte und erweiterte Auflage. Metzler/Springer, Berlin, S 119–122

Lorenz Sorgner S (2016) Transhumanismus. “Die gefährlichste Idee der Welt !?” Herder, Freiburg/Basel/Wien

Lorenz Sorgner S (2018) „Was wollen Transhumanisten?“ In Göcke BP/Meier-Hamidi F (Hg) Designobjekt Mensch. Die Agenda des Transhumanismus auf dem Prüfstand. Herder, Basel/Freiburg/Wien, S 153–179

35. Mainzer K (2016) Künstliche Intelligenz – Wann übernehmen die Maschinen? Springer, Berlin/Heidelberg

Maio G (2017) Mittelpunkt Mensch. Ethik in der Medizin. Ein Lehrbuch. Mit einer Einführung in die Ethik der Pflege. 2. Auflage. Schattauer, Stuttgart

Markschies A (2011) Brunelleschi. C.H. Beck, München
Münkler H (2014) Der Wandel des Krieges. Von der Symmetrie zur Asymmetrie. 3. Auflage. Velbrück Wissenschaft, Weilerswist
Pico della Mirandola G (1990/1486) Über die Würde des Menschen. Felix Meiner, Hamburg
Platon (2007) Theätet. Griechisch-Deutsch. Kommentar von Alexander Becker. Suhrkamp, Frankfurt a.M.
Plesssner H (1941) „Lachen und Weinen. Eine Untersuchung der Grenzen menschlichen Verhaltens (1941).“ In Plessner H Ausdruck und menschliche Natur. Gesammelte Schriften VII. Suhrkamp, Frankfurt a.M., S 201–387
Plessner H (1970) „Anthropologie der Sinne (1970).” In Plessner H Anthropologie der Sinne. Gesammelte Schriften III. Suhrkamp, Frankfurt a.M., S 317–393
Rentsch T (1999) Die Konstitution der Moralität. Transzendentale Anthropologie und praktische Philosophie. Suhrkamp, Frankfurt a.M.
Rentsch T (2003) Heidegger und Wittgenstein. Existenzial- und Sprachanalysen zu den Grundlagen philosophischer Anthropologie. Klett-Cotta, Stuttgart
Scheibe E (2007) Die Philosophie der Physiker. C.H. Beck, München
Scheler M (2018/1927) Die Stellung des Menschen im Kosmos. Felix Meiner, Hamburg
47. Schmitz H (2011) Der Leib. De Gruyter, Berlin/Boston
Schrenk F/Müller S (2010) Die Neandertaler. Unter Mitarbeit von Christine Hemm. 2. Auflage. C.H. Beck, München
Tetens H (2012) Kants »Kritik der reinen Vernunft«. Ein systematischer Kommentar. Reclam, Stuttgart
Wittgenstein L (2009/1953) Philosophische Untersuchungen. Philosophical Investigations. Revised 4th edition by P. M. S. Hacker and Joachim Schulte. Blackwell Publishing, Chichester UK

Technik kritisch analysieren

3

Zusammenfassung

Was ist Technik? Wie lässt sie sich differenziert bewerten? In vorliegendem Kapitel wird technisches Handeln als besonderer Gegenstand ethischer Analysen vorgestellt. Hierzu zählt die Unterscheidung von elf Perspektiven individueller und kollektiver Praxis – z. B. Grundlagenforschung, Design, Nutzung, Instandhaltung oder Entsorgung bis hin zu Sicherheitsnormen und gesetzlicher Regulierung. Außerdem werden allgemeine Charakteristika des Technikbegriffs entsprechend seinen sieben Bedeutungen vorgestellt. Das schließt den Kunstcharakter ein („eine Technik beherrschen"), aber auch hergestellte Güter, verwissenschaftlichte Technologie und Systemtechnik bis hin zum Zweck-Mittel-Schema. In einer tabellarischen Heuristik lassen sich die verschiedenen Formen illustrieren und als Grundlage einer methodisch geordneten, differenzierten Technikbewertung nutzen. Weitere Charakteristika wie Umdeutungen und Nebeneffekte sowie komplexe Dynamiken technischer Entwicklungen zwischen wirtschaftlicher und politischer Macht kommen ergänzend zur Sprache. Zur Illustration dienen ausgewählte Beispiele. Ziel ist es, auf Grundlage eines gereiften Technikverständnisses das differenzierte Analysieren konkreter technischer Handlungen zu erleichtern.

Nachdem in Kap. 1 und 2 sowohl die Methodik der angewandten Ethik als auch deren methodisch-sprachkritische Orientierung an handelnden Menschen vorgestellt wurden, folgen nun zugespitzte Einblicke in spezifische Grundlagen der **Technikanalyse**. In der ethischen Technikbewertung geht es nicht darum, dass Technik ethisch handelt, sondern wie Menschen über ihr technisches Handeln kritisch nachdenken (siehe auch Ebene I der Roboter- und KI-Ethik; *Band 1, 6.2*). Entsprechend ist ein Verständnis des Technikbegriffs auf Grundlage gemeinschaftlicher kultureller Praxis zu erarbeiten. Es geht also in vorliegendem Abschnitt nicht um die Beschreibung sachtechnischer Funktions- und

© Springer Fachmedien Wiesbaden GmbH, ein Teil von Springer Nature 2022

M. Funk, *Angewandte Ethik und Technikbewertung*,
https://doi.org/10.1007/978-3-658-37085-5_3

Leistungsmerkmale. Das sei selbstverständlich zuerst den entsprechenden technikwissenschaftlichen Disziplinen überlassen. Nicht die Klassifikationen materieller Artefakte oder ingenieurtechnischer Verfahren, sondern die verschiedenen allgemeinen Facetten menschlichen Umgangs mit Techniken stehen im Mittelpunkt. Einmal mehr wird klar, wie fachübergreifend Technikethik operiert. Vorliegendes (Arbeits-) Buch bietet sozusagen die ethische Perspektive an mit Blick auf die unausweichlichen, mannigfaltigen transdisziplinären Bezüge technischer Problemstellungen. Sie dienen als Andockpunkte für eine über monodisziplinäre Spezialisierung hinausweisende Bearbeitung praktischer und theoretischer Problemstellungen. Hierzu sollen einige Grundlagen der ethischen Technikbewertung geklärt sein, die sich durch einen rationalen, historischen und begriffskritischen Zugang auszeichnen in Verbindung zu allgemeinen Fundamenten der Ethik (Ott 2005). Diese gelten gleichfalls für den Umgang mit Technologien wie Robotern und künstlicher Intelligenz (KI), die wir zuweilen als Artificial Moral Agents oder Artificial Ethical Agents auf Ebene II ansprechen (*Band 1, 3.4; Band 1, 4.1*).

Ist **Technikethik** gut gemacht und ihren Namen wert, dann geht es nicht um die sprichwörtlichen Feigenblätter und Akzeptanzbeschaffung im Interesse von Politikerinnen, Unternehmern oder Erfinderinnen. Das wäre das eine Extrem. Es geht aber auch nicht um pauschale Verteufelung technischen Fortschritts, weil *die* Technik uns *das* Leben nicht wirklich leichter macht. Das wäre das andere Extrem. Alternativ ausgedrückt: Wer einer neuen Entwicklung mit den verbalen Mitteln des Stammtisches zur Erheiterung der PR-Abteilung den Stempel „ethik-proofed“ aufdrückt, sollte Acht geben, dass dieser Gag besser nicht ungeprüft in der Öffentlichkeit landet. Die ethische, also rational-argumentative Hilflosigkeit könnte zur öffentlichen Blamage gerinnen. Dies passierte zum Beispiel dem ehemaligen Volkswagen-Chef Matthias Müller in einem Radiointerview Anfang 2016.

Müller sollte zum damaligen Abgasskandal und den verbundenen Vorwürfen des Rechtsverstoßes des VW-Konzerns in den USA Stellung beziehen. Unter anderem stritt der Manager dabei ab, dass bei der wissentlichen Manipulation von Abgaswerten – hier ging es auch um die Frage, ob eine Lüge im Raum stehe – überhaupt ein ethisches Problem erkennbar sei (Glinton 2016). In den Medien und der Öffentlichkeit wurde diese Reaktion als „Blamage“ mit entsprechend imageschädigender Wirkung bewertet (Sorge 2016; Spiegel Online 2016).

Umgekehrt gilt auch in der Technikbewertung durch Dritte natürlich der Grundsatz der Neutralität. Wer bereits Vorurteile an eine Technik heran trägt und nach einem kurzen Imbiss mit dem Praktikanten aus eben jener PR-Abteilung ein subjektiv schlechtes Gefühl entwickelt, wodurch die zu bewertende Technik auf einmal „objektiv“ schlecht dasteht, sollte sich mit an den Stammtisch setzen. Mehr nicht. **Grundsatz der Neutralität** bedeutet differenziert und nach den Kriterien rationaler objektiver Nachvollziehbarkeit zu bewerten – darüber wurde besonders in Kap. 2 schon einiges gesagt (siehe auch *Band 1, 4.5*). Entscheidend für situationsspezifische Verfahrenskunde ist die Einsicht, dass es nicht *die eine* Technik gibt und darum auch nicht *das eine* ethische Urteil über Technik. So gesehen gibt es eine Vielzahl von Techniken und auch nicht *die eine* Technikethik (Mitcham 2021; Grunwald und Hillerbrand 2021). **Differenziertes Vorgehen ist die erste Forderung. Das Vermeiden von Pauschalurteilen die zweite.** Wie für Ethik allgemein, so gilt auch für Technikethik im Besonderen, dass ein rational begründetes Urteil auch dann zu formulieren ist, wenn ein Ethiker subjektiv anderer Meinung ist. Bin ich in meiner persönlichen moralischen Einstellung ein leidenschaftlicher Umweltschützer, so muss ich doch rationale Argumente für den Einsatz von Autos anerkennen können. Die oben erwähnte Firma hat wie viele andere Automobilhersteller unterschiedliche Produkte im Programm, die ständig weiterentwickelt werden. Es ist Teil technikethischer Professionalität, eben jene Spannung auszuhalten. Umgekehrt gilt natürlich auch: Wenn dienstlich-rational beste Argumente vorliegen, müssen menschlich-subjektiv noch lange nicht alle Sorgen und Nöte ausgeräumt sein.

Beispiel: Gibt es das „CO_2-neutrale" E-Auto?

Bis 2035 will VW neuerdings komplett auf Verbrennungsmotoren in europäischen Neuwagen verzichten (können), verbunden mit der Ansage:

„Bis spätestens 2050 machen wir unsere gesamte Flotte CO_2-neutral" (VW-Vertriebsvorstand Klaus Zellmer in Schmidtutz und Prem 2021).

Was könnte damit gemeint sein und ist das analytisch betrachtet überhaupt möglich? Es soll nun nicht darum gehen, die sachtechnische oder physikalische Realisierbarkeit zu diskutieren, sondern um eine technikethische Betrachtung der Normen und Handlungen, die mit so einer Aussage angesprochenen sein könnten. Nicht zuletzt die im Sommer 2021 nachgeholte Fußball-Europameisterschaft 2020 – VW ist hier zeitgleich als Hauptsponsor aktiv – illustriert, wie viel politische und soziale Bedeutung der Entwicklung elektrischer Mobilität beikommt (die natürlich von vielen anderen Herstellern wie Tesla, Daimler oder BMW ebenfalls in Angriff genommen wird – wir greifen ein Unternehmen exemplarisch heraus). So wurde der Spielball im Eröffnungsspiel von einer E-Autodrohne erwähnten Unternehmens zum Anstoßpunkt bugsiert; normative Reaktion: „viele finden es 'zum Fremdschämen'"(Pospiech 2021). Greenpeace versuchte eine Protestaktion gegen VW unter dem Slogan „Kick out oil!", wobei ein Gleitschirmflieger bei einem riskanten Manöver verunfallt; normative Reaktion: „Greenpeace entschuldigt sich für missglückte Protestaktion" (Zeit Online 2021a). Nachdem die UEFA die Regenbogenbeleuchtung als Zeichen der Toleranz am Münchener Austragungsort untersagt hat, hagelt es Kritik (Zeit Online 2021b). In weiterer Folge stellen diverse Sponsoren – so auch erwähnter Autobauer – ihre Werbebanden auf eine entsprechende Färbung um (selbstverständlich ohne dabei die Wahrnehmung ihrer Marken und Produkte einzuschränken; StZ Online 2021).

Technik wird offensichtlich nicht im luftleeren Raum betrieben. Sie ist geprägt von diversen nichttechnischen Faktoren, sozialen oder politischen Motiven und nicht zuletzt von knallharten ökonomischen Interessen. Die tatsächliche Entwicklung elektrisch betriebener Autos ist nicht bloß eine Entwicklung elektrischer Autos, sondern eine Antwort auf wachsende Konkurrenz auf dem Weltmarkt, neue Ansätze umfassend vernetzter, urbaner Mobilität (in sogenannten Smart Cities bzw. Smart Urbanism), beeinflusst von politischer Regulierung und Zielgruppenverhalten, das sich in sozialen Bewegungen wie „Fridays for Future" sowie Protesten gegen Verbrennungsmotoren oder gegen die Diskriminierung von LGBT-Lebensstilen äußert. So könnte das oben zitierte Versprechen CO_2-neutraler Autos eine umformulierte Antwort auf die Frage sein:

„Wer wird in 15 bis 30 Jahren unsere Produkte erwerben? Wie alt ist die Zielgruppe heute, was spricht sie an, wie verhält sie sich? Wie platzieren wir unsere Marke und Produkte so, dass wir kurz-, mittel- und langfristig optimale Gewinne erwirtschaften?"

Nehmen wir also einmal an, dass der Satz zur CO_2-Neutralität zumindest auch eine soziale Aussage darstellt. Sie könnte sich zum Beispiel dann so lesen lassen:

„Der Kampf gegen den Klimawandel ist das höchste Gebot unseres wirtschaftlichen Handelns. Wir tun Buße für den Abgasskandal vor einigen Jahren und nehmen vorbildlich unsere Verantwortung gegenüber kommenden Generationen als von der Scham des Betrugs tief bestürzte Idealist*innen wahr. Als globales Unternehmen treten wir stets über alle Kulturgrenzen und Kontinente hinweg für Inklusion, Respekt vor alternativen Lebensstilen und objektive Werte der Menschenwürde, Meinungs- und Pressefreiheit ein – ja, das machen wir selbstverständlich stets zur vollsten Zufriedenheit auch in China oder Russland ganz genau so."

An dieser Stelle sei nun rein gar nicht, also überhaupt wirklich nicht darüber spekuliert, welche Übersetzung glaubwürdiger bzw. wahrscheinlicher sein könnte. Jedenfalls: Unter „Greenwashing" verstehen wir Etiketten klimafreundlicher Nachhaltigkeit, die zumindest nach außen hin Konsumenten ködern sollen – wobei tatsächlich nicht alles so „grün" ist, wie behauptet (Nowotny und Hadler 2021). Im methodischen Interesse soll es um den analytischen Blick für komplexe Mehrdeutigkeiten gehen – der hier zugegebenermaßen auch etwas pointiert formuliert sein mag. Die entscheidende Einsicht: Das Versprechen der CO_2-Neutralität ist keine neutrale Tatsachenbeschreibung, sondern eine normative Aussage, die ethisch durchaus einmal seziert werden kann. Dazu muss aber zuerst etwas Ordnung in die verschiedenen Aspekte der angesprochenen technischen Praxis gebracht werden. E-Autos sind nicht nur E-Autos, sondern wie jede andere Technik über ihre vielfältigen Gebrauchskontexte zu begreifen. Was an der genannten Technik ist denn konkret CO_2-neutral? Offensichtlich das Gefährt mit aufgeladener Batterie, insofern es ohne Auspuff über digital vernetzte Straßen rollt. Jedoch: Wo kommt denn der Strom her, und zwar auch die Elektroenergie, die nicht zum Laden der Batterie, sondern zur Nutzung der digitalen Infrastruktur unserer Onlinewagen nötig wird?

Ein E-Auto ist offensichtlich nicht nur ein E-Auto, sondern auch ein rollender Computer mit Energiespeicher in einem komplexen System aus vielen anderen Technologien, die ohne Chassis mit rollen. Doch damit noch nicht genug. Welchen Umgang mit E-Autos meinen wir, wenn wir von einer CO_2-neutralen Flotte sprechen?

Eventuell wird dabei an die Fahrerin gedacht, die ihr aufgeladenes Gefährt ohne GPS, 5G oder WLAN steuert. Sobald sie online geht – das wäre wohl eine notwendige Voraussetzung, sollte sie sich zudem noch in einem „autonomen selbstfahrenden Auto“ aufhalten – oder an der Ladesäule andockt, endet die Betrachtung. Insofern bezöge sich CO_2-Neutralität nur auf einen sehr speziellen Fall der Fahrzeugnutzung. Außerdem: Was wurde denn getan, um ihr ein E-Auto zu verkaufen? Richtig, es wurde hergestellt, und zwar in den allermeisten Fällen von ganz anderen Menschen, die mit dem Auto auch etwas ganz anderes machen (können). Es liegt also eine verschiedene Handlungsperspektive vor, wenn der Blick nicht nur auf die Nutzung, sondern auf die Produktion fällt. Und wie verschrotten wir es CO_2-neutral? Produktion, Nutzung und Entsorgung; Motorenenergie, Computer- und Datennetzwerkenergie; komplexe Systeme sogenannter „intelligenter“ Stromnetze (Smart-Grid) – all das gehört zu einem E-Auto dazu. So gesehen scheint es *das* CO_2-neutrale elektrisch angetriebene Automobil überhaupt nicht zu geben. Gleiches gilt für eine ganze Flotte, wenn logisch-analytisch hinter den Worten nach einem Sinn gesucht wird. Es tut sich vielmehr die Frage auf:

„Werden bis 2050 alle E-Autos CO_2-neutral hergestellt und dann ausschließlich von nicht systemisch vernetzten Individuen im Offlinemodus gebraucht? (Wobei wir annehmen, dass ebenfalls keine CO_2-wirksamen Wartungen nötig wären …) Oder scheitert die Formulierung 'CO_2-neutral' an der Annahme, dass es E-Autos als isolierte, vollständig aufgeladene Gegenstände gäbe, mit denen ausschließlich gefahren würde? Wir müssen offensichtlich noch nicht einmal definieren, was CO_2-Neutralität genau ist. Die Technik der E-Autos ist so mehrdeutig, dass die Zuschreibung jedes anderen pauschalen Attributs ähnlich schwerfallen könnte.“ ◀

Wie lässt sich Technik differenziert bewerten? In Kap. 1 und 2 haben wir Methoden der rationalen ethischen Urteilsbildung kennengelernt. Nun soll es um analytische Mittel zur Betrachtung von Technik im Besonderen gehen. Hierzu werden in Abschn. 3.1 zuerst elf Perspektiven technischer Praxis unterschieden. Die Frage ist also, *wer* macht etwas, wäre folglich verantwortlich oder könnte mit jemand anderem in einen moralischen Konflikt geraten? Unklare Pauschalurteile lassen sich weiterhin vermeiden, indem das Wort „Technik“ als ein Sammelbegriff für verschiedene Tätigkeiten oder Dinge wahrgenommen wird, die dann genauer zu trennen sind. In Abschn. 3.2 werden hierzu sieben verschiedene Formen unterschieden, die zusammen mit den elf Handlungsperspektiven eine Heuristik zur sprachlichen geordneten Technikanalyse bilden (Tabelle Band 2, 3.2). Die so präzisierte Identifikation bestimmter technischer Handlungen bereitet die Verantwortungsanalyse (in Kap. 4) vor. Abschn. 3.3 behandelt Charakteristika technischer Praxis wie Umnutzungen und Nebeneffekte. Diese werden in Abschn. 3.4 ergänzt durch das Konzept technischer Entwicklungspfade einschließlich ökonomischer Faktoren, sowie durch weitere Grundbegriffe wie Risiko, Sicherheit oder Akzeptanz. Zum Abschluss folgt ein ausführliches aktuelles Beispiel. Unter dem an Georg Kreisler angelehnten Titel „Wenn Russland und China zusamm digitalisiern, kann Österreich kapituliern!“ stelle ich kritische Fragen an meine Heimatstadt Wien und die hiesigen Bemühungen kommunaler (Post)Digitalisierung (Abschn. 3.5). Nutzen Sie die hier vorgestellten Analysemittel, um auch die Entwicklungen in Ihrer Heimatkommune zu hinterfragen!

3.1 Elf Perspektiven technischer Praxis

Wie gehen wir bei der Bewertung von Technik differenziert und methodisch möglichst unvoreingenommen vor? Zuerst stellen wir zwei Fragen:

1. Wer führt eine technische Handlung aus?
2. Wer ist von einer technischen Handlung betroffen?

Wir wollen nun etwas genauer betrachten, was in diesen Fragen alles so drinsteckt. Es geht darum, die Perspektive zu erweitern und zu ordnen. So können in folgenden Schritten mögliche Konflikte erkannt und Interessen abgewogen werden. Dieses Vorgehen ist ähnlich den Bewertungsverfahren in der Medizinethik. Klassisch wird hier das Ärztin-Patientin-Verhältnis in den Mittelpunkt gerückt – um nichts anderes haben wir in Abschn. 1.2 die Konflikte der *Prima-facie*-Regeln konstruiert. Damit sind zwei Perspektiven medizinischer Handlungen benannt. Aber häufig treten zu Ärztin und Patientin noch weitere hinzu. Im Fall einer Abtreibung die Perspektive des werdenden Lebens, des Vaters oder der sonstigen Verwandten. Bei der Bewertung von Technik spielen gleich neun Gruppen potenziell ausführender oder betroffener Personen eine Rolle. Denn es gibt ungefähr neun **Perspektiven technischen Handelns** (Briggle et al. 2005, S. 1910–1911; Mitcham 1994, S. 209–246; Ropohl 2016, S. 90, zum arbeitsteiligen Handeln Ropohl 2016, S. 103):

1. Grundlagenforschung
2. Angewandte Forschung
3. Konstruktion, Design, Entwicklung
4. Logistik, Ressourcenbeschaffung
5. Produktion, Fertigung
6. Vertrieb, Handel, Marketing, Distribution
7. Nutzung, Anwendung, Gebrauch, Konsum
8. Wartung, Instandhaltung, Reparatur, Ersatzteilmanagement
9. Entsorgung, Recycling

Wie in der Medizinethik so ist gleichfalls in der Technikethik eine Zuspitzung auf die beiden klassischen Gruppen (hier die des Konstrukteurs und des Nutzers) zu kurz gegriffen. Jede der neun Perspektiven ist zu berücksichtigen und umfasst eine Vielzahl möglicher Handlungen. Diese können moralisch unterschiedlich problematisch ausfallen und folglich zu einer ethisch unterschiedlichen Gewichtung führen. Um eine möglichst schlüssige moralische Bewertung einer bestimmten Technik zu leisten, ist es methodisch besonders wichtig, diese Perspektiven zuerst zu unterscheiden und dann in ihren Wechselwirkungen zu vergleichen. Im vorherigen Abschnitt haben wir eine solche Unterscheidung bereits mit Blick auf Herstellung und Gebrauch „CO_2-neutraler" E-Autos skizziert.

Für Kaffee ließe sich zum Beispiel argumentieren, dass besonders die Produktion umweltethische Probleme aufwirft, da allein für eine Tasse durchschnittlich 140 L Wasser (Kürschner-Pelkmann 2010) verbraucht würden. Außerdem würde rarer fruchtbarer Ackerboden in Drittweltländern für den monetär ertragreichen Export von Kaffee reserviert, anstatt für die dringend nötige Produktion von Lebensmitteln vor Ort. Zusätzlich würden noch billige Arbeitskräfte ausgebeutet. Wer so argumentiert, sieht das *ethische Problem in der Produktion* (Perspektive 5), nicht jedoch in der Entsorgung (Perspektive 9). Im Gegenteil, Kaffeesatz lässt sich als Nahrung für Pflanzen weiterverwenden. Wer daran glaubt, kann auch seine Zukunft im Kaffeesatz lesen. Der Effekt der Zweckentfremdung des Mülls ist in dem Fall sogar in begrenztem Maß förderlich. Für Konsumentinnen ergibt sich die Möglichkeit, den Problemen bei der Produktion durch gezieltes Verhalten zu begegnen. Dabei werden soziale Aspekte des Handels von Kaffee gleich mit eingekauft. Dies erfolgt in der Praxis etwa durch als „Bio" oder „Fairtrade" ausgewiesene Produkte. Perspektive 4, 5, 6 und 7 finden sich insofern verknüpft, als dass die Konsumentin durch ihr Verhalten auf das Handeln der Produzentinnen und Händlerinnen normativ einwirkt. Freilich bleibt das Kaufverhalten ein ökonomisches Machtinstrument, ohne welches der normative Druck nicht so einfach zur Wirkung käme. Ein besonderes Engagement hinsichtlich Entsorgung ist bei klassischem Kaffee jedoch nicht nötig. Anders sieht es da schon bei Kaffeekapseln aus Aluminium aus. Denn diese sind zwar das Resultat einer effektiven Konstruktion (Perspektive 3), jedoch ergeben sich designbedingt moralphilosophische Entsorgungsfragen (Perspektive 9).

Wollen wir eine Technik ethisch bewerten, dann sind alle neun Perspektiven zunächst für sich und dann in ihrer internen und externen Wechselwirkung zu betrachten. Werfen wir einen kurzen Blick auf das Beispiel der Kernenergie. Zuerst fällt auf, dass im Gegensatz zum klassischen Kaffee wegen der Entsorgung besonders große moralische Bedenken zu Buche schlagen. Das Argument hierfür ließe sich nach folgender graduell abgestufter Begründungsform bilden (siehe Abschn. 1.1):

Prämissen:

1. Wir Menschen haben in unserem Handeln auch Verantwortung für künftige Generationen zu übernehmen (allgemeines Leitbild).
2. Dieses müssen wir konkret orientieren an der Praxis der Nachhaltigkeit, was bedeutet, dass wir mit unseren begrenzten Ressourcen sparsam umgehen müssen und die Folgelasten für kommende Generationen zu minimieren sind (konkretes Leitbild).
3. Atommüll lässt sich nicht innerhalb einer Generation abbauen, es dauert erheblich länger; die Ressourcen zur Lagerung von Atommüll sind begrenzt; die Lagerung ist hoch riskant (ethisch relevantes empirisches Kriterium).

Konklusion (Handlungsanweisung, ethisches Urteil):

4. Das Erzeugen von Atommüll ist wegen der *Folgeprobleme für die Entsorgung* (Perspektive 9) moralisch verboten. Dementsprechend sind alle darauf hinführenden Handlungen (der Perspektiven 1–8), insbesondere die Produktion von Kernbrennstäben und deren Anwendung, entweder moralisch verboten oder zumindest einer weiteren kritischen Prüfung zu unterziehen. Da reine Grundlagenforschung (Perspektive 1) per Definition noch nicht von einer konkreten Anwendung getrieben ist, scheinen sich hier die geringsten Probleme aufzutun.

Will man argumentativ gegen diesen Schluss vorgehen, dann müsste entweder ein interner Logikfehler, z. B. ein Selbstwiderspruch, aufgedeckt oder durch eine ethische Fundamentaldebatte die erste und zweite Prämisse entwertet werden. Alternativ böte sich die empirische Widerlegung der zusammengefassten Fakten aus Prämisse 3 an. Letzteres ist eine beliebte Strategie, um politische und wirtschaftliche Interessen zu wahren. Was sich dabei gut nutzen lässt, ist die wissenschaftsimmanente Widerspruchsfähigkeit. Wissenschaftliche Aussagen müssen falsifizierbar sein, also per Definition widerlegbar. Demnach lassen sich immer auch einige Gegenstudien oder alternative Interpretationen von Messwerten irgendwo auftreiben. Es ist für Laien in einer Welt arbeitsteilig organisierter Forschung auch sehr schwer, die Inhalte, Methoden und Ergebnisse von Fachpublikationen im Detail selbstständig zu prüfen. Zu verführerisch erscheint da die Chance, sich bei einer zumindest teilweise kontroversen Interpretation von Messwerten beim jeweiligen Ausschnitt des Spektrums, der den eigenen Wünschen am nächsten kommt, ohne eigene Prüfung zu bedienen. Selbst wenn zum Beispiel eine deutliche Überzahl der Studien die Gesundheitsgefahr durch straßenverkehrsbedingte Stickoxide belegt, finden sich trotzdem Gegendarstellungen. Mediale Aufmerksamkeit und Kontroversen folgen meist prompt. Das geschah zum Beispiel in der Diskussion über Schadstoffgrenzwerte und die Deutung wissenschaftlicher Studien in Deutschland. Dr. Dieter Köhler beteiligte sich an der Debatte, indem er die Grenzwerte und deren gesundheitlichen Sinn überhaupt kritisierte. Nicht nur dadurch, sondern auch durch den Streit um Rechenfehler in seiner Darstellung erhielt er mediale Aufmerksamkeit (Kreutzfeldt 2019).

Freilich sind wir beim ungeprüften und interesseninduzierten Zweckentfremden der wissenschaftsimmanenten Mehrdeutigkeit von Messwerten oder Theorien meilenweit von einer Technikethik entfernt, die diesen Namen auch verdient. Es ist eine ganz eigene methodische Kunst, mit Mehrdeutigkeiten und Wahrscheinlichkeiten konstruktiv umzugehen, statt sich in vorgetäuschte Sicherheit oder egoistische Willkür zu retten. Die öffentlichen Debatten zum Umgang mit der COVID-19-Pandemie seit März 2020 bieten reichlich Anschauungsmaterial. Was hier zunächst nach kaltem Kaffee in Form von bekannten Verbrennungsmotoren, Kernbrennstäben und Arzt-Patienten-Klassiker schmeckt, erzählt uns schon viel über die ethische Bewertung von mRNA-Impfstoffen, synthetischer Biologie, Nanotechnologien, Robotik oder KI. Kontroverse Deutungen wissenschaftlicher Studien werden uns weiterhin unerbittlich bevorstehen. Machtkämpfe um die interesseninduzierte Deutungshoheit könnten verbunden stehen mit Fragen wie: Wieso verändert ein gentechnisch erzeugter Impfstoff nicht meine Gene? Welcher Grenzwert ist denn nun wichtiger, der für Stickoxide oder der für Schwellenwerte von Virusinzidenzen?

Oder: Lässt es sich wissenschaftlich belegen, dass der Einsatz von Lernrobotern den Spracherwerb bei Kindern deutlich erhöht? Haben die Kinder derjenigen Eltern, die sich Lernroboter leisten können, einen weiteren einkommensabhängigen Bildungsvorteil, wodurch sich die soziale Schere zusätzlich öffnet? Wie wären die Daten einer (fiktiven) Studie zu interpretieren, wonach mehr als vier Stunden tägliche Gesprächszeit zwischen Kind und Roboter zu einer erheblichen sozialen Kommunikationsblockade des Kindes führen? Bedenken wir auch: Das Problem des nachhaltigen Umgangs mit Ressourcen sowie die Entsorgungsproblematik stellen sich bei mikroelektronischen, sensorischen und computerbasierten Maschinen durch das Verarbeiten seltener Erden, Kupfer, Gold etc. in nicht unerheblichem Ausmaß. Gleiches gilt für die Energieversorgung. Auch Akkus wollen durch irgendetwas geladen sein. Immer wieder wird kontrovers über die Energiebilanz gestritten, da die Herstellung eines Akkus für elektrisch getriebene Automobile ebenfalls einen CO_2-Fußabdruck hinterlässt und es auf den konkreten „Strommix" ankäme (Focus Online 2017; Kämper et al. 2020; BMU 2021). Verteilungskämpfe um Ressourcen, auch Naturräume, sind die Folge. Hinzu kommt das Ringen um die Anerkennung wissenschaftlich sehr gut belegter menschlicher Einflüsse auf den aktuellen Klimawandel. Und bei den Kontroversen um das Impftempo in der COVID-19-Pandemie haben wir seit Dezember 2020 einmal mehr erfahren, dass bloß die Perspektive der gelingenden Produktentwicklung noch lange nicht die Herausforderungen in der Herstellung und (fairen) Distribution einschließt. Hinzu tritt das Problem der Akzeptanz in der Bevölkerung.

Besonders verführerisch scheinen Argumente der Gestalt: Wenn die technologische Entwicklung besonders der künstlichen Intelligenz und Robotik einschließlich Quanten- und DNA-Computern (zu diesen Technologien siehe Drechsler et al. 2017, S. 118–122) so schnell weiter geht, dann entwickeln wir in 20 Jahren ohnehin Lösungen für die Folgen aller heutigen Probleme – wir wissen jetzt nur noch nicht, wie die Lösungen aussehen werden. Diese Sicht führt in einen **technokratischen Imperativ** (Alles machen, was machbar ist!). Verbunden steht dieser mit dem Feigenblatt der Formulierung: „Wenn wir es nicht machen, dann machen es ohnehin die anderen. Also machen wir das lieber ganz schnell selbst, damit wir die Ersten sind." Das sind klassische Plattitüden und im wahrsten Sinne des Wortes rhetorisch feige Blätter in Gestalt von Feigenblättern. Individuelle und kollektive Verantwortung wird mit solchen Taschenspielertricks komplett zu verdecken gesucht. Mit Technikethik hat das jedenfalls nichts zu tun, eher mit manipulativer **Akzeptanzbeschaffung**. Ziehen wir noch einmal die COVID-19-Pandemie als Beispiel heran. Ohne Frage lassen sich die Erfolge bei der Impfstoffentwicklung durchaus als ein (vorläufiger) Triumph von Wissenschaft und Technik lesen. Nur folgt daraus nicht, dass wir in gleichem Maße für alle weiteren heutigen Fahrlässigkeiten in naher Zukunft technische Lösungen parat hätten.

Im Gegenteil, die Impfkampagnen zeigen ja gerade, wie viel Weiteres selbst bei so rasanten und beeindruckenden Durchbrüchen mitschwingt: Es muss ja Impfstoff produziert und verabreicht werden, Ressourcen zur Produktion sowie die knappen Vakzine müssen möglichst effektiv und gerecht verteilt werden – weltweit –, währenddessen sind weitere Schutzmaßnahmen wie Social Distancing anzuwenden, mit diversen gesundheitlichen, sozialen, politischen, psychologischen oder wirtschaftlichen Nebenwirkungen. Und dann sind da noch die Mutationen, mit denen wir umgehen müssen. Ergo: Das naive Hoffen auf eine zukünftige Mastertechnik zur Lösung aktuell absehbarer Probleme und Folgelasten ist schon deshalb grob fahrlässig, weil es die systemischen Verwicklungen technischer Praxis übersieht. Was für das technokratische Hoffen gesagt ist, gilt umso mehr für vorgeschobene Akzeptanzbeschaffung. So nach dem Motto: „Wenn wir Wildtiere fangen, handeln und essen bzw. ihnen das Fell über die Ohren ziehen können, dann tun wir das auch – und wegen der paar Viren soll sich halt jemand einen Impfstoff ausdenken!" Nein, wenn das Argument logisch zu Ende gedacht wird, dann müsste es lauten: „… soll sich halt jemand eine komplett neue Welt ausdenken in der das Problem nicht mehr vorkommt!" Mit wissenschaftlicher, technischer oder ethischer Rationalität hat das rein gar nichts zu tun.

Kommen wir zurück zu den genannten neun Perspektiven technischen Handelns: Sie können für Individuen gelten wie auch für Gemeinschaften. Denn häufig erfolgt der Umgang mit Technik nicht nur individuell, sondern kollektiv, etwa in Arbeitsgruppen. Zu den leicht auf einzelne Akteurinnen und Teams anwendbaren neun Individualperspektiven treten noch eine **zehnte und elfte kollektive Perspektive.** Diese sind ausgerichtet auf den speziell **kollektiven Technikgebrauch.** Es geht um die soziale und juristische Normierung technischer Handlungen, die überindividuell und gemeinverbindlich geregelt ist:

10. Soziotechnische Einbettung der Handlungsnormen für die Perspektiven 1–9 (z. B. Ethikräte, Berufskodizes, Kirchen/religiöse Glaubensgemeinschaften, Erziehung, Bildung, kulturelle Traditionen, Soft Skills, Wissen, Fertigkeiten)
11. Politische und juristische Regulierung der Handlungsnormen für die Perspektiven 1–10 (z. B. geltendes Strafrecht, Grenzwerte, Sicherheitsstandards, Haftungsregulierung, Patentrecht, DIN)

10. zielt auf eher weichere Faktoren ab, während 11. explizit formulierte und häufig unter Bestrafung bei Missachtung stehende Ordnungen meint. Natürlich ließen sich sowohl die 10. als auch die 11. kollektive Perspektive wie die 1. bis 9. noch weiter untergliedern und differenzieren. Aus Gründen der Übersichtlichkeit wollen wir es aber an dieser Stelle dabei belassen. Wichtig ist das Ineinander aus individuellen und gemeinschaftlichen Faktoren im technischen Handeln. Diese entsprechen einer allgemeinen Unterteilung in **Individualethik und Sozialethik**. Erstere fokussiert durch die prudenzielle Perspektive der Akteursethik die **individuelle Verantwortung.** Letztere nimmt durch die moralische Perspektive der Sozial- und Institutionenethik die **kollektive Verantwortung** in den Blick (Fenner 2008, S. 8–10; Fenner 2010, S. 2–8; Pieper 2017,

S. 82–83; Kap. 4). Nachdem wir sechs Stufen gradueller Ableitungen bottom-up und top-down, vier *Prima-facie*-Regeln (Abschn. 1.1) sowie vier Wege der Kasuistik (Kap. 2) einschließlich unterschiedlicher Formen der Asymmetrie (Abschn. 2.3) betrachtet haben, kamen in vorliegendem Abschnitt elf Perspektiven technischen Handelns hinzu. Einige Instrumente in unserem ethischen Werkzeugkasten wurden schon einmal ergriffen. Mal sehen, was sich da noch alles so ausklappen oder drehen lässt. Hierzu sei ein Blick auf den vielschichtigen Begriff der „Technik" (Abschn. 3.2) geworfen sowie auf weitere allgemeine Kennzeichen des Technikgebrauchs (Abschn. 3.3 und 3.4).

3.2 Was ist Technik?

Worauf richten wir die insgesamt elf Perspektiven technischer Praxis aus? Auf den Gebrauch von Technik. Aber was ist eigentlich Technik? Grob lassen sich zuerst vier Bedeutungen trennen, denen drei weitere hinzutreten, sodass wir bei **sieben Bedeutungen von Technik** landen.[1] Zum einen bezeichnet Technik ganz augenscheinlich ein **technisches Artefakt**, synonym Gegenstand oder materielles Objekt, das durch seinen zweckdienlichen Mittelcharakter gekennzeichnet ist. Wir stellen das Artefakt her und verwenden es intentional, um ein Ziel zu erreichen. Eine Ingenieurin designt zum Beispiel einen Industrieroboter, um die Fertigungsleistung zu erhöhen. Aus diesem Grund wird das Gerät auch hergestellt. Damit verbinden wir einen **materiellen Technikbegriff**. Es wird auch von **Realtechnik** oder **Sachtechnik** gesprochen. Zum anderen verstehen wir unter Technik **praktisches Wissen.** Hierin liegt der Ursprung jeder Technik. Sprechen wir von der Technik einer Klavierspielerin, meinen wir nicht das laute Ding mit der schwarzweißen Tischdecke, sondern die geübte Kunstfertigkeit, das Körperwissen und die Kompetenz im Umgang mit dem Instrument. Kunst kommt von Können und Technik davon, eine Technik zu beherrschen. Wir sprechen dann vom **Kunstcharakter** und einem **formalen Technikbegriff,** der geordnete Regeln und Routinen gelingenden **technischen Handelns** umfasst. Hiermit kann zum Beispiel das erlernte Geschick einer Technikerin bezeichnet werden, die auf die Wartung von Industrierobotern spezialisiert ist. Fundamental wirkt praktisches Wissen bei der gelingenden Herstellung technischer Mittel (***Poiesis***-Paradigma)**. Sie kennzeichnet die jeweilige Kulturhöhe** durch eine Verkettung unumkehrbarer **Bewährungsmuster**. Drittens unterscheiden wir **technische Verfahren bzw. Prozesstechnik**. Damit verbunden ist eine **zweite Facette des materiellen Technikverständnisses.** Im Gegensatz zum Gegenstand Industrieroboter wird so jedoch das fertigungstechnische Verfahren, also der prozedurale

[1] Die folgende Darstellung ist eine verdichtete Zusammenschau der aktuellen Debatte und Technikbegriffe in Briggle et al. 2005; Grunwald 2021; Hubig 2006; Hubig 2013; Ihde 1990; Ihde 2009; Irrgang 2001; Janich 2006a; Janich 2014; Kornwachs 2013, S. 18–20, S. 72–75; Kornwachs 2019; Lenk 1982; Mitcham 1994, S. 137–274; Ott 2005, S. 592–595; Poser 2016, S. 17–19; Ropohl 2009, S. 29–32; Ropohl 2016, S. 84–86; Zimmerli 2005.

Ablauf bezeichnet, in den das Artefakt eingebunden ist – wenn zum Beispiel eine Informatikerin einen bereits materiell fertig angelieferten Roboter neu programmiert. Der Begriff **Systemtechnik** betont viertens, dass die konkreten Fähigkeiten, Gegenstände, Verfahren und die jeweiligen Gebrauchskontexte häufig einen Teil komplex verflochtener und wechselwirkender Netzwerke bilden. So funktioniert ein Industrieroboter nicht ohne die systemtechnische Einbettung in das Stromnetz sowie einen umfassenderen Produktionszusammenhang inklusive umgebender Gebäude etc. Aber auch das Betriebspersonal handelt nicht ohne entsprechende Ausbildung und Sicherheitsvorschriften etc., die in einen umfassenden Zusammenhang eingebettet sind.

Von diesen vier Bedeutungen wiederum zu unterscheiden ist der Begriff der **Technologie**, worunter wir **verwissenschaftlichtes technisches Wissen** verstehen. Dieses ist eine andere Form technischen Wissens, als körperlich-leibliche Kunstfertigkeit. Dem Kunstcharakter praktischen Wissens kommt jedoch eine besondere Bedeutung zu, da sich hiermit das wesentliche praktische **Gelingenskriterium** technischen Handelns verbindet. Im weiteren Sinne umfasst Technologie außerdem die **Lehre der Technik.** So umgreift sie auch die erstgenannten Begriffe einschließlich der Systemtechnik. Technisches Handeln offenbart sich als ein mehrdimensionales Konzept. Es schließt weiterhin die Interpretation der Aneignung und Entfaltung von Welt und Selbst durch **technische Medien** als eine umgreifende Bedeutung ein. Technik ist siebentens ein **Reflexionsbegriff**, insofern sich der zweckgerichtete Gebrauchscharakter umfassend interpretieren lässt. Handeln wir z. B. mit Robotern technisch, dann lassen sich alle sieben Bedeutungen wiederfinden (Abb. Band 2, 3.2):

1. Im Umgang mit Robotern (wir stellen sie her und gebrauchen sie) entwickeln wir bestimmte *Kunstfertigkeiten* oder wir simulieren/implementieren Facetten menschlichen Könnens in die Geräte. *Praktisch gelingt oder misslingt* der Einsatz von Robotern.
2. Roboter sind *materielle Gegenstände.* Sie sollen *nützlich und effizient ihre Funktion* erfüllen.
3. Roboter durchlaufen *Verfahrensschritte* zum Beispiel in Produktionsanlagen.
4. Wir produzieren und nutzen sie eingebettet in *soziotechnische Systeme,* also in vernetzten Fabrikhallen in denen Menschen gemeinsam mit den Maschinen umgehen.
5. Sie gehören zur *Hochtechnologie,* sind wissenschaftlich-theoretisch beschreibbar, das Produkt mathematischer Berechnung und Simulation, setzen jedoch auch selbst Modellbildungen ihrer Umgebung um.
6. Wir können Roboter interpretieren als *technische Medien* durch die wir uns und die Welt erschließen, indem wir mit ihnen für uns unerreichbare Gegenden erkunden. Mit sozialen Robotern vollziehen wir Prozesse der Selbstaneignung, insofern wir mit den Geräten uns und unser Sozialverhalten zu begreifen suchen.
7. *Reflexiv* verstehen wir Roboter als Mittel zur Erfüllung von Zwecken. Sie müssen sich darin praktisch bewähren.

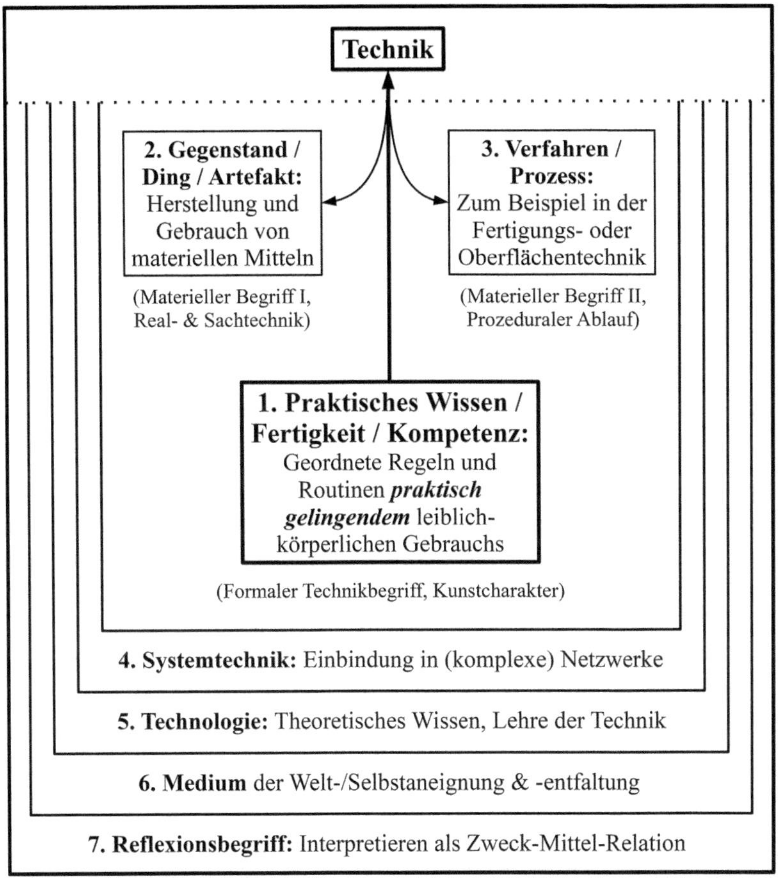

Abb. Band 2, 3.2 Die verschiedenen Bedeutungen des Wortes Technik

Hintergrund: Handwerk – Ingenieurwesen – Naturwissenschaften

Technikwissenschaften – wir können auch von **Ingenieurwesen** sprechen – ist ein Sammelbegriff für verschiedene Disziplinen **ingenieurtechnischen,** also verwissenschaftlichten, technischen Wissens. Dabei ist zu betonen, dass **Ingenieurtechnik** nicht die bloße Anwendung naturwissenschaftlicher Erkenntnisse darstellt. **Ingenieurwissen** baut wesentlich auf handwerklichem Körperwissen, Intuition, Kreativität und Imagination auf – die allgemein in den Naturwissenschaften auch eine Rolle spielen, sich jedoch im Ingenieurhandeln eigen ausprägen. Es schließt darüber hinaus das Wissen um mathematische Berechenbarkeit und theoretische Modelle der Naturwissenschaften ein. Insofern sind Technikwissenschaften auch mehr als Handwerk, jedoch nichts ohne dem. Gegenüber den Naturwissenschaften und Handwerkskünsten treten Technikwissenschaften trotz aller Bezüge mit eigenen Erkenntnis- und Handlungsformen des Entwerfens und Designens auf (acatech 2013; Funk und Fritzsche 2021; Fritsche und Oks (Hg.) 2018; Grunwald 2021, S. 19; Kornwachs 2013, S. 88–98, S. 297–316; Mitcham 1994; Poser 2016, S. 237–254; *Band 4, 1.1*). Umgekehrt spielen handwerkliche Fertigkeiten und ingenieurtechnische Kenntnisse eine essenzielle Rolle auch in den Naturwissenschaften. Als klassisches Beispiel gelten **Experiment**alaufbauten und die technischen Fertigkeiten, ein Experiment aussagekräftig nach allen Regeln der Kunst durchzuführen. Hinzu tritt das praktische Wissen um Herstellung und geübten Umgang mit Beobachtungs- und Messinstrumenten.

In heutigen Hightechlaboratorien bleibt die handwerkliche Grundierung erhalten, sie ist eine universelle menschliche Konstante leiblich-kulturellen Kennens und Könnens. Jedoch verschmelzen in Laboratorien zunehmend die Grenzen zwischen Naturwissenschaften und Ingenieurtechnik. Nicht mehr nur die Beobachtungs- und Messinstrumente sowie Experimentalaufbauten sind geschickt zu bedienen, sondern die Objekte der wissenschaftlichen Betrachtung werden ingenieurtechnisch regelrecht erzeugt. Mit künstlicher Intelligenz können wir nicht experimentieren, ohne sie zuvor designt zu haben. Vielleicht überzeugt das Beispiel nicht, da es sich bei künstlicher Intelligenz um ein anorganisches Mittel handelt, das wir künstlich in Computern und Robotern verkörpern. Von der Sache her läuft das Argument aber in die gleiche Richtung wie bei der Erforschung von Genen. Wir sagen zwar, dass diese natürlichen Ursprungs sind, jedoch beobachten wir sie im Labor immer als künstliche, technisch erzeugte Objekte. Denn ohne diverse labortechnische Verfahrensschritte im Voraus, lassen sich Gene nicht beobachten. Als isolierte Gene existieren sie in der Natur nicht. Was wir erforschen ist als Kulturgut ein Resultat sprachlichen und nichtsprachlichen Handelns (Ihde 1990; Ihde 2009; Janich 2006a; Janich 2014; Irrgang 2001; zum Natur-Kultur-Verhältnis siehe auch *Band 1, 3.3*).

Im vorangestellten Abschnitt haben wir elf Perspektiven technischen Handelns kennengelernt. Diese dienen als Schablone zur Gliederung technischer Praxis in individuelle und kollektive Abschnitte. Jede der sieben Bedeutungen von Technik lässt sich entsprechend der elf Perspektiven durchdeklinieren (Tabelle Band 2, 3.2), um im nächsten Schritt die jeweiligen Verantwortungsgefüge zu analysieren (Kap. 4). So können Roboter als Mittel zur Erfüllung von Zwecken entsprechend der jeweiligen Perspektive infrage kommen. Aber auch Facetten menschlicher Kunstfertigkeit aus den neun Individualperspektiven könnten sich prinzipiell in Maschinen implementieren lassen. Warum sollen uns Maschinen nicht bei der Entsorgung von Müll Arbeit abnehmen (Perspektive 9)? In der Forschung verwenden wir schon längst Computermodelle, die uns das zeitaufwendige Lösen komplexer wissenschaftlicher Berechnungen in hoher Geschwindigkeit abnehmen (Perspektiven 1 und 2).

Umgekehrt: Aus jeder der neun Individualperspektiven sind wir imstande Techniken im Umgang z. B. mit Robotern zu erlernen. Nutzerinnen können durch eigene Erfahrungen besonderes Gebrauchswissen erwerben. Die zehnte und elfte kollektive Perspektive treten jeweils einbettend hinzu. Nicht nur die technischen Geräte sind materiell in Infrastrukturen und Sachsysteme eingebunden. Auch die Verwendung findet nicht im luftleeren Raum statt, sondern in kulturellen Zusammenhängen des gemeinschaftlichen Wissens, Könnens, Deutens, Sprechens, Wollens, Forderns und Verbietens bis hin zum rechtlichen Bestrafen oder zur öffentlich ausgestellten Würdigung besonderer Verdienste (Perspektive 10 und 11). Eine andere Frage ist, welche Rolle künstliche Intelligenz oder andere Techniken in der zehnten und elften Perspektive spielen. Wären sie sinnvoll im kollektiven Rahmen einsetzbar, etwa bei der Gesetzgebung? Es sprechen viele Gründe dagegen, sodass sich dieser Fall eher unwahrscheinlich darstellt. – Aber wer weiß, warum sollten Algorithmen hier nicht zumindest „beratend" eingesetzt werden? Vielleicht wird es einmal wichtig für den beruflichen Lebenslauf einen Award vorzeigen zu können, der von einer KI an einen Menschen für besondere Verdienste vergeben wurde?

Tabelle Band 2, 3.2 Sprachliche Ordnung technischer Praxis, um die Verantwortungsanalyse (in Kap. 4) vorzubereiten

<table>
<tr><td rowspan="2">I
a) Akteure und b)
Betroffene (Abschn. 3.1)</td><td colspan="7">II. Welche Art(en) von (Roboter- und Drohnen-)Technik meinen wir (Abb. Band 2, 3.2)?</td></tr>
<tr><td>1
Kompetenz</td><td>2
Gegen-
stand</td><td>3
Ver-
fahren</td><td>4
System</td><td>5
Techno-
logie</td><td>6
Medium</td><td>7
Zweck-
Mittel-
Relation</td></tr>
<tr><td>1. Grundlagenforschung</td><td></td><td></td><td></td><td></td><td></td><td></td><td></td></tr>
<tr><td>2. Angewandte Forschung</td><td></td><td></td><td></td><td></td><td></td><td></td><td></td></tr>
<tr><td>3. Konstruktion
Design
Entwicklung</td><td></td><td></td><td></td><td></td><td></td><td></td><td></td></tr>
<tr><td>4. Logistik
Ressourcenbeschaffung</td><td></td><td></td><td></td><td></td><td></td><td></td><td></td></tr>
<tr><td>5. Produktion
Fertigung</td><td></td><td></td><td></td><td></td><td></td><td></td><td></td></tr>
<tr><td>6. Vertrieb
Handel
Marketing
Distribution</td><td></td><td></td><td></td><td></td><td></td><td></td><td></td></tr>
<tr><td>7. Nutzung
Anwendung
Gebrauch
Konsum</td><td></td><td></td><td></td><td></td><td></td><td></td><td></td></tr>
<tr><td>8. Wartung
Instandhaltung
Reparatur
Ersatzteilmanagement</td><td></td><td></td><td></td><td></td><td></td><td></td><td></td></tr>
<tr><td>9. Entsorgung
Recycling</td><td></td><td></td><td></td><td></td><td></td><td></td><td></td></tr>
<tr><td colspan="8">III. Kollektive Perspektiven, welche die Akteure, Betroffenen und jeweilige Art der Technik betreffen (Abschn. 3.1)</td></tr>
<tr><td>10. Soziotechnische Einbettung</td><td colspan="7"></td></tr>
<tr><td>11. Politische und juristische Regulierung</td><td colspan="7"></td></tr>
</table>

> **Tipp: Worüber reden wir? Kartografie technischer Praxis** Um einen technikethischen Konflikt zu analysieren, beginnen wir mit einer sprachlichen Ordnung des zu beschreibenden Sachverhaltes. Wir betreiben eine **Kartografie technischer Praxis.** Zur flinken, übersichtlichen Orientierung kann Tabelle Band 2, 3.2 dienen. Zuerst fragen wir, welche Individualperspektive(n) (Spalte I.) dem oder den Akteur(en) zukommt/zukommen (I.a) sowie nach der/den Individualperspektive(n) des oder der Betroffenen (I.b) – auch wenn wir hier von Individualperspektiven sprechen, können damit auch Gruppen mehrerer Individuen der gleichen Perspektive gemeint sein. Zweitens sehen wir genau hin, welche(r) Technikbegriff(e) sich mit der jeweiligen Handlung verbindet/verbinden (Spalte II.). Drittens fassen wir die relevanten Faktoren der soziotechnischen Einbettung sowie politischen und juristischen Regulierung zusammen. Auf diese Weise lässt sich die Beschreibung eines technikethischen Konfliktes ordnen und präziseren sowie bereits ethisch relevante empirische Kriterien abschätzen. Die folgende gestufte Abwägung vom allgemeinen Prinzip zum singulären Urteil (Kap. 1) wird auf diese Weise vorbereitet (siehe auch Abb. Band 2, 2)

3.3 Umdeutungen und Nebeneffekte

Ein und dieselbe Person kann im einen Handlungszusammenhang Entwickler sein, in einem anderen jedoch Nutzer. Dementsprechend schwankt auch die Zuschreibbarkeit von (Experten-)Wissen. Hinzu tritt die überwiegend arbeitsteilige Kooperation. Verschiedene Perspektiven und Rollen sind ineinanderzufügen, um technisches Gelingen zu erreichen. Eine erfahrene Softwareentwicklerin muss nicht unbedingt eine Spezialistin der Antriebstechnik im Bereich kollaborativer Robotik sein. Das gilt auch, wenn die Softwareentwicklerin einen Roboter durch Programmierung benutzt oder das Gerät durch ein Update in neue Verfahren einbindet. Sie designt ihn nicht (als materielles Objekt, Artefakt), sondern legt softwarebedingte Nutzungspotenziale der materiellen Struktur frei. Aus Sicht des eigentlichen Herstellers bzw. Entwicklers des so programmierten Gerätes eröffnet sich damit ein Horizont der **Unplanbarkeit,** der für jede Technik gilt. Jeder Roboter und jede Drohne, jeder Computer und jedes Informationsnetzwerk, jeder synthetische Organismus und jede „Genschere", jeder Faustkeil und jeder Hammer sind **umnutzbar**. Was Anwenderinnen – seien sie nun Programmiererinnen, Pflegefachkräfte oder technikbegeisterte Hobbybastlerinnen – mit dem Resultat der Entwicklungs- und Designarbeit machen, liegt nicht mehr voll in Händen der Schöpferin. Technische Produkte lassen sich im Gebrauch mannigfaltig **umdeuten**, also neu interpretieren (Janich 2006a, S. 23–24, S. 41, S. 59–60 et passim): Aus Wagenrad wird Töpferscheibe und Mühlstein, aus Küchenmixer, Nagellack und

Alufolie wird ein modernes Kunstwerk, aus einem Küchenmesser eine Mordwaffe, aus dem Ackergaul ein Rennpferd und aus diesem wiederum ein teures Statussymbol, bevor es dann doch noch in Notzeiten als Nahrungsquelle dient, oder aus dem militärisch motivierten ARPANET das Internet, welches wir wiederum zur Kommunikation mittels E-Mail, zum Angeben mittels Fotos auf Instagram, zum Bezahlen oder Ansteuern von Heizung und Kühlschrank gebrauchen.

Umdeutung ist eines der wesentlichen Kennzeichen technischer Handlungen. Technik kann schon deshalb nicht neutral sein, da sie eine materielle und formale Darstellung von Möglichkeiten bildet. Die Technologie des Internets ermöglicht so auch potenziell kriminellen, terroristischen oder kriegerischen Umgang durch Handlungen, die wir neuerdings als Cybercrime, Cyberterrorism oder Cyberwar bezeichnen. Was mit einem technischen Ding real möglich ist, wird häufig im individuellen und kollektiven Gebrauch unter realen Bedingungen erfahren. Zufälle spielen eine Rolle wie unerwartete gute oder böswillige Absichten. Jedes technische Ding ist nichts ohne seinen Gebrauch. Dementsprechend gilt: **Weder technische Artefakte noch technische Fertigkeiten oder Verfahren, Technologien oder technische Systeme sind neutral.** Gelingende Technik repräsentiert genauso moralische Werte, etwa der Sicherheit oder nutzerfreundlichen Handhabung, wie sie Messwerte aus Belastungstests oder ökonomische Werte der Effizienz einschließt. Sie wird betrieben auf einer bestimmten **Kulturhöhe**. In a Nutshell: Keine (Ingenieur-)Technik ist wertfrei, auch keine andere „Technik" ist in diesem Sinne „neutral" (Hubig 2007, S. 59–64; Irrgang 2007; Janich 2006a; Janich 2014; Kornwachs 2013; Poser 2016, S. 36–39; Ropohl 2016, S. 31–34; van de Poel 2021; Zimmerli 2005) – egal welchen der sieben Begriffe wir aus jeder der neun/elf Gebrauchsperspektiven betrachten.

In der Technikforschung hat sich dafür der Begriff **Umnutzung** (englisch „abuse", „dual use" und „multistability") etabliert. Jede Technik ist umnutzbar. Alternativ lässt sich auch von Umdeutung sprechen, insofern die je aktuellen Möglichkeiten in einem offenen Handlungshorizont interpretiert werden. So kreativ die „gute" und „böse" Konstrukteurin, so kreativ ist auch die „gute" und „böse" Nutzerin beim Erfinden unerwarteter Gebrauchsweisen. Umnutzung bedeutet, eine Technik (ein Gerät, ein Verfahren etc.) außerhalb der Intention des Erfinders anzuwenden. **Zweckentfremdung** ist ein anderes deutschsprachiges Synonym. Mit negativer Konnotation lässt sich auch von Fehlgebrauch sprechen – so wie im VDI-Kodex im Zusammenhang mit der strategischen Verantwortung des Ingenieurs (VDI 2002, S. 4, Abs. 1.4; *Band 1, 5.2*). Sehr oft bezeichnet Umnutzung die militärische Anwendung ziviler Technik und umgekehrt, den zivilen Gebrauch von eigentlich zur militärischen Nutzung entworfener Technik unter dem Label des **Dual Use** (Liebert 2021).

Multistability betont hingegen die im Gebrauch nicht festgelegte Potenzialität technischer Mittel, die selbst wiederum mit der mehrdeutigen Wahrnehmung von Technik verbunden steht. Eine besondere Rolle spielt hier auch die Art und Weise, in der materielle Techniken wie Ferngläser oder auf Computerbildschirmen ausgegebene Bilder menschliche Wahrnehmungen mediieren – also vermitteln – bzw. allererst wie im Fall der Radio-/Infrarotteleskope vorher Unsichtbares sichtbar machen (Ihde 1990, S. 144 et passim; im Detail siehe Ihde 2012). Umnutzung gilt auch für Tiere, die wir als Mittel für Zwecke gebrauchen – natürlich sind wir hier im Vergleich mit einem unbelebten Handwerkszeug zu besonderer Umsicht verpflichtet. Denken wir zum Beispiel an das Pferd als Nutztier. In seinem Gebrauch und der damit verbundenen moralischen Vertretbarkeit ist es nicht festgelegt. Ein Pferd lässt sich für Ackerbau gebrauchen, zum Transport, zur Jagd, zur Freizeitgestaltung, zum Sport, als Statussymbol, in Zirkus und Zoo, als Filmstar, als Nahrungsmittel, aber auch für den Krieg. Entscheidend ist das Nutzungspotenzial und wie es in praktischen Anwendungen abgerufen wird. Bei Tieren stellt sich durch den Tierschutz eine besondere ethische Problematik dar. Eine Frage der Roboter- und KI-Ethik (Ebene II, Bedeutung 2; *Band 1, 3*) besteht darin zu überlegen, ob und wie wir Maschinen ähnlich wie Tiere als moralische Wertträger und somit als besonders schützenswert anerkennen sollten oder eben nicht. Die Tier-Roboter-Interaktion ist ein eigenes neues Themenfeld (*Band 3, 2.2*).

Ein anderes klassisches Beispiel ist das Messer, zusammen mit dem Faustkeil wohl das universellste analoge Werkzeug der Menschheitsgeschichte – wenn wir vom eigenen Leibkörper einmal absehen. Mit einem Messer kann man jagen, Nahrung zubereiten, Kunstwerke schnitzen, operieren, morden, drohen, angeben etc. Die moralische Problematik liegt in der Dynamik aus hergestellten Gebrauchsmöglichkeiten und tatsächlichen realisierten Anwendungsweisen. Wo Pferde entsprechend dem Zweck mit bestimmten Eigenschaften gezüchtet werden, gibt es bei Messern verschiedenste Bauformen für verschiedene Anwendungen. Diese repräsentieren eine bestimmte Gebrauchsspezialisierung materiell – zum Beispiel gezahntes schlankes Brotmesser im Vergleich zum ungezahnten, spitzen, höheren Universalküchenmesser. Wer also die materielle Form verantwortet, der verantwortet zumindest auch das im wahrsten Sinne des Wortes auf der Hand liegende Anwendungspotenzial einer Technik. Das gilt jedoch nur bis zu dem Punkt, wo eine Nutzerin offensichtlich zweckwidrigen Fehlgebrauch leistet. Durch technische Dokumentationen, Aufbau- und Gebrauchsanweisungen wird der zweckdienliche Gebrauch einer Technik definiert und dokumentiert – nicht zuletzt, um eine Klärung moralischer wie juristischer Verantwortung im Schadensfall zu erleichtern.

Nebeneffekte bezeichnen ein weiteres Charakteristikum technischen Handelns, das im Englischen auch als *Side-effects* angesprochen ist (Fuchs et al. 2010, S. 22–31). Unbeabsichtigte Nebenfolge der technischen Kernspaltung ist Atommüll. Den will niemand erzeugen, auch nicht, wer Atomwaffen in sein Arsenal aufnimmt. Trotzdem entsteht schwer und langwierig zu entsorgender Müll bei der Anreicherung von Brennelementen und Kernspaltung. Aufgrund der langen Halbwertszeiten muss dieser Müll sehr lange mit hohem technischen Aufwand teuer gelagert werden. Ein **sozialer Nebeneffekt** der Atomkraft, aber auch der Atomwaffen hat in unseren Gesellschaften und der angewandten Ethik Spuren hinterlassen: die Antiatomkraftbewegung und ein damit einsetzendes besonderes Bewusstsein für die Endlichkeit der unbelasteten Umwelt und unseres blauen Planeten. Auch die aktuellen Debatten zur kollektiven Langzeitverantwortung im Umgang mit Technik wären ohne dem so nicht denkbar – von Fridays for Future bis hin zur „Genschere" oder mRNA-Impfstoffen. Wir halten fest: **Jede Technik ist umnutzbar und birgt vielfältige (technische, politische, ökonomische, soziale etc.) Nebeneffekte.** Umdeutungen, Umnutzung und Nebeneffekt sind Schlüsselbegriffe der Technikethik, da sie häufig moralische Konflikte technischer Praxis prägen.

Hintergrund: Worte sind wie umnutzbare Werkzeuge mit Nebeneffekten
Umdeutungen, Umnutzungen und Nebeneffekte gibt es auch beim Sprechen. Denn mit Worten und ihren Bedeutungsschichten lässt sich manches suggerieren. Gleichzeitig sind mit der Wortverwendung technische, moralische und soziale Werte verbunden. Bildlich gesprochen: Das Handwerk und das Mundwerk sind in Bereichen der sprachlichen und nichtsprachlichen Kultur wechselseitig aufeinander verwiesen (Janich 2006a, S. 51–65). Betrachten wir ein Beispiel. Der Slogan „Made in Germany" ist nicht neutral, da er wie jeder andere seinen Sinn stets in kommunikativen Handlungen erhält (Janich 2006b; Janich 2014; Abschn. 2.2). Übrigens kann ich den Satz hier auch nicht neutral wiedergeben, weil ich ihn benutze, um Ihnen etwas damit zu zeigen: Er bezeichnet von Anfang an nicht steril-sachlich das Herstellungsland, sondern repräsentiert Werte technischer Qualität, Sicherheit, Langlebigkeit und Zuverlässigkeit. Dahinter stehen soziale Werte wie Präzision und Ehrgeiz am Arbeitsplatz, Pünktlichkeit oder handwerkliche wie berechnende Perfektion – zumindest wird das regelmäßig erwartet. Dabei stellt diese heute weitverbreitete Bedeutung einen historischen Fall der **semantischen Umnutzung/Umdeutung** dar. Zunächst wurde im 19. Jahrhundert von „Made in Germany" gesprochen, um vermeintlich minderwertige deutsche Industrieprodukte in den von England kontrollierten Märkten zu brandmarken. Was aber die Techniknutzer mit dem Slogan verbanden und daraus machten, hatte der Erfinder desselben nicht mehr in der Hand. Aufgrund entsprechender Qualität verdrehte sich die Bedeutung ins Gegenteil, sie wurde semantisch umgedeutet. Aus einem Synonym für „minderwertig" wurde ein Synonym für „hochwertig" (Groß 2013).

Ähnliche sprachliche Umdeutungen begegnen heute im Zusammenhang mit sogenannten autonomen Robotern. „Autonomie" ist ein Begriff zur Beschreibung menschlicher Freiheit, humaner Werte und humanen Zusammenlebens in seiner moralischen Dimension. Sie meint Selbstgesetzgebung. Wird dieses Wort zur Beschreibung von Robotern und KI verwendet, dann findet eine lehrbuchhafte semantische Umnutzung statt – wie schon bei der Computer*maus*. Problematisch sind die damit einhergehenden Projektionen verschiedener Bedeutungen. Denn mit Autonomie verbinden wir unter anderem moralische Eigenständigkeit, Freiheit und verantwortliches Miteinander. Roboter als „autonom" zu bezeichnen ist zunächst attraktiv, da sich dadurch sprachlich bestimmte Freiheitsgrade technischer Funktionen illustrieren lassen. Auf der anderen Seite entstehen problematische **semantische Nebeneffekte:** Unabsichtlich moralisieren wir die Maschinen. Menschen sind moralfähige Wesen und als solche autonom. Wenn wir die Funktionen von Robotern „autonom" nennen, dann kaufen wir uns die Bedeutung der Moralfähigkeit nebenbei mit ein. Moralische Autonomie von Maschinen ist eine sprachliche Projektion, keine Tatsachenbehauptung. Wir sehen an diesem Beispiel, dass Umnutzungen und Nebeneffekte auch in unseren Redeweisen lauern. Die entsprechenden theoretischen Grundlagen der Sprachphilosophie werden wir in *Band 4, 2* vertiefen und in *Band 4, 5* detailliert auf das Konzept technischer Autonomie anwenden.

3.4 Pfadabhängigkeiten zwischen Effizienz, Risiko, Zufall und Macht

Weitere Kennzeichen individuellen und kollektiven technischen Handelns schließen religiöse Motive, Statussymbolik, Unterhaltung, **politische Ordnung, Krieg und Macht** ein. Technische Entwicklung war immer schon eng mit Ökonomie, wirtschaftlichem Erfolg, Nah- und Fernhandel verbunden. Wo die Häfen florieren, verdichtet sich der Austausch von Wissen, Können, Ideen genauso wie von Rohstoffen, Werkzeugen und veredelten Gütern. Innovationen werden begünstigt und die Chance auf monetären Erfolg bei gleichzeitiger Rechtssicherheit (Patentrecht) trieb schon manche Entwicklung voran. Zur Wahrheit gehört aber auch, dass Kriege bedeutende Katalysatoren technischer Erfindungen sind. Im Zweiten Weltkrieg stellen Durchbrüche bei Flüssigtreibstoffraketen und Turbinenstrahltriebwerken, Kernspaltung, Radar, Digitalcomputern sowie in der Medizin (Einsatz von Penizillin) nur die prominentesten Beispiele dar. In der frühen Neuzeit gelten Schiffbau, Kartografie und Navigation als machtpolitische Basistechniken. Häufig war der Eifer spanischer Missionare in Lateinamerika auch weltlich-ökonomisch motiviert. Das Ringen der Großmächte um Absatzmärkte in Übersee und den Zugriff auf Ressourcen beschleunigte die Entwicklung nautischer Techniken wesentlich. Vom Katz- und Mausspiel der Festungsbautechnik gegen neue Belagerungswaffen wie Kanonen bis hin zu Eisenbahnbau und Elektrifizierung lassen sich die Vermengungen technischen Handelns mit politischen und ökonomischen Interessen illustrieren (Hubig 2015; Irrgang 2001; Jonas 2015; Kornwachs 2013, S. 98–100; Lenk 1982; Poser 2016; Ropohl 2016).

Dabei ist es nicht ungewöhnlich, dass sich für die meisten technischen Entwicklungen ältere Vorläufer finden lassen – die durch entsprechende ökonomische, politische oder militärische Motive erst später zum Durchbruch geführt werden. Bei Weitem nicht jede sachtechnisch brillante Erfindung schafft den Sprung als fertiges Produkt ins Alltagsleben. Nicht jede geniale Idee kann in die Tat umgesetzt werden, wenn Geldgeber und damit Manpower sowie Rohstoffe ausbleiben. Technik entsteht nicht im luftleeren Raum. Vor diesem Hintergrund kann man sich auch noch einmal den Begriff der Nachhaltigkeit vor Augen führen. Heute kennen wir dieses Konzept überwiegend durch das allgemeine Gebot des ressourcenschonenden Verhaltens. Wir sollen also keine seltenen Erden verschwenden, nicht ständig neue Smartphones kaufen und die alten umweltgerecht entsorgen sowie den CO_2-Ausstoß reduzieren etc. Im ursprünglichen Wortsinn meint Nachhaltigkeit jedoch ein forstwirtschaftliches, also ökonomisches Prinzip. Im Mittelpunkt steht die Wiederaufforstung abgeschlagener Waldgebiete. Wenn ein Baum bis zur Ertragsreife ca. 20 Jahre wächst, dann sollte der Vater gerodete Bestände rechtzeitig ersetzen, um den Sohn nicht wirtschaftlich zu ruinieren – das gilt natürlich bis heute. Hinzu tritt das allgemeine ökonomische Gebot, generell nicht mehr zu entnehmen als wieder nachwachsen kann. So gesehen ist nachhaltige Technik nicht das Gegenmodell, sondern die Umsetzung wirtschaftlichen Denkens – zumindest wenn nicht nur auf kurzfristige Wachstumssteigerungen gesehen wird.

Zu sachtechnischen, militärischen, politischen und ökonomischen Faktoren gesellen sich weitere soziokulturelle Einflüsse, die sich jeweils als **Entwicklungspfade** rekonstruieren lassen. Entwicklungspfade sind ein mögliches Werkzeug, um aus der Geschichte technischer Handlungen heraus (sehr vage) auf mögliche zukünftige Entwicklungen zu schließen. Sie erzählen viel über die komplexe Einbettung technischer Artefakte in den häufig nicht vorhersehbaren menschlichen Alltag. Die Frage, was auf uns zukommt, geht im wahrsten Sinne des Wortes schwanger mit der Frage, wo etwas eigentlich herkommt. Einen klassisch gewordenen Fall hierzu hat Paul David (1985) bearbeitet: Computertastaturen sind durch ein bestimmtes Layout gekennzeichnet. In der obersten Buchstabenlinie (lateinische Symbole) befindet sich die Anordnung Q, W, E, R, T … Schreiben mit zehn Fingern will gelernt sein. Gäbe es nicht einfachere Geometrien? Warum hat sich dieses Layout durchgesetzt bis hin zu Tablet und Smartphone und warum fristen Alternativen ein Schattendasein? Ursprünglich stammt das Layout von mechanischen Schreibmaschinen. Buchstabentasten sind hier mit erhöhtem Kraftaufwand so tief zu drücken, dass ein Stempelarm ausfährt und durch ein Band mit Farbe den Buchstaben auf das unbeschriebene Blatt drückt. Die mechanischen Ausleger sind aus Platzgründen eng beieinander angeordnet. Drückt man zu schnell zu viele benachbarte Tasten, können sich die ausfahrenden und vom vorherigen Druck wieder zurückschnellenden Arme ineinander verhaken. Der Schreibprozess ist blockiert. Es mag sich wie eine unterbrochene WLAN-Verbindung anfühlen oder ein abgestürztes Betriebssystem. De facto hat die Unterbrechung mechanische Gründe und muss mit entkeilender Fingerfertigkeit gelöst werden, bevor es weitergehen kann.

Ergo: Das Layout ist so angeordnet, dass häufig aufeinanderfolgende Buchstaben entfernt voneinander liegen. Die QWERT-Geometrie fußt auf baulichen Gründen, die wiederum in Zusammenhang mit einer Kulturleistung stehen, dem Alphabet, der Schriftsprache und der sich daraus ergebenden Kombinatorik von Buchstaben – die wiederum ganz praktisch der kontingenten Lautsprache folgt. Das kennzeichnet schon einen Entwicklungspfad, nämlich den vom Alphabet über bewegliche Lettern zur Nutzeroberfläche von Schreibmaschinen und deren mechanischer Umsetzung. Warum machen wir es mit elektronischen PC-Tastaturen nicht anders – schließlich kommen diese ohne mechanische Hämmer aus? Der Grund liegt wieder in einer Charakteristik technischen Handelns. Generationen von Sekretären, Schriftstellerinnen etc. haben mühsam das Zehnfingersystem auf der bekannten Tastatur gelernt. Das Umschulen auf ein neues Layout hätte mit Einführung des PC viel Mühe und Zeit gekostet. Menschen sind sprichwörtlich Gewohnheitstiere. Erfolg oder Misserfolg eines technischen Gegenstandes hängt von komplexen Gebrauchsmustern ab, in denen diese Gewohnheiten, Routinen, Tradition und erlerntes Körperwissen (Kunstcharakter, „eine Technik beherrschen", Technikbegriff 1) die entscheidende Rolle spielen. Die Übernahme des QWERT-Layouts auf PC-Keyboards ist ein Beispiel für *Entwicklungspfade technischer Praxis durch Nutzungsgewohnheiten und Kompetenzen.*

Solche Geschichten lassen sich aber auch aus Sicht der Artefakte selbst erzählen. Technische Objekte bauen in Konstruktion und Design häufig auf Vorgängerformen auf. Bereits bewährte Baugruppen werden in neuen Entwürfen gerne übernommen. So erzählen auch Gegenstände Geschichten der Bewährung, Verbesserung und des Misslingens. Unumkehrbare Handlungsketten *poietischen* Herstellens technischer Mittel definieren eine je aktuelle Kulturhöhe, auf welcher aufbauend neue Erfindungen oder Anwendungen stattfinden (Janich 2006a S. 26–28, S. 41–43, S. 58–61 et passim). Technische Entwicklungen, die ja aus menschlichen Handlungen hervorgehen, folgen nicht den gleichen Schemen wie biologische Entwicklungen. Darum wird hier der Begriff der „Evolution" vermieden und stattdessen von **Provolution** gesprochen (Poser 2016, S. 198 et passim; zur Diskussion evolutionärer Ansätze in der Technikbewertung siehe auch Hubig 2015, S. 32–48). Von **Pfadkopplungen** sprechen wir, wenn sich Entwicklungslinien überschneiden. Alternativ taucht auch der Begriff der **Konvergenz oder Konvergenzlinien** auf (Kornwachs 2013, S. 86–87). Generell gilt: Technische Entwicklungen lassen sich nur sehr eingeschränkt planen und steuern. Entwicklungspfade sind insofern ein Mittel zur Rekonstruktion und Deutung eingetretener Entwicklungen sowie zur (vagen!) Prognose.

Je komplexer eine Technik ist, desto mehr Geschichten stehen im Hintergrund. Bei großen fliegenden Drohnen (Typ I, *Band 3, 3*) treffen sich – um nur einige zu nennen – die Entwicklungspfade des Leichtbaus, der Mikroelektronik, der Raketen und Satellitentechnik zur Ermöglichung von GPS-Navigation, der Sensorik, Datenübertragung und -speicherung, also Computertechnik und komplexen Netzwerke etc. Im Hintergrund des Einsatzes (ethisch umstrittener) Kampfdrohnen, die aus großer Entfernung ferngesteuert werden, stehen militärische Nutzerinnen, die am Computer sozialisiert wurden und nicht notwendig im Schlamm des Gefechtsfeldes. Durch Computerspiele bekannte Interfaces werden in Operationsräumen für Kampfdrohnen bemüht: vom Joystick bis hin zur grafischen Oberfläche. Generell hängt die **Akzeptanz** einer neuen Technik nicht unwesentlich vom Vorwissen der Nutzerinnen ab. Wenn die Generation unserer Großeltern nicht mit PC und Smartphone aufgewachsen ist, wandelt sie bildlich auf alternativen Pfaden. Wir können dann nicht so einfach von uns aus schließend erwarten, dass eine wohlgemeinte Senioren-App akzeptiert wird, wenn der dafür notwendige „Drücker" mit der spiegelglatten Oberfläche und den Piepsgeräuschen zuerst eigene Lernschritte erfordert.

Umgekehrt können Entwicklungspfade auch abbrechen und misslingen. Kritisch lässt sich gegen Digitalisierung das Argument des Verkümmerns von basalen Kulturtechniken wie der Handschrift einwenden. Würden wir gemeinschaftlich das Schreiben mit Stift und Zettel verlernen, wäre dieser Pfad – vorerst – abgebrochen. Es fällt aber auch auf, dass die aktuelle umfassende (Post-)Digitalisierung regelmäßige ultraanaloge Retrowellen anstößt, vom guten alten Füllfederhalter und Tintenfass bis hin zum urbanen Kleingarten, vom "handcrafted" Kaffee oder Bier bis hin zum klassischen Panda im

Teddyformat mit Charakter und unabhängig von Strom sowie Updates. Ingenieurinnen designen solche Pfade, Kopplungen und Abbrüche potenziell mit. Einer der ethischen Grundkonflikte in der Ingenieurverantwortung ergibt sich daraus, dass jede Handlung beabsichtigte und unbeabsichtigte Folgen nach sich ziehen kann (VDI-Kodex: „Strategische Verantwortung"). Aber wie soll nun eine einzelne Technikerin für etwas geradestehen, das entweder ganze Nutzergruppen zweckwidrig verursacht haben oder aber als Nebeneffekt vorher bei bestem Willen nicht absehbar war? In Kap. 4 betrachten wir hierzu den Begriff der Verantwortung. Zuvor sei im anschließenden Abschn. 3.5 dazu eingeladen, anhand eines aktuellen realen Beispiels kritisch über technische Macht und kommunalpolitische Technikgestaltung nachzudenken.

Übersicht: Weitere Konzepte der Technikethik kurz vorgestellt

Sicherheit: Keine Technik ist hundertprozentig sicher. Jede Technik birgt Risiken und Gefahren, die durch menschliche Nutzer, Umwelteinflüsse, Konstruktions- oder Produktionsfehler ausgelöst sein können. Besonders in komplexen soziotechnischen Systemen – also der vielfältigen Einbindung technischer Geräte in Handlungskontexte der Nutzung oder Instandhaltung sowie in Sachsysteme der Energieversorgung oder Datenübertragung – lassen sich die sicherheitsrelevanten Schwachstellen einer Technik nicht immer komplett erfassen. Zuweilen ist das Sachsystem in seinen vielfältigen Handlungszusammenhängen als Ganzes zu betrachten, wodurch Sicherheit ambivalent erscheint. Auf der einen Seite wirkt Technik als Mittel zum Schutz vor Gefahren, wir sprechen dann von *Sicherheitstechnik.* Auf der anderen Seite schränkt steigende Sicherheit die Handlungsmöglichkeiten ein und führt zu neuen Unsicherheiten. Besondere Aufmerksamkeit im Umgang mit Informationsnetzwerken, Social Media, Drohnen, KI und Robotern erfährt die *Datensicherheit.* Sie fordert die Unterbindung unbefugten Zugriffs auf bereits gespeicherte Informationen. *Datenschutz* wiederum meint die Unterlassung des unbefugten Datenverarbeitens, wozu auch das Speichern zählt. Häufig geht es dabei um sensible persönliche Informationen, das Recht auf Privatheit und Freiheit im Denken wie Handeln. Mit steigender funktionaler Sicherheit eines Roboters steigen Risiken der Datensicherheit. Denn ein Roboter funktioniert besonders in menschennahen Serviceanwendungen physisch am sichersten, wenn er viele Sensordaten erfasst. Je mehr Daten ein System erfasst, speichert und verarbeitet, je höher sind die Risiken durch missbräuchlichen Zugriff auf diese Daten oder der Verletzung von Persönlichkeitsrechten (Banse 2021; Gaycken 2013).

Risiko: Im Gegensatz zur Gefahr beschreibt Risiko ein abgeschätztes Wagnis – also Entscheidungen in unsicheren Situationen, deren mögliches Misslingen nicht als bloßes Schicksal akzeptiert wird. Technische Risiken schließen zum Beispiel die Unfallwahrscheinlichkeit bei der Anwendung eines Artefaktes ein. Steht dieser ein ungleich höherer Nutzen gegenüber, kann das Risiko des technischen Betriebs gerechtfertigt sein. *Risikominimierung,* also die vorher absehbare Verhütung oder Minimierung der Eintrittswahrscheinlichkeit eines negativen Ereignisses, lässt sich zum Beispiel durch Unfallforschung, Belastungstests, die Setzung von Grenzwerten oder Weiterbildung erreichen. *Restrisiken* stellen nicht mehr vermeidbare Risiken am Ende der Absicherung einer technischen Praxis dar. Häufig sind die Risiken bei komplexen technischen Systemen weitgestreut. Sie reichen von Materialermüdung über Umwelteinflüsse bis hin zu Bedienungsfehlern durch ungenügend geschultes Personal. Auch Risiken terroristischer sowie krimineller Umnutzung sind besonders bei kritischer Infrastruktur einzubeziehen. *Abstrakte und konkrete Risiken* entstehen auch durch Nebeneffekte. *Risikofolgen* technischen Handelns können durch Vorbereitung gelindert werden. Zivilschutz, Technisches Hilfswerk, Rettungsdienst und Feuerwehr erlangen risikorelevante Bedeutung. Neben Risiken im technischen Sinne treten weitere wie unternehmerisches Risiko, Risiken medizinischer Eingriffe oder riskante Entscheidungen für den eigenen Lebenslauf. Hoch riskante Techniken und Technologien können zu Recht als nicht akzeptabel eingestuft werden (Nida-Rümelin 2005; Nida-Rümelin und Schulenburg 2021; Schulenburg und Nida-Rümelin 2013; Ropohl 2017, S. 897–898). Ein aktuelles Beispiel bildet die Diskussion um sogenannte autonome künstliche Intelligenz und selbstlernende Algorithmen – im weiteren Sinne also maschinelles Lernen. Ist das Risiko akzeptabel, für Entwicklerinnen nicht mehr nachvollziehbare Rechenprozesse in Roboterkörpern auf die Umwelt loszulassen (siehe auch die kritischen Stimmen in *Band 3, 6.1* und *Band 3, 6.2*)?

Akzeptanz und Akzeptabilität: Akzeptanz ist ein deskriptiver Terminus zur Beschreibung des realen Annehmens einer Technik. Akzeptabilität meint hingegen die sich nach einer kritischen Prüfung offenbarende Annehmbarkeit, ist also ein normatives Konzept. Ethisches Interesse erhält die Frage nach den Kriterien der Akzeptabilität. Manchmal werden Techniken real akzeptiert, die sich bei näherer Betrachtung als moralisch und ethisch unverantwortlich herausstellen. Dann liegt eine Akzeptabilität bei eingetretener Akzeptanz nicht vor. Auch der umgekehrte Fall ist möglich. Akzeptable Techniken, über die sich ein positives ethisches Urteil fällen lässt, werden zuweilen im echten Leben nicht gewollt. *Akzeptanzbeschaffung* meint die Verhaltenssteuerung durch Manipulation, was jedoch nicht vertrauensbildend wirkt und mancher Technik einen negativen Stempel aufdrückt (Kornwachs 2013, S. 100–101; Ropohl 2016, S. 29–32, S. 285–288). Ein aktuelles Beispiel ist die Kontroverse um Kampfdrohnen. In Deutschland wird deren Einsatz durch verbündete NATO-Partner de facto akzeptiert, aber würde er sich nach einer ethischen Prüfung als (völkerrechtlich und menschenrechtlich) akzeptabel erweisen? Um eine möglichst breite Deckung faktischer Akzeptanz dessen, was gerade noch akzeptabel erscheint, ringt auch die Politik, wenn es um COVID-19-bedingte Einschränkungen von Grundrechten geht. Auch das Angebot, sich impfen zu lassen, wird trotz rationaler Argumente und geringer Risiken nicht von jedem akzeptiert.

Gerechtigkeit: Gerechtigkeit ist ein relationales Konzept, um den Umgang mit Ungleichheiten zu begleiten. Wären alle Menschen und ihre Lebensumstände gleich, dann gäbe es wahrscheinlich keine Gerechtigkeit. Relational bedeutet, dass gerechtes, also gleichbehandelndes bzw. unparteiisches/faires Verhalten *gegenüber* anderen Menschen oder sozialen Gruppen ausgeführt wird und *auf etwas bezogen* ist. Zum Beispiel lässt sich fragen, ob es gegenüber der Gruppe der Risikopatientinnen gerecht ist, dass sich einzelne gesunde Individuen beim Impfen vordrängeln. Wird so ein Verhalten den Normen im Umgang mit begrenzten Ressourcen in einer globalen Pandemie gerecht? Insofern ist Gerechtigkeit mit Kooperation und Koordination wechselseitig verschränkt. Technische Gerechtigkeit kann zum Beispiel den gleich verteilten Zugang zu Ressourcen oder Mitteln betreffen (*Verteilungsgerechtigkeit*). Da Systeme aus der technischen Praxis weltweit hochkomplex vernetzt sein können – besonders IT und Robotik –, fallen die Analysen (globaler) technischer Gerechtigkeit entsprechend detailreich aus. Hinzu treten soziale, politische, korrektive und Verfahrensgerechtigkeit jeweils im Hinblick auf unser technisches Handeln (Holzleithner 2009, S. 7–18 et passim; von der Pfordten 2021; für weitere Details siehe auch Gloy 2017).

Übersicht: Charakteristika technischen Handelns kurz zusammengefasst

- Es gibt nicht *die eine* Technik, über die sich pauschal urteilen ließe
- Technik ist Technik*gebrauch*:
  - 1. *Praktisches* Gebrauchs*wissen* (formaler Technikbegriff, Kunstcharakter)
  - 2. Der Gebrauch von technischen *Artefakten* (materieller Technikbegriff I)
  - 3. Der Gebrauch von technischen *Verfahren* (materieller Technikbegriff II)
  - 4. *Theoretisches* Gebrauchs*wissen* (Technologie)
  - 5. Der Gebrauch innerhalb komplexer *soziotechnischer Sachsysteme* (Systemtechnik)
  - 6. Der Gebrauch zur *Erschließung und Entfaltung* von Selbst und Welt (Medium)
  - 7. Der Gebrauch als *Mittel zur Zweckerfüllung* (Reflexionsbegriff)
- Keine Technik ist neutral
- Keine Technik ist wertfrei
- Jede Technik ist umnutzbar
- Jede Technik birgt Nebeneffekte
- Keine Technik ist zu 100 Prozent sicher

- Jede Technik wird versagen. Die Frage ist, wie oft, wann, wo, wie schwer sie versagen wird und wie gut wir darauf vorbereitet sind
- Keine Technik entsteht komplett neu oder wird komplett neu angewendet. Sie entwickelt sich in komplex verflochtenen kulturhistorischen Entwicklungs- und Gebrauchspfaden
- Jede Technik wird hergestellt und gebraucht abhängig von Interessen und Macht verschiedener wirtschaftlicher, sozialer oder politischer Akteurinnen und Interessengruppen. Die Frage ist, wie unterschiedlich stark sich diese im Vergleich zu anderen Interessen, beispielsweise von Nutzerinnen und Betroffenen, ausprägen. Krieg wirkt – neben Medizin, Ökonomie und anderen – als Katalysator der Entwicklung neuer Techniken
- Technische Entwicklungen unterliegen vielen nichttechnischen Einflüssen sowie Zufällen. Sie lassen sich nur unsicher planen, steuern und vorhersagen

3.5 Beispiel 2: „Wenn Russland und China zusamm digitalisiern, kann Österreich kapituliern!"[2]

1968 hat Georg Kreisler sein Lied „Der Hund" geschrieben. Darin fragt er, was aus seinem vierpfotigen Gesellen wird, wenn die Atommächte dieser Zeit mit ihren Technologien Wien pulverisieren. Kreisler ist wie manch anderer für seinen schwarzen Humor nicht ganz unbekannt. Angelehnt an eine offensichtlich zutreffende Beobachtung singt er: „Wenn Russland und China zusamm marschiern, kann Österreich kapituliern."[3] Und da wir heute ständig alle über Digitalisierung sprechen, wurde der Titel vorliegenden Abschnitts entsprechend angepasst. Nur den schwarzen Humor müssen wir uns an der Stelle verkneifen, es geht ja um rationale, ethische Technikbewertung. Ich möchte Sie in diesem Abschnitt dazu einladen, kritisch über aktuelle kommunalpolitische Technikgestaltung nachzudenken und mutig Fragen zu stellen. In vielen Gemeinden gibt es aktuell Initiativen im Themenfeld der Smart Cities bzw. des Smart Urbanism. Städte

---

[2] Dieser Text ist Mitte des Jahres 2021 entstanden. Er bezieht sich nicht auf die schrecklichen Entwicklungen in der Ukraine ab dem 24.02.2022, von denen ich während der letzten Schritte der Buchproduktion überrascht wurde. Der Text ist ein Resultat der Freiheit in Forschung und Lehre, der Meinungs- und Kunstfreiheit (z. B. die Reminiszenz an Kreisler und das Lokalkolorit Wiener schwarzen Humors). Ich habe überlegt, ob nach dem furchtbaren Angriff Russlands auf die Ukraine eine solche Überschrift noch angemessen ist. Im Sinne der genannten freiheitlichen Werte ist sie es und wurde darum nicht während der Buchproduktion angepasst. Kritik und Widerspruch gehören ausdrücklich dazu.

[3] https://www.georgkreisler.info/song/der-hund.html?page=19

werden in allen Lebensbereichen von Wohnraum und Kühlschränken über Freizeitgestaltung und Self-Tracking bis hin zu Behördengängen, neuen Verkehrs- und Arbeitskonzepten digital vernetzt (= Digitalisierung) bzw. sind es schon und es stellt sich Frage, wie mit den vorhanden Datenströmen umzugehen sei (= Postdigitalisierung). Vielleicht hat das kleine Österreich seinerzeit die Finger von nuklearen Sprengköpfen gelassen. Dennoch, heute sieht man sich in Wien „auf dem Weg zur Digitalisierungs-Hauptstadt Europas" (APA-OTS 2021a).

Aus der Geschichte wurde offensichtlich gelernt und darum der direkte Wettkampf mit Russland, China oder den USA gar nicht erst auf die Fahnen geschrieben. Das Imperium, „in dem die Sonne nie untergeht", verwaltet Wien in der Tat schon seit einigen Generationen nicht mehr. Nun ist es aber auch so, dass sich solche hauptstädtischen Selbstzuschreibungen nicht nur innerhalb der Fachwelt bewähren müssen – um nicht in einer Blamage zu enden –, sondern auch von der Akzeptanz der betroffenen Bevölkerung abhängen. Und Akzeptanz ist kein Mittel zur Legitimation technischer Zwecke, sondern hängt von demokratischer Selbstbestimmung ab. **Haben wir die Stadt, die wir brauchen, und brauchen wir die Stadt, die wir haben?** Wie wollen und können wir glücklich leben? Welche ganz menschlichen Wünsche oder Hoffnungen richten wir an unsere Gemeinde? Welche Fehlentwicklungen wollen wir verhindern und engagieren wir uns demokratisch, um die vorhandenen Ressourcen entsprechend zu nutzen? Ich lebe in Wien und das ist auch gut so. Manch subjektiver Gemütslage kann ich mich auch als Ethiker nicht entledigen, ich bin auch nur ein Mensch. Aber ich will mir Mühe geben! In Wien leben wir in einer Demokratie und gerade deshalb sollten wir genau hinsehen. Denn Demokratie ist nicht unverwundbar.

Von den Debatten um die grüne Gentechnik lässt sich auch für die gerade in Gang befindliche (Post)Digitalisierung unserer Städte und Kommunen einiges lernen. Der Anbau gentechnisch manipulierter Agrarprodukte ist hoch umstritten und trifft auf eine eher konservativ eingestellte Bevölkerung.[4] Denn für Konsumentinnen gab es in der Vergangenheit zwar keine erkennbaren Vorteile, dafür dürfen sie aber die Risiken mittragen. Und wenn es Vorteile gab, dann wurden diese vielleicht nicht hinreichend kommuniziert und öffentlich verhandelt. Entsprechend gering fällt die Akzeptanz aus, sodass heute die meisten Supermärkte offensiv mit „gentechnikfreiem" Grünzeug werben, um im hiesigen Markt nicht baden zu gehen. In Österreich herrscht ein im internationalen Vergleich besonders großes Misstrauen gegenüber gentechnischen Verfahren und neueren Entwicklungen der synthetischen Biologie (Steurer 2016; von Alvensleben 1999). Werben unsere Kommunen bald mit „digitalisierungsfreien" Lebensräumen? Wir haben gesehen, dass sich Technik als Zweck-Mittel-Relation deuten lässt (Reflexionsbegriff, Form 7 in Abschn. 3.2, Abb. Band 2, 3.2). Einen Zweck kennen wir bereits: In Wien will man „Digitalisierungs-Hauptstadt Europas" werden. Aber was sind die entsprechenden Mittel und wie lassen sich diese legitimieren, wenn der Zweck bereits

[4] https://www.ak-umwelt.at/politik/?issue=2012-04

da ist und gar nicht zur Debatte steht? Versuchen wir einen möglichen pragmatischen Schluss: Wer „Digitalisierungs-Hauptstadt Europas“ werden will, sollte aus den Fehlern der grünen Gentechnik lernen und neue Technologien so verkaufen, dass die Betroffenen zumindest glauben einen Vorteil davon zu haben. In folgendem Beispiel sehen wir uns einmal an, welche konkreten Tricks zur vorgeschobenen Akzeptanzbeschaffung einer top-down gesteuerten technischen Entwicklung angewendet werden könnten – sodass die Absicht der Verantwortlichen wäre. Hierzu begeben wir uns auf eine Spurensuche durch Wortwelten der Pressemitteilungen und Außendarstellungen eines ehemaligen globalen Machtzentrums.

Zunächst zum internationalen Hintergrund: Auf EU-Ebene existieren diverse Initiativen, um für „vertrauenswürdige“ und „akzeptable KI“ zu sorgen.[5] Das geschieht top-down durch Guidelines und Regulierungen über den Köpfen der Betroffenen. Bevor wir das als bürokratische Entmündigung abtun, sollten wir uns auch einmal die Herausforderung klarmachen: Wir sind verflochten in diversen komplexen Entwicklungspfaden, die wir meistens selbst nicht designt oder gewollt haben. Sie bergen enorme Chancen, Risiken und Gefahren, werden jedoch von Global Playern dominiert, die ihre Firmenzentralen eben nicht in Europa betreiben. Und dann muss die EU auch noch verschiedene Staaten, Gesellschaften und Kulturräume integrieren. Die Kunst des Möglichen als Kompromissarbeit von oben nach unten scheint da ein pragmatisches Mittel der Wahl – wie gesagt, wenn denn die Bevölkerung im wahren Leben mitspielt, denn auch sie hat ja die Wahl. Innerhalb dieses Staatenbundes hat sich die Stadt Wien – als Spiegel der gleichen Sachlage im kommunalen Nahbereich – einen besonderen rhetorischen Kniff überlegt, den ich ad hoc an folgende Frage koppeln möchte: Wie sorgt man für Digitalisierungsakzeptanz, ohne die Fehler der grünen Gentechnik zu wiederholen?

1. Man tue das, was alle anderen auch machen, und hoffe den Anschluss nicht zu verlieren.
2. Man behaupte jedoch, einen völlig neuen, besseren Weg zu gehen und darum die „Fehler“ anderer Digitalisierungsstandorte nicht zu wiederholen.
3. Man suche ein neues Label, mit dem sich diese angeblich „neue“ Digitalisierung so bezeichnen lässt, dass zumindest die Mehrheit denken kann, sie würde von vornherein dadurch profitieren.

Ob diese Strategie tatsächlich den Motiven und Gedanken der Entscheidungsträgerinnen und Entscheidungsträger entspricht, das weiß ich nicht. Insofern sei hier keine Mutmaßung in dieser Hinsicht angestellt. Es geht um etwas anderes: Könnte sich das, was real gemacht und gegenüber der Öffentlichkeit kommuniziert wird, genau so lesen lassen? Wie der Zufall es so will, wäre da ein 2019 veröffentlichtes *Wiener Manifest für*

---

[5] https://digital-strategy.ec.europa.eu/en/policies/expert-group-ai

Digitalen Humanismus gerade recht gekommen. Das Dokument ist überwiegend von Informatikerinnen und Informatikern verschiedener Hochschulen verfasst wurden und versammelt thesenartig Normen einer menschenzentrierten Digitalisierung. Darin steht z. B.:

„Wir müssen Technologien nach menschlichen Werten und Bedürfnissen formen, anstatt nur zuzulassen, dass Technologien Menschen formen."

Oder: „Es müssen wirksame Vorschriften, Gesetze und Regeln festgelegt werden, die auf einem breiten Diskurs beruhen", etc. (Werthner et al. 2019).

Das klingt doch erst einmal ganz gut und eben nicht wie: „Gentechnische Produkte müssen den Produzenten Vorteile bringen, wobei die Risiken gesellschaftlich breit zu streuen sind, ohne dabei die Öffentlichkeit bei der Entscheidung einzubeziehen."

In *Band 1, 5* haben wir bereits kennengelernt, dass eine solche Explikation moralischer Standpunkte keine Ethik ist und auch keine praktisch gelebte Moral, sondern als „Ethos" oder „Moralkodex" bezeichnet wird. Wie Yvonne Hofstetter im Geleitwort zu *Band 1* vorliegender Buchreihe kritisch feststellt, sind Guidelines dieser Couleur nicht rechtlich bindend und können ohne weitere inhaltlich-rationale Prüfung von Vertreterinnen verschiedener Interessengruppen verabschiedet werden. Häufig wird dann kritisiert, dass moralische Lippenbekenntnisse keinen Einfluss auf das echte Leben hätten und wie ein zahnloser Tiger auf der Suche nach Haftcreme für seine Beißprothese daherkämen. An dieser Stelle, so ließe sich die Sachlage deuten, setzt Wien den Hebel an und dreht den Spieß herum: Der Papiertiger bekommt eine gefakte Vampirzahnreihe aus Kunststoff eingesetzt, die wir alle von Karneval oder Halloween kennen. Auf diesem Wege dem Anschein nach wieder bissig gemacht, lässt er sich nun als Meinungsverstärker durch die Manege partizipativer Akzeptanzsteuerung führen. Wie gesagt, kein schwarzer Humor, wir denken einfach mal nach! Hinzu tritt das Machtinstrument der Wissenschaftsplanung durch ausgeschriebene Projektgelder. Wer also Technologie jenseits ökonomischer Gewinnabsichten mitgestalten will, kann nicht einfach so tüfteln, designen oder forschen, wie er oder sie will, sondern muss sich in Konkurrenz zu anderen vor einer Instanz mit inhaltlicher Deutungshoheit legitimieren – klar, weil ohne Moos nix los. So werden nun einige der öffentlichen Ressourcen verteilt. Diese Art der versuchten Lenkung potenziell innovativer technischer Praxis ist mittlerweile zum Standard geworden – sowohl auf EU-Ebene wie auch im kommunalen Nahbereich. Die Freiheit der Forschung schmilzt schneller als unsere Polkappen. Wer vorschreibende Geldgeber nicht mit den dafür notwendigen Mitteln und Spielregeln auf seine Seite zieht, hat ausgeforscht – so könnte gefolgert werden.

In vorliegendem realen Beispiel würde hierzu der umfassende weltanschaulich-normative Rahmen des *Wiener Manifests* übernommen und zur Legitimation des interesseninduzierten Gießkannenprinzips zweckentfremdet – in Gestalt des *Wiener Wissenschafts-, Forschungs- und Technologiefonds* (WWTF). Der Trick bestünde darin, längst bekannte technologische Entwicklungspfade im Interesse kommunaler Entscheidungsträger (und deren Industriepartner?) zu bestätigen, dabei jedoch eine erhöhte Akzeptanz durch das vorgeschobene Versprechen einer humanistischen Alternative zu etablierten Playern wie Google, Facebook oder Amazon zu erschleichen. Die mit Engelszungen vorgetragenen Verheißungen des daran angelehnten Aufrufs zur Einreichung von Förderanträgen beinhalten (kein Konjunktiv, sondern original Zitate) Diagnosen wie: „The system is failing! (Tim Berners-Lee)", unter Angabe von Gründen wie die „Scheinbare Objektivierung von Entscheidungen durch Delegation an Algorithmen", gegen die es „Antworten und alternative Lösungswege zu finden" gilt. Die Devise lautet: **digitaler Humanismus**, um „die Menschen wieder ins Zentrum technologischer Entwicklungen zu stellen und sie zum Maßstab im digitalen Zeitalter zu machen", sodass „humanistische und gesellschaftliche Werte bei der Entwicklung von Technologien, Systemen und Geschäftsmodellen Eingang finden". Wie in den meisten klassischen Technokratien des 20. Jahrhunderts sollen „Technologien als Mittel der Stärkung und Verbreitung positiver gesellschaftlicher Werte und Visionen dienen" – nur meint das Wort „positiv" hier keine sowjetische Propaganda zur Züchtung kollektivistischer neuer Menschen, sondern den zweckorientierten Einsatz des Adjektivs „digital". Es wird sogar versprochen, dass „Ethikfragen" „an vielen Stellen die Entwicklungen in den Computerwissenschaften grundieren und beeinflussen".[6] OK: 2. und 3. sind offensichtlich erfüllt: Man verspricht einen neuen Weg unter Einsatz eines neuen Labels zu gehen.

Wer Technikethik will, soll Technikethik bekommen. Bevor wir uns ansehen, welche technischen Entwicklungen tatsächlich hinter diesen blumigen Worten stecken könnten, halten wir schon einmal ganz allgemein fest: Der in diesem Beispiel vorgeschobene Humanismus ist eine politisch instrumentalisierte ideologische Weltanschauung. Ethik, die ihren Namen wert ist, wird diese nicht bestätigen, sondern kritisch prüfen. Insofern ist „digitaler Humanismus" auch nicht mit der wissenschaftlich-rationalen Anthropozentrik zu verwechseln, wie wir sie in vorliegendem Buch als eine sinn- und sprachkritische Methode kennengelernt haben (Kap. 2). Weiterhin lädt die Formulierung „digitaler Humanismus" auf den Basaren des Machbaren zum tüchtigen Feilschen ein (Reichl et al. 2021; zur aktuellen Diskussion siehe z. B. Sutanto 2021). Denn schon in der Wortform „digitaler Humanismus" bleibt die Hintertür technokratischer Steuerung, also Quantifizierung alles Menschlichen im Dienste sachtechnischer Effizienzsteigerung, weit offen – eine Hintertür, die wir in der wohl angemesseneren Wortform der „humanistischen Digitalisierung" nicht hätten. Und wer ist schon gegen eine von Anfang an als gesamtgesellschaftlich „positiv" beschworene Neuigkeit, wo jeder Mensch zum Maßstab der betreffenden Technologie wird? Das Gewicht drückt ordentlich in die Waagschale. Haben sich die Stadt Wien und der WWTF das zunutze gemacht und die Gunst der Stunde entsprechend der oben genannten drei Schritte zur Akzeptanz-

[6] Siehe hierzu den Einleitungstext zum WWTF Digital Humanism Call 2020 auf https://www.wwtf.at/digital_humanism/ (Stand 21.08.2021); eine Zusammenfassung auf https://www.dieangewandte.at/jart/prj3/angewandte-2016/data/uploads/Aktuelles/Veranstaltungen/2020/2020_Zusammenfassung_WWTF_DigHum_Call.pdf; sowie zu thematischen Hintergründen https://www.wien.gv.at/wirtschaft/standort/digital-humanism.html

beschaffung genutzt? In einer Pressemitteilung werden neun auserwählte Initiativen benannt. Aus der weltanschaulich-politisch bemalten Gießkanne tropft nun Steuergeld – wohl gemerkt ohne eine öffentliche Debatte darüber zu führen, sondern von einer kleinen Gruppe entschieden – auf technische Entwicklungen wie diese:

> „Das neunte Projekt [„A Digital Well-Being Index for Vienna – Extracting Regional Indicators of Subjective Well-Being from Digital Content Streams"] beschäftigt sich mit der Messung der Lebensqualität: ... Wien wurde wiederholt als die lebenswerteste Stadt der Welt ausgezeichnet und dafür ist das Wohlbefinden der Bevölkerung ein entscheidender Indikator. Um dieses zeitnahe zu erheben, sollen traditionelle Indikatoren, die meist mittels Umfragen erhoben werden, durch eine digitale, AI-basierte Auswertung vorhandener Daten ergänzt werden" (APA-OTS 2021b).

Finden sich hier die Versprechen des „digitalen Humanismus" wieder? Zunächst ist natürlich eine kritische Analyse nur unter Vorbehalt möglich, da die veröffentlichten Informationen an dieser Stelle spärlich ausfallen (Stand der online abgerufenen Informationen: 21.08.2021). Nach einem längeren weltanschaulichen Pamphlet folgt leider nur wenig Konkretes zu technischen Entwicklungen, die man daran angelehnt ausgewählt hat. Trotzdem ist dieser kleine Informationssplitter schon ordentlich ergiebig:

(a) es soll also Lebensqualität (subjektives Wohlbefinden) gemessen werden,
(b) Wien ist die lebenswerteste Stadt der Welt,
(c) dafür ist das subjektive Wohlbefinden ein entscheidender Indikator,
(d) Lebensqualität und somit subjektives Wohlbefinden sollen zeitnah erhoben werden,
(e) traditionelle Indikatoren wurden mittels Umfragen erhoben und werden nun durch eine KI ergänzt.

Zu (e): Das Innovationsversprechen liegt also in einer KI, die „vorhandene" Daten auswertet – offensichtlich solche, die nicht durch Fragebögen erhoben werden. Doch genau das kennen wir seit den Big-Data- und Deep-Learning-Hypes der vergangenen Dekade schon zur Genüge. Wo ist der versprochene alternative Pfad? Warum fragt man nicht einfach bei Google oder Facebook nach – denn die haben mit Indikatoren zum Monitoring und zur Prognose menschlichen Verhaltens seit über 10 Jahren gesättigte Erfahrungen sowie überquellende Metadaten auch von Wiener Userinnen und Usern? Es ist doch schon längst bekannt, dass genau so etwas tatsächlich im großen Stil bereits von Unternehmen gemacht wird – und zwar mit durchaus demokratiegefährdenden (Neben-) Effekten. Aller spätestens seit 2016, als Cathy O'Neill (2017) und Yvonne Hofstetter (2016) in Öffentlichkeit und Politik vielbeachtete Bücher hierzu vorgelegt haben, sollte man sich dessen bewusst sein. 2018 hat Shoshana Zuboff (2018) in einer weiteren medialen Welle diese Sachlage noch einmal im öffentlichen und politischen Diskurs verstärkt (siehe hierzu im Detail *Band 3, 6.2* und *Band 3, 6.3*).

Ergo: 1. Ist ebenfalls erfüllt: Man tue, was alle anderen längst schon tun – nur diesmal könnten von der Kommune erhobene Daten betroffen sein, die Google, Facebook etc. (offiziell) noch nicht ausgewertet haben (?). Nun wollen wir noch etwas nachbohren, um die Spannungen zwischen den Versprechen einer humanistischen Alternative (2.), dem dazu zweckentfremdeten Label/Moralkodex des „digitalen Humanismus" (3.) sowie der Bestätigung eines längst etablierten technologischen Entwicklungspfades (1.) im Rahmen der öffentlich kommunizierten Informationen der Stadt Wien und des WWTF zu analysieren.

Zu (b): Wien wurde als die lebenswerteste Stadt der Welt prämiert. Da hat wohl jemand eine Entscheidung getroffen, die durchaus im Interesse kommunaler Entscheidungsträger sein könnte. Aus (c), (d) und (e) folgt jedoch offensichtlich, dass der Hauptindikator hierfür (Lebensqualität) bekannt ist (c), zeitnah erhoben werden soll (d) und das schlussendlich mittels einer datenauswertenden KI (e). Da hätten wir schon einmal einen Teil der Zweck-Mittel-Relation extrahiert. Doch was ist der übergeordnete Zweck dahinter? Soll etwa die Entscheidung, dass Wien die lebenswerteste Stadt der Welt sei, in objektiven Messwerten (a) bestätigt werden? Jedoch: Wurde nicht vollmundig versprochen, Lösungen gerade gegen „die scheinbare Objektivierung von Entscheidungen durch Delegation an Algorithmen" zu erarbeiten?

Ergo: Fragen wir die Verantwortlichen, wie sie diesen Widerspruch auflösen würden – und ob sie sich hierzu im Vorfeld überhaupt Gedanken gemacht haben?

Überlegen wir weiter: Offensichtlich wird hier ein sich selbst bestätigender Zirkel dargestellt, aus einer Entscheidung, eine Stadt zu prämieren (b), und einer Stadt, die diese Entscheidung durch Förderung der Messung von Lebensqualität (a) mittels einer neuen Technologie objektivierend (also in harten Zahlend messend) zusätzlich bestätigen will. Unabhängig von den echten Motiven der Beteiligten wird genau das als technologisches Innovationsversprechen des digitalen Humanismus beschrieben. Versuchen wir eine experimentelle Übersetzung in andere Worte: „Dass wir in Wien am glücklichsten sind, bestimmen (entscheiden, objektivieren) wir! Jetzt neu, mit computergenerierten Messwerten und Indikatoren!" Doch: Könnte das nicht ganz genau so direkt aus Nordkorea stammen?

Ergo: Fragen wir die Verantwortlichen, zu welchem Zweck sie das entsprechende Mittel eigentlich herstellen – und warum sie dieses überordnete Ziel jenseits einer zeitnahen Messung nicht klar kommunizieren, sondern einen sich selbst verstärkenden Zirkel ganz am Ende ihrer Pressemitteilung – fast schon im Kleingedruckten – vorschieben. (Warum sollen wir denn etwas schneller messen, von dem wir ohnehin schon wissen, und dazu auch noch kommunale Ressourcen für die Herstellung einer „neuen" Messtechnologie aufwenden?)

Zu (a): Ohne Weiteres wird vorausgesetzt, dass sich „Lebensqualität messen" lässt sowie „subjektives Wohlbefinden". Nehmen wir einmal an, dem wäre so. Dann müsste das über „vorhandene" Datenströme oder Datenbestände möglich sein, die in entsprechendem Zusammenhang mit intimen, persönlichen Empfindungen stehen. Denn nichts anderes ist Lebensqualität infolge subjektiven Wohlbefindens. Wie ist das technisch möglich, ohne die in Europa nicht unerheblichen datenschutzrechtlichen Bestimmungen zu verletzen? Wenn jedoch nur Daten analysiert werden, die den EU-weiten und in Österreich geltenden Vorgaben konform sind, und aus diesen objektiv auf subjektives Wohlbefinden geschlossen werden kann, haben wir dann die richtigen Gesetze um unsere Privatheit zu schützen? Ist eine solche KI nicht im Nachteil gegenüber jeder klassischen Umfrage, wo die Betroffenen aktiv einwilligen und (meist im Vertrauen auf Anonymität) direkt aus ihrer persönlichen Vollzugsperspektive heraus berichten?

Ergo: Fragen wir die Verantwortlichen, wie sich „subjektives Wohlbefinden" als Indikator oder im Zusammenhang mit anderen Indikatoren für „Lebensqualität" messen lassen soll, ohne dabei intime oder datenschutzrechtlich relevante Informationen zu erheben? Welchen Vorteil bringt hier eine KI gegenüber „klassischen" Umfragen?

Wieder zu (a), nun mit Blick auf den versprochenen normativen Rahmen des „digitalen Humanismus" (2.) und (3.): Wieso lassen sich Lebensqualität und vor allem subjektives Wohlbefinden in Messwerten ausdrücken? Menschen leben und erleben in gemeinschaftlichen, selbstbestimmten, aktiven Vollzügen. Ich bin doch nicht glücklich, bloß weil meine Stadt bei zwei von vier Rankings auf Platz 1 gelandet ist. Wenn es mir nicht gelingt mit anderen zusammen mein Leben glücklich zu führen, dann hilft mir keine KI und kein quantifizierter Indikator dabei. Umgekehrt gilt übrigens das Gleiche: Wenn ich glücklich bin, dann bin ich glücklich. Punkt. Wir haben in *Band 1* und den bisherigen Abschnitten aus Band 2 vorliegender Buchreihe bereits ausgiebig kennengelernt, dass es zu einem robomorphen Fehlschluss führt, wenn menschliches Leben auf Messwerte reduziert wird – und da ist den Autorinnen und Autoren des *Wiener Manifests* nur zuzustimmen. Ein Verstoß gegen das Humesche Gesetz besteht allgemein in der Annahme, von deskriptiver Beschreibung (Messwert, datengestützter Indikator) auf eine normativ-wertende Aussage („Menschen in Wien fühlen sich in ihren Lebensvollzügen subjektiv am wohlsten") zu schließen. Ein naturalistischer Fehlschluss findet sich in der korrespondierenden Erklärung „guter" Lebensqualität mittels außermoralischer Termini (bis hin zu einer „guten", also pragmatisch nützlichen KI; Kap. 2; *Band 1, 4.6*).

Ergo: Fragen wir die Verantwortlichen, warum es kein methodisch (peinlicher) Fehlschluss ist, wenn sie unhinterfragt voraussetzen, dass sich „subjektives Wohlbefinden" messen lässt? Gibt es etwa keine Unterschiede zwischen Technologien, die Menschen einsetzen, um sich subjektiv wohlzufühlen (geht auf der Alten Donau segeln, es macht so viel Spaß!), und Technologien, mit denen wir z. B. die Temperatur messen würden, um diese als Indikator für einen Wetterwechsel zu interpretieren? Wo sind auf einmal die Menschen geblieben, die sich im Mittelpunkt technischer Entwicklungen selbstbestimmt verwirklichen und aufgeklärt selbst deuten? Warum soll es ausgerechnet Humanismus sein, wenn Menschen verdinglicht und auf Messwerte reduziert werden? Ich fühle mich dabei ganz subjektiv in Wien durchaus massiv unwohl! Frei nach Kreisler: „Und wenn die Zahlen plötzlich knalln und die Indikatoren obafalln, was macht der Hund? Ja Kruzifix, wenn er auch bellt: Das nützt ihm nix."

Denken wir noch etwas über die Handlungslogik dieses Versuchs politisch motivierter Steuerung technologischer Entwicklung nach. Es sei – da die Bandagen notwendigerweise härter werden müssen – noch einmal wiederholt, dass die öffentlichen Informationen zu besagtem Projekt spärlich sind und die (wirklichen) Absichten der Protagonisten aus den wenigen Quellen nur sehr grob gedeutet werden können. Dennoch, fragen wir noch einmal: Warum wird nicht genannt, was das Ziel des Forschungsprojektes ist? Warum soll denn subjektives Wohlbefinden durch eine KI schneller gemessen werden? Wer profitiert davon und auf wen verteilen sich die Risiken? Denken wir an die grüne Gentechnik: Als Bürger tragen wir die ökologischen und sozialen Folgelasten, aber was haben wir davon, wenn wir nicht mehr selbst über unser Lebensglück Auskunft geben sollen, sondern eine KI in den Datenströmen mitliest? Was wären zumindest denkbare und nicht ganz abwegige Motive? Vielleicht, dass die Lebensqualität noch weiter gehoben werden soll und man die Schrauben sucht, um das zu erreichen?

Aber warum muss diese dann unbedingt schneller gemessen werden, vor allem wenn es doch jahrelange praktische Erfahrungen in der Stadtentwicklung bereits ohne dem gibt? Oder will man noch einmal die alten Daten neu vermessen, um für die vergangenen Jahre einen höheren Wert zu reklamieren? Hat uns hier die Coronapandemie etwa einen Inzidenzfetisch beschert, wonach nun auch schon soziale Kurven durch Datenbereinigungen zu glätten wären? Warum investiert man in die Messung und nicht stattdessen in Maßnahmen zur aktiven Verbesserung der Lebensqualität – zumal man ja selbst der Meinung ist, sich in den vergangenen Jahren bereits erfolgreich an die Weltspitze verbessert zu haben? Da müssten doch einige Beteiligte wissen, wie das geht und in welchen Ecken von Wien das noch nicht gelungen ist … Wäre Wien bereits perfekt, was bliebe dann noch zu messen? Also lieber anpacken, statt irgendeine KI der Öffentlichkeit als großen humanistischen Durchbruch zu suggerieren … Oder einfach sagen, wie es ist: Für europäische Städte ist der Zug abgefahren, weil Russland und China bereits vorneweg digitalisieren – von den USA völlig zu schweigen –, und nun wird die Ressource der „Lebensqualität durch subjektives Wohlbefinden" in letzter Not angezapft, um irgendeinen Wettbewerbsvorteil auf dem globalen Datenbasar zu erringen. Oder es soll zumindest Boden gut gemacht werden … Nach überholen, ohne einzuholen, sieht das jedenfalls nicht aus.

Was wären mögliche alternative Motive? Offensichtlich käme das Interesse infrage, aus Gründen der Reputation, Tourismuseinnahmen oder der nächsten Wahl möglichst spektakulär zu bestätigen nicht ob, sondern *dass* die Stadt Wien immer wieder die lebenswerteste der Welt ist. Oder aber es wird ein Beweis gesucht, dass Wien tatsächlich zur „Digitalisierungs-Hauptstadt Europas" taugt (diesen übergeordneten Zweck kennen wir schon), insofern der spezielle soziokulturelle Lebensraum zum Maßstab glücklichen Lebens in anderen Gesellschaften objektiviert werden kann. Nun überlegen wir einmal mutig nach vorn, welche der beiden Optionen gefährlicher sein könnte. „Wer glücklich ist, bestimme ich!" – Denken Sie dabei an einen furchtbaren Kriegsverbrecher oder einen ehemaligen Bürgermeister Wiens? „Am Wiener Wesen soll die Welt genesen!" – Woran denken Sie jetzt? Seien Sie wachsam, bei allen Unterschieden, der Vergleich könnte nämlich nicht hinken. Denn die Handlungslogik weist frappierende Ähnlichkeiten auf: Ein verschlossener Zirkel predigt Wein (2. und 3.) und reicht Wasser (1.), die Betroffenen werden nicht gefragt und wie selbstverständlich zur (Daten-)Ressource degradiert, um ein vordefiniertes Kollektiv über andere zu stellen. Ist nicht genau dieser Chauvinismus schon häufiger denjenigen Europäern fürchterlich auf die Füße gefallen, die Kant mit der Machete verwechselt haben? Ja, natürlich gibt es auch Macheten im Cyberwar.

So erschütternd es sein mag, das Denkverbot dürfen wir nicht vorschieben. Humanismus ist keine Phrase, sondern im aktiven Zusammenleben tagtäglich harte Arbeit um Toleranz und Respekt ringend – gerade gegenüber anderen Gemeinschaften und Minderheiten, deren Lebensqualität wir vielleicht subjektiv nicht verstehen könnten. Also arbeiten wir mutig und kritisch ohne Denkverbote: „Arbeit macht frei!" Warum dürfen wir das nicht mehr sagen? Weil diese in ganz anderer Hinsicht vielleicht sogar humanistische Aussage auf das Tiefste ins grausam Inhumane pervertiert wurde, als Nazis sie an den Eingangstoren verschiedener Konzentrationslager installiert haben. Ja, der Vergleich hinkt enorm, jedoch hat uns die europäische Geschichte gelehrt immer dann sofort *nicht wegzusehen,* wenn „Menschsein" zur Rechtfertigung von Überlegenheit gegenüber anderen Menschen gebraucht wird – und das geschieht häufig subtil und sogar von den meisten Beteiligten völlig ungewollt. Das Gegenteil von gut gemacht ist gut gemeint. „Wir haben es doch gut gemeint …", wird meistens dann gesagt, wenn etwas nicht zu Ende gedacht wurde und im günstigeren Fall bloß in die Hose ging. Im ungünstigen Fall führt es zu entsetzlichen Nebeneffekten. Wer mitdenkt und etwas gut zu Ende bringt, braucht sich nicht weiter über das gut Gemeinte zu äußern. Hat hier etwa vor lauter überstürzten Heilsversprechen niemand über Nebeneffekte und Umnutzungen nachgedacht – von einer selbstkritischen und eben nicht selbstherrlichen Prüfung der eigenen „positiven" Werte einmal abgesehen?

Ergo: Fragen wir die Verantwortlichen, ob sie es nicht für zynisch, chauvinistisch, unaufklärerisch halten, als „digitalen Humanismus" ausgerechnet die Optimierung und Objektivierung ihrer eigenen „subjektiv wohlbefindlichen" Lebensführung als Überlegenheit gegenüber anderen „subjektiven Wohlbefinden" zu feiern. Was bringen uns Menschen solche Feste in der „weltweit lebenswertesten Digitalisierungs-Hauptstadt Europas"? Was sagen Sie jemandem, der sich in Wien nicht wohlfühlt und nun sein Heimatort nach Wiener Messwerten umgestaltet werden soll? Eine Bitte: Zerstreuen Sie durch gelingende Praxis meine Zweifel – und das wird wohl nicht gehen, ohne sich diesen und ähnlichen Fragen ohne Wenn und Aber zu stellen.

Zuletzt: Wo ist bei all dem die „ethische Grundierung", die so vollmundig versprochen wurde? Fassen wir zusammen: 1. Eine bekannte und bereits durch wirtschaftliche Global Player etablierte Technologie soll „entwickelt" werden. 2. Sie wird jedoch als menschen- und gemeinwohlzentrierte Alternative zu den bereits bestehenden ökonomisch motivierten Digitalisierungspfaden öffentlich legitimiert. 3. Hierzu dient dann das Label „digitaler Humanismus". Weiterhin: Es gibt durchaus Zweifel daran, dass hier tatsächlich eine Alternative zur „scheinbaren Objektivierung von Entscheidungen durch Delegation an Algorithmen" vorliegt. Vielleicht entscheiden diese nicht, jedoch tragen sie wohl zur Legitimierung von bereits getroffenen Entscheidungen durch „Objektivierung" bei. Die Verantwortlichen bewerben ein Mittel, das schneller Lebensqualität mittels anderer, nicht traditionell erhobener Indikatoren messen kann. Aber warum brauchen wir das? Wozu soll schneller und mit anderen Indikatoren gemessen werden? Warum wird der übergeordnete Zweck nicht klar genannt, damit wir überhaupt erst einmal die betreffende Technologie kritisch in ihrem Mittel-Zweck-Zusammenhang hinterfragen können? Wie lässt sich subjektives Wohlbefinden messen, ohne dabei gegen Rechte der Privatheit und des Datenschutzes zu verstoßen? Mit der Annahme, die Empfindungen von Lebensqualität als subjektives Wohlbefinden messen zu können, wird per se ein robomorpher Fehlschluss begangen. Normative und deskriptive Wortverwendung sind verwechselt, sodass Menschen wie Roboter, also messbare Maschinen(-teile), angesprochen sind. Ist es nicht die zynische Ohrfeige schlechthin, so etwas dann auch noch als Humanismus legitimieren zu wollen? Und dann ganz blauäugig, fahrlässig vor dem Hintergrund einer Norm weltweit erstklassigen subjektiven Wohlbefindens, das nun noch besser in Zahlen zu fassen sei? Wer seine eigenen Normen nicht kritisch reflektiert, kann böse Überraschungen erleben. Das lehrt auch die österreichische Geschichte brutal. Ein Austreten aus dieser selbstverschuldeten Unmündigkeit wäre das mindeste, was Steuerzahlerinnen und Bürgerinnen von öffentlich finanzierten Projekten erwarten dürfen – zumal wenn dann auch noch dermaßen blumige Versprechen vorneweg geschickt werden.

Ergo: Technikethik Note 5, vollständig durchgefallen und auf diesem Niveau trotz aller Bemühungen weit von den (auch selbst gesetzten) Mindestanforderungen entfernt! Der Umgang mit dem *Wiener Manifest* sowie mit den vielen Menschlichkeiten, die sich hinter dem Wort „Humanismus" verbergen, ist nicht akzeptabel!

Wir sehen an dem Beispiel ungewöhnlich deutlich, wie ein öffentlich ausgeschriebenes und mit Steuergeldern finanziertes Forschungsprojekt klaren Interessen der Geldgeberinnen, in dem Fall Vertreterinnen der genannten Stadt, zu folgen scheint. Der eigentliche Clou ist jedoch die Zweckentfremdung des *Wiener Manifests für Digitalen Humanismus* zur Akzeptanzbeschaffung. Denn die inhumane Degradierung der Bürger einer Stadt zu bloßen Messwerten muss öffentlich gar nicht mehr gerechtfertigt werden, sobald der Persilschein gleich mitgeliefert wird. Es sei ja eh alles humanistisch und zwar in Gestalt eines von oben monetär regulierten Programms. Bürgerbeteiligung? Diskurs? Partizipation? Fehlanzeige, denn wir messen wer ihr seid! Hier käme ja gar keine Technik zum Einsatz, die als Nebeneffekt zu einem Social Scoring wie in China führen könnte, da von vornherein versprochen wird aufgeklärte Menschen zu wollen. Ohne Probleme, so muss man dieser Logik entsprechend wohl folgern, sollen also auch schon die Computer entscheiden, nicht ob, sondern *dass* wir uns subjektiv in Wien am wohlsten fühlen. Frei nach Kreisler: „Es könnt ja sein, a General wird leicht verruckt, so daß er irgendwie aufs falsche Maustasterl druckt. Dann geht am End die Humanität zugrund. Das wäre fürchterlich, denn was macht dann mein Hund?"

Entsprechend vorliegender Auseinandersetzung mit den (begrenzten) veröffentlichten Informationen zu diesem Vorgang, finden wir hier ein lehrbuchhaftes Beispiel für Akzeptanzbeschaffung, ohne ethisch über die Akzeptabilität nachgedacht zu haben. So nach dem Motto: Stempel drauf, „digitaler Humanismus Proofed" ist immer gut! Steuerzahlerinnen und Bürgerinnen werden interesseninduziert in die Irre geführt. Im Verbraucherschutz würde man wohl von einer Mogelpackung oder Etikettenfälschung sprechen. Denn wenn es nach den Verantwortlichen geht, dann ist selbst das subjektive Wohlbefinden keine humane Angelegenheit mehr, sondern nichts ohne einen Algorithmus, der harte Zahlen für einen Highscore liefert. Das sei dann „positiv" und die große Alternative zum Silicon Valley. Es bleibt fraglich, ob mit diesem Vorgehen die ursprünglichen Absichten der Autorinnen und Autoren des *Wiener Manifests* begriffen wurden. Dass technische Entwicklungen nicht neutral sind, ist weniger eine Tatsachenbehauptung als vielmehr ein normativer Imperativ mündiger Bürgerinnen und Bürger: Seien Sie wachsam – besonders wenn eine Smart City digitale Menschlichkeit predigt!

Am Ende noch einmal zu den alten Habsburgern. Österreichs schrecklich nette Familie hauste ja in bester Lage, hinter dicken Mauern vor dem urbanen Pöbel geschützt. Der große Anbau der Neuen Burg war bis 1918/1919 noch nicht vollendet – im Gegensatz zum Abgang besagter Dynastie. Im zentralistischen Wien wurde es vollbracht, ein multikulturelles Weltreich zu verzocken, indem man sich nach Schönbrunn – nicht zu den Pandas, die gab es da noch nicht – zurückzog oder in der Hofburg samt überdehntem Neubau vereinsamte. Insofern ist das hohe Alter des Franz Joseph I., immerhin fast 70 Regierungsjahre, durchaus zum Fluch geworden. Der Oldtimer verschleppte gesellschaftliche Reformen in einer geistigen Umnachtung restauratorischer Nostalgie (Amtsantritt 1848). Was wir heute an Wien um 1900 so bewundern, vom Jugendstil über die zweite Wiener Klassik bis hin zu den Wiener Modernen in Literatur und Malerei sowie die großen – leider meist nur männlichen – Namen, die wir mit wissenschaftlichen und technischen Glanzleistungen verbinden (Ernst Mach, Sigmund Freud, Karl Schumpeter, Erwin Schrödinger oder Kurt Gödel etc.), all das war immer auch die Frucht sozialer, nicht bloß technischer Innovation. Die betreffenden Triebkräfte lebten in der Stadt und nicht in der Hofburg … Sie und viele andere haben diese Stadt zu dem gemacht, was sie ist – so wie es viele andere Menschen in vielen anderen Orten getan haben. Und zwar aus dem Bodensatz gemeinsamer Lebensführung heraus … Auch Mach und Klimt waren durch manche Mauer vom alten Franz Joseph I. getrennt. So unbefriedigend es von oben gesehen auch wirken mag, wirklich innovative Technik und Wissenschaften lassen sich nicht planen – weder kommunal noch auf nationaler Ebene oder in transnationalen Staatenbünden –, sondern hängen von der Potenz des kreativen, ungeplanten Zufalls ab. Echte Akzeptanz ist kein Mittel zum Zweck, sondern eine Frucht ehrlicher **sozialer Innovation** von unten …

Zusammenfassung: „Digitaler Humanismus" als Akzeptanzbeschaffung im Smart-City-Hype

Was hat uns das Beispiel gezeigt?

1. Wie jede andere technische Entwicklung ist auch (Post)Digitalisierung nicht neutral und abhängig von diversen Werten, Weltbildern oder politischen Programmen
2. Nicht nur Worte und Techniken lassen sich umdeuten, sondern auch moralische Bekenntnisse. Diese bergen ebenfalls Nebeneffekte und sind wertlos ohne eine entsprechende Lebenspraxis. Ethik als rationale Moralwissenschaft lässt sich nicht durch Moralkodizes ersetzen
3. Gleiches gilt für Partizipation, Dialog und kritische Bürgerbeteiligung
4. Wer Fördergelder vergibt, hat Macht und kann zur Steuerung gewünschter Technologien auch weltanschauliche Pamphlete zur Akzeptanzbeschaffung einsetzen – das ist kein Merkmal gescheiterter Planwirtschaften oder sozialistischer Diktaturen, sondern wird natürlich auch in westlichen Demokratien in Verbindung mit politischen Interessen praktiziert
5. Wirklich alternative technische Entwicklungspfade sind nicht top-down planbar, sondern wenn überhaupt, dann bottom-up über umfassendere *soziokulturelle Innovation gemeinschaftlicher Praxis* zu befördern. Wer das ernst meint, muss tatsächlich aus etablierten machtpolitischen Formaten ausbrechen und jenseits spieltheoretisch geschlossener Schachpartien „Mut zur Lücke" beweisen. Es reicht nicht, ein Rädchen im Getriebe neu anzumalen. Humanismus ist kein Label und keine Bagatelle, sondern harte selbstkritische Arbeit mit anderen Menschen zusammen. Humanismus muss sich im toleranten, respektvollen und menschenwürdigen Umgang mit Ungleichheiten/Asymmetrien bewähren
6. Der Blick auf Minderheiten ist essenziell. In Demokratien geht es darum, dass auch sie ihre Rechte wahrnehmen können und gehört werden. Nicht zuletzt darum sind quantifizierende Verfahren – auch Algorithmen – problematisch, in denen ein gesellschaftlicher „Mittelwert" errechnet werden soll
7. Seien Sie besonders kritisch, wenn nur die Gestaltung eines Mittels beschrieben wird, ohne den vorgesehenen Zweck einschließlich möglicher Nebeneffekte, Zweckentfremdungen oder Umnutzungen zu kommunizieren
8. Seien Sie wachsam! (Kritisieren Sie auch meine Darstellung, ich kann mich täuschen!)

Aufgabe: Wer, wie, was, warum?

Ich habe in diesem Beispiel versucht, Schein und Sein der (post)digitalen Entwicklung meiner Heimatstadt kritisch zu hinterfragen. Versuchen Sie doch einmal das Gleiche für ihren Wohnort. Sicherlich gibt es auch dort Smart-City-Initiativen oder Ähnliches mit Bedeutung für ihren Lebensalltag. Stellen Sie Fragen, fühlen Sie auf den Zahn, engagieren Sie sich als Bürgerinnen und Bürger in einer Demokratie! Technikethik ist nichts, wenn sie nicht von aufgeklärten Menschen gelebt wird.

Conclusio

Technik ist ein Sammelbegriff für mindestens sieben verschiedene allgemeine Formen. Dazu zählt *praktisches leibliches Wissen,* also das kunstfertige Beherrschen einer Technik, wie auch *hergestellte materielle Artefakte* oder *Verfahren bzw. Prozesstechnik.* Technik kann aber auch *technische Systeme* meinen, in denen sich einzelne Handlungen, Verfahren oder Gegenstände nicht getrennt von anderen betrachten lassen. *Technologie* ist verwissenschaftlichtes technisches Wissen – wobei Ingenieurtechnik viel mehr ist also bloß angewandtes naturwissenschaftliches Wissen. Als *Medium* vermittelt Technik Selbst- und Weltverhältnisse, als *Reflexionsbegriff* zielt Technik auf das Zweck-Mittel-Schema menschlicher Praxis. In Abb. Band 2, 3.2 haben wir eine übersichtliche Darstellung der sieben verschiedenen Formen kennengelernt. Insofern wäre es durchaus eine Überlegung wert, generell nicht mehr von Technik im Singular, sondern stets von Techniken im Plural zu sprechen. Dies wäre umso bedenkenswerter, je stärker der Anwendungscharakter in den Blick gerät. Ethische Konflikte können anhand von elf Perspektiven technischen Handelns eingegrenzt und tabellarisch gegen die sieben Technikbegriffe gelegt werden. Eine entsprechende Heuristik zur sprachlichen Ordnung ist mit Tabelle Band 2, 3.2 gegeben. Durch einen differenzierten Blick jenseits vorschneller Pauschalurteile („*die* Technik macht uns *das* Leben schöner") lässt sich einer irreführenden Verkürzung moralischer und ethischer Konflikte vorbeugen. Es gibt eben nicht nur Entwicklerinnen und Anwender, die sich über vermeintlich neutrale, wertfreie Objekte streiten könnten. Entsorgung und Instandhaltung sind genauso wesentliche Perspektiven, die sich zum Beispiel in ethischen Konflikten beim Umgang mit begrenzten Ressourcen äußern. Diese wiederum in Gesetzen oder technischen Normen zu regulieren, ist eine kollektive Aufgabe, die sich nicht in jeder Situation von jeder Ingenieurin aufs Neue einfordern lässt. Die kollektive Einbettung technischen Handelns ist mit Blick auf die Verantwortungsfrage essenziell. Dem sich daraus ergebenden Spannungsfeld aus individuellen Handlungen und gesellschaftlichen Rahmenbedingungen wenden wir uns in Kap. 4 vertiefend zu.

Neben *Umdeutungen,* dem *Dual Use,* prägen auch *Nebeneffekte, Pfadabhängigkeiten* und *politisch-ökonomische Entwicklungen* den Gebrauch von Techniken. Nicht jede clevere Idee setzt sich durch, wenn Geldgeber fehlen, Nutzer überfordert sind oder der politische Wind in eine andere Richtung weht. Techniken lassen sich nur schwer und ungenau planen. Es ist kein Zufall, dass Planwirtschaften à la DDR mit vom Reißbrett diktierten technischen Handlungen – vollzogen von festgelegten DDR-sozialistischen Vorzeigemenschen – langfristig an der (Im)Potenz ihrer technischen Innovationen scheitern. Technik ist etwas Menschliches und systemisch materiell wie gesellschaftlich vernetzt. Sie lässt sich nicht abseits der Lebensräume kreativer und neugieriger Menschen gestalten. Bestimmte Entwicklungen lassen sich zwar durchaus anregen, jedoch nicht wie ein Rennwagen im Computerspiel von rechts nach links steuern – zumal es im wahren Leben keinen Resetknopf gibt. Wer Techniken verstehen und gestalten will, sollte sie als historisch und kulturell mehrdeutige Geflechte sozialer Handlungen begreifen. Sie sind Chamäleons, die ihre Farben entsprechend kultureller Lebensformen tanzen lassen. Umgekehrt beeinflussen aber auch Techniken massiv, wie wir uns sozial verhalten. So gesehen müsste eigentlich immer von Lebens-Kultur-Techniken die Rede sein, egal ob wir Bäckerhandwerk oder Nanotechnologie meinen. Konkrete Techniken in konkreten Verwendungszusammenhängen vor diesem Hintergrund zu analysieren und kritisch zu hinterfragen, ist eine von mehreren Aufgaben der Technikethik. In Abschn. 3.5 habe ich das am Beispiel einiger Digitalisierungsverheißungen in meiner Heimatstadt versucht. Im anschließenden Kap. 4 folgen weitere Beispiele mit besonderem Blick auf individuelle und kollektive Verantwortung.

Literatur

acatech (Hg) (2013) Technikwissenschaften. Erkennen – Gestalten – Verantworten. Springer Vieweg, Berlin/Heidelberg

APA-OTS (2021a) „Ludwig und Sozialpartner starten Projekte für Digi-Hauptstadt Wien." In APA-OTS Online, OTS0130, 17. Jan. 2020, 13:54 Uhr. [Online: https://www.ots.at/presseaussendung/OTS_20200117_OTS0130/ludwig-und-sozialpartner-starten-projekte-fuer-digi-hauptstadt-wien (21. August 2021)]

APA-OTS (2021b) „Forschungsschwerpunkt. 3,6 Mio. € für Digitalen Humanismus." In APA-OTS Online, OTS0056, 27. Mai 2021b, 10:00 Uhr. [Online: https://www.ots.at/presseaussendung/OTS_20210527_OTS0056/forschungsschwerpunkt-36-mio-fuer-digitalen-humanismus (21. August 2021b)]

Banse G (2021) „Sicherheit." In Grunwald A/Hillerbrand R (Hg) Handbuch Technikethik. 2., aktualisierte und erweiterte Auflage. Metzler/Springer, Berlin, S 29–33

BMU (2021) Wie klimafreundlich sind Elektroautos? Eine ganzheitliche Bilanz. [Online: https://www.bmu.de/publikation/wie-umweltfreundlich-sind-elektroautos (21. August 2021)]

Briggle A/Mitcham C/Ryder M (2005) "Technology: Overview." In Mitcham C (Hg) Encyclopedia of science, technology and ethics. Macmillan Reference, Detroit (Mich), S 1908–1912

David PA (1985) "Clio and the Economics of QWERTY." In The American Economic Review, Vol. 75, No. 2, S 332–337

Drechsler R/Fink A/Stoppe J (2017) Computer. Wie funktionieren Smartphone, Tablet & Co. Springer, Berlin

Fenner D (2008) Ethik. Wie soll ich handeln? Francke, Tübingen

Fenner D (2010) Einführung in die angewandte Ethik. Francke, Tübingen

Focus Online (2017) "E-Auto-Batterie. Schwedische Studie rechnet vor: CO2-Bilanz eines Elektroautos ist ein Desaster." In Focus Online, 14.06.2017, 17:43 Uhr. [Online: https://www.focus.de/auto/elektroauto/e-auto-batterie-viel-mehr-co2-als-gedacht_id_7246501.html (21. August 2021)]

Fritzsche A/Oks SJ (Hg) (2018) The Future of Engineering: Philosophical Foundations, Ethical Problems and Application Cases. Springer International Publishing

Fuchs M/Heinemann T/Heinrichs B/Hübner D/Kipper J/Rottländer K/Runkel T/Spranger TM/Vermeulen V/Völker-Albert M (2010) Forschungsethik. Eine Einführung. Metzler, Stuttgart/Weimar

Funk M/Fritzsche A (2021) „Engineering Practice from the Perspective of Methodical Constructivism and Culturalism“ In Michelfelder D/Doorn N (Hg) The Routledge Handbook of Philosophy of Engineering. Taylor & Francis/Routledge, New York/London, S 722–735

Gaycken S (2013) Sicherheits- und Überwachungstechnik. In Grunwald A (Hg) Handbuch Technikethik. Metzler, Stuttgart/Weimar, S 359–364

Glinton S (2016) „'We Didn't Lie,' Volkswagen CEO Says Of Emissions Scandal.“ In NPR Online, January 11, 2016, 4:38 PM ET. [Online: https://www.npr.org/sections/thetwo-way/2016/01/11/462682378/we-didnt-lie-volkswagen-ceo-says-of-emissions-scandal?t=1551106676740&t=1629542963556 (21. August 2021)]

Gloy K (2017) Die Frage nach der Gerechtigkeit. Wilhelm Fink, Paderborn

Groß L (2013) Made in Germany. Deutschlands Wirtschaftsgeschichte von der Industrialisierung bis heute. 2. Auflage. Books on Demand, Norderstedt

Grunwald A (2021) „Technik.“ In Grunwald A/Hillerbrand R (Hg) Handbuch Technikethik. 2., aktualisierte und erweiterte Auflage. Metzler/Springer, Berlin, S 19–23

Grunwald A/Hillerbrand R (2021) „Überblick über die Technikethik.“ In Grunwald A/Hillerbrand R (Hg) Handbuch Technikethik. 2., aktualisierte und erweiterte Auflage. Metzler Springer, Berlin, S 3–12

Hofstetter Y (2016) Das Ende der Demokratie. Wie die Künstliche Intelligenz die Politik übernimmt und uns entmündigt. Bertelsmann, München

Holzleithner E (2009) Gerechtigkeit. Facultas, Wien

Hubig C (2006) Die Kunst des Möglichen I. Technikphilosophie als Reflexion der Medialität. Transcript, Bielefeld

Hubig C (2007) Die Kunst des Möglichen II. Ethik der Technik als provisorische Moral. Transcript, Bielefeld

Hubig C (2013) „Technik als Medium.“ In Grunwald A (Hg) Handbuch Technikethik. Metzler, Stuttgart/Weimar, S 118–123

Hubig C (2015) Die Kunst des Möglichen III. Macht der Technik. Transcript, Bielefeld

Ihde D (1990) Technology and The Lifeworld. From Garden to Earth. Indiana University Press, Bloomington/Indianapolis

Ihde D (2009) Postphenomenology and Technoscience. The Peking University Lectures. State University of New York Press, Albany NY

Ihde D (2012) Experimental Phenomenology. Multistabilities. Second Edition. State University of New York Press, Albany NY

Irrgang B (2001) Technische Kultur. Instrumentelles Verstehen und technisches Handeln. Philosophie der Technik Band 1. Ferdinand Schöningh, Paderborn u.a.

Irrgang B (2007) Hermeneutische Ethik. Pragmatisch-ethische Orientierung in technologischen Gesellschaften. WBG, Darmstadt

Janich P (2006a) Kultur und Methode, Philosophie in einer wissenschaftlich geprägten Welt. Suhrkamp, Frankfurt a. M.

Janich P (2006b) Was ist Information? Kritik einer Legende. Suhrkamp, Frankfurt a. M.

Janich P (2014) Sprache und Methode. Eine Einführung in philosophische Reflexion. Francke, Tübingen

Jonas H (2015) Das Prinzip Verantwortung. Versuch einer Ethik für die technologische Zivilisation. 5. Auflage. Suhrkamp, Frankfurt a. M.

Kämper C/Helms H/Biemann K (2020) Wie klimafreundlich sind Elektroautos?

Update Bilanz 2020. ifeu. [Online: https://www.ifeu.de/publikation/wie-klimafreundlich-sind-elektroautos (21. August 2021)]

Kornwachs K (2013) Philosophie der Technik. Eine Einführung. C.H. Beck, München

Kornwachs K (2019) „Positionen der Technikphilosophie.“ In Mainzer K (Hg) Philosophisches Handbuch Künstliche Intelligenz. Springer, Wiesbaden. [(Reference Geisteswissenschaften DOI) https://doi.org/10.1007/978-3-658-23715-8_34-1]

Kreutzfeldt M (2019) „Falsche Angaben zu Stickoxid. Lungenarzt mit Rechenschwäche.“ In taz Online, 13.02.2019. [Online: https://taz.de/Falsche-Angaben-zu-Stickoxid/!5572843/ (21. August 2021)]

Kürschner-Pelkmann F (2010) „Der Wasser-Fußabdruck.140 Liter für eine Tasse Kaffee.“ In Süddeutsche Zeitung Online, 19. Mai 2010, 19:44 Uhr. [Online: https://www.sueddeutsche.de/wissen/der-wasser-fussabdruck-140-liter-fuer-eine-tasse-kaffee-1.913295 (21. August 2021)]

Lenk H (1982) Zur Sozialphilosophie der Technik. Suhrkamp, Frankfurt a.M.

Liebert W (2021) „Dual-use-Forschung und -Technologie.“ In Grunwald A/Hillerbrand R (Hg) Handbuch Technikethik. 2., aktualisierte und erweiterte Auflage. Metzler Springer, Berlin, S 289–294

Mitcham C (1994) Thinking through Technology. The Path between Engineering and Philosophy. The University of Chicago Press, Chicago/London

Mitcham C (2021) „Science and Technology.“ In Grunwald A/Hillerbrand R (Hg) Handbuch Technikethik. 2., aktualisierte und erweiterte Auflage. Metzler Springer, Berlin, S 137–140

Nida-Rümelin J (2005) „Ethik des Risikos.“ In Nida-Rümelin J (Hg) Angewandte Ethik. Die Bereichsethiken und ihre theoretische Fundierung. Ein Handbuch. 2., aktualisierte Auflage. Alfred Kröner, Stuttgart, S 862–885

Nida-Rümelin J/Schulenburg J (2021) „Risiko.“ In Grunwald A/Hillerbrand R (Hg) Handbuch Technikethik. 2., aktualisierte und erweiterte Auflage. Metzler Springer, Berlin, S 24–28

Nowotny M/Hadler S (2021) „Ökowerbeschmäh. Zu „grün“, um wahr zu sein.“ In ORF Online, 10. Juli 2021, 12:03 Uhr. [Online: https://orf.at/stories/3219257/ (21. August 2021)]

O´Neil C (2017) Angriff der Algorithmen. Wie sie Wahlen manipulieren, Berufschancen zerstören und unsere Gesundheit gefährden. Hanser, München

Ott K (2005) „Technikethik.“ In Nida-Rümelin J (Hg) Angewandte Ethik. Die Bereichsethiken und ihre theoretische Fundierung. Ein Handbuch. 2., aktualisierte Auflage. Alfred Kröner, Stuttgart, S 568–647

Pieper A (2017) Einführung in die Ethik. 7. Auflage. Francke, Tübingen

Poser H (2016) Homo Creator. Technik als philosophische Herausforderung. Springer, Wiesbaden

Pospiech J (2021) „Verpatzter PR-Gag? Fußball-EM 2020: VW in Miniversion fährt als „Balljunge“ auf Spielfeld – viele finden es „zum Fremdschämen“.“ In Merkur Online, Aktualisiert: 12.06.2021, 15:35 Uhr. [Online: https://www.merkur.de/welt/fussball-em-2020-vw-in-miniversion-faehrt-als-balljunge-auf-spielfeld-viele-finden-es-zum-fremdschaemen-zr-90800573.html (21. August 2021)]

Reichl P/Frauenberger C/Funk M (2021) „Das Netz als Basar? Digitale Öffentlichkeit zwischen Vita Activa und Virtueller Atomisierung.“ In Medienimpulse, Bd. 59, Nr. 02 (2021): Digitaler Humanismus. [Online: https://journals.univie.ac.at/index.php/mp/article/view/6207/6114]

Ropohl G (2009) Allgemeine Technologie. Eine Systemtheorie der Technik. 3., überarbeitete Auflage. Universitätsverlag Karlsruhe, Karlsruhe

Ropohl G (2016) Ethik und Technikbewertung. 2. Auflage. Suhrkamp, Frankfurt a.M.

Ropohl G (2017) „Verantwortung und Risiko.“ In Heidbrink L et al. (Hg) Handbuch Verantwortung. Springer, Wiesbaden, S. 887–908

Schmidtutz T/Prem M (2021) „Merkur-Interview Exklusiv: VW will sich bis 2035 in Europa von Verbrennern verabschieden.“ In Merkur Online, Aktualisiert: 29.07.2021, 17:03 Uhr. [Online:

https://www.merkur.de/wirtschaft/vw-marke-verbrenner-ausstieg-diesel-benziner-em-uefa-arena-zellmer-interview-volkswagen-wolfsburg-zr-90826056.html (21. August 2021)]
Schulenburg J/Nida-Rümelin J (2013) „Risikobeurteilung/Risikoethik.“ In Grunwald A (Hg) Handbuch Technikethik. Metzler, Stuttgart/Weimar, S 223–227
Sorge NV (2016) “"Gesetze falsch interpretiert" VW-Chef Müller blamiert sich bei Interview mit US-Radiosender.” In Manager Magazin Online, 12.01.2016, 09:49 Uhr. [Online: https://www.manager-magazin.de/unternehmen/autoindustrie/matthias-mueller-volkswagen-chef-blamiert-sich-bei-interview-a-1071554.html (21. August 2021)]
Spiegel Online (2016): “Abgasaffäre. VW-Chef Müller blamiert sich bei Interview.” In Spiegel Online 12.01.2016, 12:23 Uhr. [Online: https://www.spiegel.de/wirtschaft/unternehmen/vw-chef-mueller-blamiert-sich-bei-interview-a-1071573.html (21. August 2021)]
Steurer W (2016): ““Some Kind of Genetic Engineering… Only One Step Further”—Public Perceptions of Synthetic Biology in Austria.” In Hagen K/Engelhard M/Toepfer G (Hg) Ambivalences of Creating Life. Societal and Philosophical Dimensions of Synthetic Biology. Springer, Berlin/Heidelberg, S 115–140
StZ Online (2021) „Uefa-Entscheidung bei der EM 2021. Warum Bandenwerbung in Regenbogenfarben leuchten darf.“ In Stuttgarter Zeitung Online, 27.06.2021 – 18:21 Uhr. [Online: https://www.stuttgarter-zeitung.de/inhalt.uefa-entscheidung-bei-der-em-2021-warum-bandenwerbung-in-regenbogenfarben-leuchten-darf.f8345521-b340-47ef-a2df-6997205f003e.html (21. August 2021)]
Sutanto PK (2021) „Kritische Anmerkungen zum Digitalen Humanismus.“ In Medienimpulse, Bd. 59, Nr. 02 (2021): Digitaler Humanismus. [Online: https://journals.univie.ac.at/index.php/mp/article/view/6226/6084]
van de Poel I (2021) „Werthaltigkeit der Technik.“ In Grunwald A/Hillerbrand R (Hg) Handbuch Technikethik. 2., aktualisierte und erweiterte Auflage. Metzler Springer, Berlin, S 132–136
VDI (2002) Ethische Grundsätze des Ingenieurberufs. VDI, Düsseldorf
von Alvensleben R (1999) „Verbraucherakzeptanz von gentechnisch veränderten Nahrungsmitteln.“ In Vorträge zur Hochschultagung 1999. Schriftenreihe der Agrar- und Ernährungswissenschaftlichen Fakultät der Universität Kiel 88 (1999), S 173–182. [Online: http://www.uni-kiel.de/agrarmarketing/Lehrstuhl/hst99.pdf (21. August 2021)]
von der Pfordten D (2021) „Gerechtigkeit.“ In Grunwald A/Hillerbrand R (Hg) Handbuch Technikethik. 2., aktualisierte und erweiterte Auflage. Metzler Springer, Berlin, S 196–202
Werthner et al. (2019) Wiener Manifest für Digitalen Humanismus. Wien, Mai 2019. [Online: https://dighum.ec.tuwien.ac.at/wp-content/uploads/2019/07/Vienna_Manifesto_on_Digital_Humanism_DE.pdf (21. August 2021)]
Zeit Online (2021a) „EM 2021. Greenpeace entschuldigt sich für missglückte Protestaktion.“ In Zeit Online, 16. Juni 2021, 13:53 Uhr. [Online: https://www.zeit.de/sport/2021-06/em-2021-greenpeace-protestaktion-entschuldigung-verletzte-deutschland-frankreich (21. August 2021)]
Zeit Online (2021b) „EM 2021. Kritik an Uefa wegen Regenbogen-Verbots wächst.“ In Zeit Online, 23. Juni 2021, 16:58 Uhr, Aktualisiert am 23. Juni 2021b, 18:17 Uhr. [Online: https://www.zeit.de/gesellschaft/2021-06/uefa-em-2021-regenbogen-stadion-muenchen-verbot-social-media (21. August 2021)]
Zimmerli WC (2005) Technologie als „Kultur“. 2. überarbeitete Auflage. Olms, Hildesheim/Zürich/New York
Zuboff S (2018) Das Zeitalter des Überwachungskapitalismus. Campus, Frankfurt a.M. / New York

Individuelle und kollektive Verantwortung

4

Zusammenfassung

Verantwortung erscheint als vielleicht das technikethische Konzept schlechthin. Ihre Zuschreibung ist abhängig von moralischen oder normativ-theoretischen Annahmen sowie handlungstheoretischen Grundlagen. Beides haben wir in den vorherigen Kapiteln betrachtet. In vorliegendem Abschnitt geht es darauf aufbauend um den genuin ethischen Verantwortungsbegriff, seine Dynamiken und Herausforderungen. So sprechen wir heute selbstverständlich über Langzeitverantwortung und meinen damit eine kollektive und prospektive Perspektive, die über klassische retrospektive Individualverantwortung hinausreicht. Gleichzeitig werfen Probleme der Systemverantwortung in komplexen Handlungszusammenhängen auch in der Forschung bisher ungeklärte Fragen auf. Einen besonderen Schwerpunkt bildet darum neben einer Einführung in die grundlegenden ethischen Verantwortungsbegriffe deren praktische Anwendung mittels heuristischer Relata. Hierzu wird an das vorherige Kapitel angeschlossen, um die Zuschreibung genuin technischer Verantwortung mittels tabellarischer Ordnungen zu unterstützen. Anhand von drei Beispielen aus dem Bereich der Robotik und Gentechnologie wird die praktische Verantwortungsanalyse und deren kritische Reflexion geübt.

Verantwortung ist einer der ethischen Schlüsselbegriffe schlechthin. Gleiches gilt im Besonderen für die Technikethik, wo es um die Verantwortbarkeit technischen Handelns geht, aber auch um die Verantwortungszuschreibung in komplexen technischen Systemen. Zentral ist hierbei der Unterschied zwischen **Kausalverantwortung** (gleich einer Ursache: „Zu viel Nitrat hat die Ungenießbarkeit des Trinkwassers verursacht") und **normativer Verantwortung.** Letztere bildet den eigentlichen Gegenstand technikethischer Verantwortungsanalysen (Werner 2021, S. 44–45). Auf Ebene II der Roboter- und KI-Ethik werden Maschinen als moralische (Bedeutung 2; *Band 1, 3*) oder

© Springer Fachmedien Wiesbaden GmbH, ein Teil von Springer Nature 2022

M. Funk, *Angewandte Ethik und Technikbewertung*,
https://doi.org/10.1007/978-3-658-37085-5_4

ethische Akteure (Bedeutung 3; *Band 1, 4*) angesprochen sowie im Sinne kodifizierter moralischer Regeln, entsprechend derer sie zu funktionieren hätten (Bedeutung 4; *Band 1, 5*). So lässt sich dann auch fragen, ob Maschinen eine moralische Verantwortung zukäme, wie zum Beispiel einem Pflegeroboter gegenüber seiner Patientin, oder ob ein Chatbot seine Verantwortung gegenüber Kindern ethisch reflektiert, sodass er zum Schluss kommt, sich stets in jugendfreier Sprache auszudrücken. Aber können wir es verantworten, über moralische Maschinen zu fantasieren, während wir dringendst unsere Industrien, Energieerzeugungen und andere technische Bereiche wie Mobilität klimafreundlich umgestalten sollten? Könnten wir diese Abkehr von *der* globalen Herausforderung unserer Zeit gegenüber unseren Kindern selbst wiederum verantworten? In Kap. 2 haben wir ohnehin schon begründet, dass aus logischen, methodischen und sprachkritischen Gründen Roboter oder KI keine Moral haben können. Außerdem würde dann Kausalverantwortung mit normativer Verantwortung verwechselt:

- „Die Motoren im Roboterarm haben den Rippenbruch des Ingenieurs verursacht" (= *Kausalverantwortung*, Ursache-Wirkungs-Beziehung, deskriptiv-beschreibend)
- „Die Maschine ist verantwortlich, wird für schuldig befunden und muss bestraft werden" (= Logikfehler, Verwechslung deskriptiv-beschreibender und normativ-wertender Wortverwendungen)
- „Die Mitarbeiterin ist für ihre Verletzung selbst verantwortlich, da sie die Sicherheitsvorschriften grob fahrlässig nicht beachtet hat" (= *normative Verantwortung*)
- Oder: „Es wurde ein produktionsbedingter Verarbeitungsfehler gefunden, durch welchen falsche Sensordaten, den Armschlag der Maschine verursacht haben (= *Kausalverantwortung*), also ist die Produzentin in die Verantwortung zu nehmen (= *normative Verantwortung*)"

Insofern sparen wir uns an dieser Stelle Spekulationen über verantwortliche Maschinen und wenden uns der individuellen und kollektiven Verantwortung von Menschen gegenüber anderen Menschen zu. Viel eher sind wir noch gegenüber Tieren, Pflanzen oder Ökosystemen verantwortlich als gegenüber Computerprogrammen, die wir selbst als technische Mittel hervorgebracht haben. Die wissenschaftliche, ethische Betrachtung von Verantwortung(en) basiert auf einer *methodisch-sprachkritischen Anthropozentrik.*

Entsprechend der Unterteilung in Individual- und Sozialethik gelten zwei generelle Formen des Verantwortungsbegriffes. Der Begriff **individueller Verantwortung** liegt vielen klassischen Entwürfen zugrunde. Es geht um die Verantwortung des Einzelnen, also z. B. meine Verantwortung gegenüber meiner pflegebedürftigen Großmutter. Ergänzend ist die **kollektive, korporative oder kooperative Verantwortung** seit den 1970er-Jahren zunehmend in den Fokus gerückt – also z. B. die Verantwortung unserer Generation gegenüber Menschen, die in einigen Jahrzehnten geboren werden. Häufig agieren wir in komplexen technologischen Netzwerken und in vielfältig verflochtenen Arbeitsgruppen. Ein einziges Verantwortungssubjekt lässt sich dann nicht mehr sinnvoll isolieren. Als moderner Klassiker hierzu gilt Hans Jonas' Buch *Das Prinzip*

Verantwortung. Versuch einer Ethik für die technologische Zivilisation aus dem Jahr 1979. Darin formuliert der Autor im Angesicht neuer technischer Möglichkeiten und im erstarkenden Bewusstsein der ökologischen Dimension menschlichen Tuns einen **allgemeinen Imperativ:**

> „Handle so, daß die Wirkungen deiner Handlungen
> [a)] verträglich sind mit der Permanenz echten menschlichen Lebens auf Erden. …
> [b)] nicht zerstörerisch sind für die künftige Möglichkeit solchen Lebens" (Jonas 2015, S. 36).

Der Imperativ richtet sich vor allem an die öffentliche Politik und ist umsetzbar, indem die entsprechenden Wirkungen in Übereinstimmung gebracht werden „mit dem Fortbestand menschlicher Aktivität in der Zukunft" (Jonas 2015, S. 37). Die Formulierung ist im Stil einer Schadensvermeidung gehalten: Verträglich und nicht zerstörerisch sollen wir wirken. Es geht um echtes menschliches Leben sowie dessen Permanenz. Wie bei Asimovs Robotergesetzen öffnet sich aber auch hier der Konflikt um die inhaltliche Deutungshoheit „echten" menschlichen Lebens *(Band 1, 5.3).* Beachtenswert ist auch die Modalität der zweiten Aussage: Die Potenziale, also Anlagen – oder eben Möglichkeiten –, zukünftigen menschlichen Lebens dürfen nicht geschädigt werden. Mit Blick auf die aktuellen Herausforderungen im Umgang mit dem menschengemachten Klimawandel, synthetischer Biologie oder KI ist dieses Denken in Möglichkeiten hervorzuheben. Schon in den frühen 1980er-Jahren rezipiert Hans Lenk den Ansatz und prägt die Debatte zur *wissenschaftlichen und technischen Verantwortung* bis heute. Der Imperativ von Jonas zielt inhaltlich auf gesamtmenschliche Verantwortung. Er liegt in der deontologischen Tradition Kants, verknüpft aber auch Handlungsfolgen als wesentliches Element mit der Allgemeingültigkeit durch Prinzipienbindung. Für Lenk ergibt sich daraus ein wichtiger Beitrag zur notwendigen Dynamisierung der Ethik (Lenk 1982, S. 216–217 und 226). Sehen wir uns einige weitere Gedanken aus Lenks Schrift *Zur Sozialphilosophie der Technik* hierzu an. Das Verantwortungskonzept wird erweitert. Zur rückwirkend diagnostizierten **Verursacherverantwortung** tritt die **prospektive Präventionsverantwortung,** weiterhin zur individuellen Verantwortung einzelner Akteurinnen die kollektive Ebene. Beide Konzepte ersetzen sich nicht gegenseitig, sondern werden gleichzeitig berücksichtigt (Lenk 1982, S. 223–224). Es führt folglich zu unsachgemäßer Schattenboxerei, wenn gestritten wird, ob nur das Individuum oder nur die Gesellschaft zur Verantwortung zu ziehen sind. Die Wahrheit liegt in der Mitte. Außerdem gewinnt Verantwortung technischen Handelns ökologische Relevanz für die Gesamtnatur. Nicht nur dem Menschen, auch der Natur kommt ein Selbstzweck zu, woraus sich die Verantwortung für kommende Generationen begründet (Lenk 1982, S. 206–210 und 228).

Die Grundaussage dieser frühen Arbeiten zur kollektiven Verantwortung technischen Handelns trifft einen Kernbereich der Technikethik heute. Nicht die Maschinen, sondern unsere ökologische Umwelt ist als ein Selbstzweck aufzufassen. Produzieren und betreiben wir massenhaft energieaufwendige und ressourcenzehrende Technik in einer endlichen Welt, dann missachten wir den Selbstzweck der Natur sowie den **Erhalt von Handlungsmöglichkeiten** unserer Kinder und Kindeskinder. Das ist dann auch mit Modalität gemeint: Die Bedingungen der Möglichkeit aktiven Lebens sollen erhalten werden. Eines der Hauptprobleme sind technische und ökonomische **Sachzwänge,** welche die Entscheidungs- und Handlungsspielräume einschränken. Mit Blick auf tief wirkende Vernetzungen soziotechnischer Systeme, also wesentlich wechselwirkender Artefakte sowie deren Herstellung und Gebrauch, spricht Lenk vom „technologischen Entwicklungssachzwang". Er führt zur Eigendynamik, die Verantwortungszuschreibung und -anerkennung unterlaufen kann (Lenk 1982, S. 208). Designerinnen und Konstrukteure sind verantwortlich für Gebrauchspotenziale, die sie in technische Geräte implementieren. Diese Einsichten spiegeln sich direkt wider im VDI-Kodex aus dem Jahr 2002, welcher das Vermeiden von Sachzwängen explizit einfordert (VDI 2002, S. 5, Absatz 2.2; *Band 1, 5.2*). Sachzwänge lassen sich aus dieser Perspektive auch verstehen als ein Sonderfall des „gewollten" Nebeneffektes. Quasi „nebenbei" wird die Kundin zum Beispiel abhängig von teuren Ersatzteilen oder kann sich einer technologischen Entwicklung generell nicht mehr entziehen (Haben Sie kein Auto, haben Sie keinen Job. Haben Sie kein Smartphone, haben Sie keine Freunde …).

Das gilt für (Post)Digitalisierung im Besonderen. Immer wieder wird aktuell kritisch auf den Energiehunger der Blockchain-Technologien und des Cryptomining hingewiesen.[1] Auf der anderen Seite finden sich Stimmen, die zumindest das Problem des CO_2-Ausstoßes relativieren, denn Miningfarmen in Skandinavien setzten lediglich die kinetische Energie von fallendem Wasser um – also „CO_2-neutral".[2] So gesehen hätten auch die Isländer mit ihren geothermischen Kraftwerken die Lizenz zum virtuellen Schürfen. Aber wir reden dabei trotzdem im globalen Vergleich von Ausnahmen. Der ressourcenzehrende Einsatz von Robotern ist etwa in der Autoindustrie wirtschaftlich notwendig – spätestens jetzt verlassen wir Island und Norwegen. Will man nicht den Anschluss verlieren, ist über die reine Inbetriebnahme der Geräte hinaus die umfassendere energieaufwendige Digitalisierung nicht nur der Fertigungsprozesse, sondern so ziemlich aller Unternehmensbereiche erforderlich. Sparsamkeit, die Einbettung in erneuerbare Energieträger und effiziente Rohstoffrückführung stellen folgerichtige Gebote der Stunde dar. Es muss nicht immer alles bis zum Anschlag digitalisiert oder industrie-4.0t werden (oder ist es heute schon Mode bis 5.0 zu zählen?). Sicherheits- und Kostengründe sprechen dagegen wie auch existenzielle Gründe des gelingenden Zusammenlebens – das geht jeden etwas an. Wir unterliegen schon längst einschränkenden Sachzwängen, wenn wir uns ohne aktuellste Updates gar nicht mehr hinter die ohnehin löchrigen Firewalls unserer Notebooks oder vernetzten Fertigungsmaschinen trauen dürfen. Niemand zwingt

---

[1] https://www.heise.de/newsticker/meldung/Studie-zum-Bitcoin-Energieverbrauch-der-Miner-steigt-auf-immense-Hoehen-4051488.html

[2] https://www.heise.de/newsticker/meldung/Forscherin-Energieverbrauch-des-Bitcoin-ist-kein-Grund-zur-Sorge-4143075.html

uns, flexible kluge Kompromisse zu finden – aber sie sollten eben auch nicht verboten sein. Diese Freiheiten müssen wir weitergeben können! Der Erhalt von Entscheidungsfähigkeit durch die Reduktion von Sachzwängen, die wir kommenden Generationen auflasten, nimmt eine zentrale Rolle ein. In der neueren Verantwortungsforschung wurde hierfür das **Prinzip der Bedingungserhaltung** formuliert:

„Handle so, dass die Bedingungen zur Möglichkeit verantwortlichen Handelns für alle Betroffenen erhalten bleiben" (Kornwachs 2000, S. 60, 2013, S. 107; siehe auch Hubig 1993, 2007, S. 191–222).

Weiterhin diagnostiziert Lenk bereits 1982 die Rolle der „Träger von Verfügungsmacht" (Lenk 1982, S. 224–225). Gesetzgebern, Bildungseinrichtungen und Institutionen technischer Normen und Standards kommt eine besondere Verantwortung zu, da sie den Rahmen des individuellen Schaffens in gesellschaftlichen, wirtschaftlichen und technischen Systemen vorgeben. Aber auch Konsumenten tragen einflussreiche Verantwortung. Wir sind als Gemeinschaft nicht einem ominösen technischen Fortschritt hilflos ausgeliefert, sondern gestalten Entwicklungen aktiv mit. Technische Verfügungsmacht bedingt Entscheidungspflicht durch Entscheidungsfähigkeit (Lenk 1982, S. 214). Fortschritte und Rückschritte, oder besser gesagt technische Entwicklungen, verlaufen nicht linear, dafür multidimensional in wechselseitigen Abhängigkeiten und Verursachungen (Kornwachs 2021; siehe auch die vorherigen Abschn. 3.3 und 3.4 zu Umdeutungen, Nebeneffekten und Entwicklungspfaden). Kollektive Präventionsverantwortung kommt auch den Entscheidungsträgerinnen zu. Neben der überindividuellen zeitlichen Distanz steht der räumliche Abstand. Lenk spricht von „globalen Fernwirkungsverflechtungen", wo keine Ethik „von Angesicht zu Angesicht" gegeben ist (Lenk 1982, S. 230–232). Hinzu tritt die Verantwortung des ingenieurwissenschaftlichen Forschers. Hier gehen Grundlagenforschung und technische Anwendung so ineinander über, dass sich Entdecker und Erfinder nicht mehr trennen lassen. Vorsorge wird möglich durch Information, Diskussion und Fallerörterungen. Dafür notwendige Institutionen funktionieren jedoch nur bei detailnahen Festsetzungen (Lenk 1982, S. 238–240). Konkrete praxisnahe Maßnahmen politischer und wirtschaftlicher Entscheidungsträgerinnen sind bei der verantwortungsvollen Anwendung von Technik so unabdingbar, wie das persönliche Mitdenken und kritische Zweifeln des Einzelnen. Das ist keine Floskel aus dem Jahr 2022, sondern seit Jahrzehnten längst begründetes Gebot.

Die Leistung von Jonas' und Lenks Entwurf liegt in der systematischen Stellung zwischen Prinzipien, der Zukunftsdimension von Handlungsfolgen, der Rücksicht auf ökologische Zusammenhänge sowie der politischen Dimension technischer Verantwortung. Das ethische Bewerten von Technik ist keine simple intellektuelle Resetfunktion einer neuen Generation, sondern die hoffentlich konsequente(re) Umsetzung dieses längst Bekannten. Heute wird das von Jonas wesentlich mitgeprägte Konzept der **kollektiven Langzeitverantwortung** im Rahmen der angewandten

Technikethik vielfach diskutiert und weiterentwickelt.[3] Technikethik erwächst den Anforderungen allgemeiner Verantwortungs- und Zukunftsethik und ist darum mehr als eine bloße Bereichsethik (Schmidt 2021, S. 149–150). In der aktuellen Analyse technischer und wissenschaftlicher Verantwortung rückt, unter dem Verständnis des Verantwortens als „Antworten", relationale Rechtfertigung in den Fokus (Lenk und Maring 2017, S. 717). Intern verantworten sich Wissenschaftlerinnen und Techniker innerhalb ihrer Zunft, zum Beispiel für Regelverstöße bei Patenten oder wissenschaftlichem Plagiat. Extern verantworten sie sich gegenüber der Öffentlichkeit und Politik über die Zulässigkeit ihres Tuns. Auch das Beraten politischer Entscheidungsträger gehört hierzu, aufgrund besonderer Sachkenntnisse (Lenk und Maring 2017, S. 720–722). Darüber hinaus lassen sich diverse Verantwortungstypen unterscheiden. Die **Rollen- und Aufgabenverantwortung** ist zum Beispiel für Ingenieure im Bereich ihres professionellen Schaffens wichtig (VDI 2002). Für ethische **Ingenieurverantwortung** ergibt sich im Besonderen die Unterscheidung von vier Verantwortungstypen:

1. *(technische) Verantwortung* für die Qualität eines Produktes entsprechend dem Stand der Technik;
2. *(instrumentelle) Verantwortung* für den bestimmungsgemäßen Gebrauch einer Technik einschließlich Information und Aufklärung über Risiken;
3. die oben erwähnte *strategische Verantwortung* sowie
4. *allgemeine, universalmoralische Verantwortung* jenseits der spezifischen Aufgaben- und Rollenverantwortung von Ingenieurinnen (Reidel 2021, S. 463).

Technikspezifisch ergeben sich folgende Strukturen der Verantwortung, die auch als **Relata** gekennzeichnet sind: „Jemand … ist für etwas … gegenüber einem Adressaten … vor einer Instanz … in Bezug [auf] ein präskriptives, normatives Kriterium … im Rahmen eines Verantwortungsbereichs … verantwortlich" (Lenk und Maring 2017, S. 727; Lenk 2017, S. 62–63; Ropohl 2017, S. 889 unterscheidet eine alternative Aufzählung einschließlich der Elemente „wann" und „wie"; siehe auch Ropohl 2016, S. 72–82 sowie zur Diskussion Werner 2021, S. 45–48).

▶ **Tipp: Verantwortungsanalyse durch die Kartografie technischer Praxis** Wird die Verantwortung einer technischen Handlung analysiert, dann lassen sich die neun individuellen und zwei kollektiven Perspektiven technischer Praxis (Abschn. 3.1) sowie die sieben Begriffe der Technik (Abschn. 3.2) gegenüber jeder der sechs Relata

[3] So z. B. in acatech (2013, S. 34–39), Fenner (2010, S. 233–240), Irrgang (2007, S. 165–168) et passim, Knoepffler (2010, S. 121–126 und 147–151), Kornwachs (2013, S. 102–107), Poser (2016, S. 230–233) und Ropohl (2016, S. 61–82) et passim.

1. Subjekt („jemand ist"),
2. Objekt („für etwas"),
3. Adressaten („gegenüber einem oder mehreren Adressaten"),
4. Instanz („vor einer Instanz"),
5. Kriterium („in Bezug auf ein präskriptives, normatives Kriterium"),
6. Bereich („im Rahmen eines Verantwortungsbereichs verantwortlich")

tabellarisch zuordnen. Tab. Band 2, 3.2 dient hierfür als Vorlage. Je nach Situation und Kontext des Verantwortungskonflikts ergibt sich dann eine eigene ethische Kartografie des Problems. Der technikethische Umgang mit Verantwortung endet jedoch nicht bei einer bloßen Beschreibung der entsprechenden Relationen, sondern ist außerdem durch die Reflexion normativer, moralischer und/oder ethischer Argumente gekennzeichnet. Verantwortung hängt ab von ethischen Theorien und wird spezifiziert anhand normativer Annahmen (Werner 2021, S. 47–48). In den folgenden Abschnitten wollen wir das einmal ausprobieren anhand des Einsatzes eines Kampf- und eines Pflegeroboters sowie mit Blick auf Genscheren.

4.1 Beispiel 3: Ein Kampfroboter „schießt scharf"

Ein mögliches Beispiel aus dem militärischen Einsatz könnte so aussehen: Nach einem Terroranschlag in einem europäischen Land wird in Kooperation mit Bündnispartnern ein ferngesteuerter Kampfroboter in einem entfernten Krisengebiet eingesetzt, um die mutmaßlichen Drahtzieher des Anschlags zu beseitigen und weitere Terrorakte zu unterbinden. Am Ende des Tages ist zumindest ein Terrorist tot. Mehrere wahrscheinlich unbeteiligte Personen wurden ebenfalls getötet oder verletzt. Wir ordnen diesen Fall provisorisch den sechs Relata der Verantwortung zu:

1. *Verantwortungssubjekt:* ein militärischer Befehlshaber
2. *Verantwortungsobjekt:* Einsatz eines Kampfroboters
3. *Verantwortungsadressaten:* Kriegsopfer durch Kollateralschäden und deren Hinterbliebene
4. *Verantwortungsinstanz:* Gewissen des Befehlshabers, nationale Gerichte und/oder die UN, parlamentarische Kontrollgremien, die Öffentlichkeit, Vorgesetzte in der Kommandokette
5. *Verantwortungskriterium:* Menschenrechte, Recht auf Leben und körperliche wie psychische Unversehrtheit, Kriegsvölkerrecht, Grundgesetz, Verfassung, aber auch die Zehn Gebote („Du sollst nicht töten!")
6. *Verantwortungsbereich:* der von ihm befehligte Kampfeinsatz unter Einschluss der vorgegebenen Ziele und anzuwendenden Mittel

Der Befehlshaber ist verantwortlich für den Tod und die Traumatisierung mehrerer Unbeteiligter in einem Krisengebiet. Er hat sich zu verantworten, also während einer Verhandlung Rede und Antwort zu stehen. Wir gestehen ihm einige Einwände zu und drehen den Spieß argumentativ herum: Er stehe in einem Verantwortungskonflikt. Denn sein Land habe ein Recht auf Selbstverteidigung sowie die Pflicht des Schutzes der eigenen Bevölkerung – und deren Umsetzung habe er zu verantworten (Schadensvermeidung). Weiterhin bestehe ein Bündnisfall und er habe sich dementsprechend verantwortungsvoll gegenüber den Bündnispartnern zu verhalten. Außerdem trage er oberste Verantwortung für die Unversehrtheit seiner Soldaten. Um diese zu schützen, kam der Roboter zum Einsatz. Schlussendlich läge ein hoher Teil der Mitverantwortung bei seinen Vorgesetzten, die in der Kommandokette über ihm stünden. Last, not least lasse sich die Mitverantwortung kriegsführender Politiker, waffenentwickelnder Ingenieure und das Militär mitfinanzierender Steuerzahler nicht leugnen. Wie viel Gewicht tragen seine Einwände? Angewandte Ethik und Technikbewertung fangen bei solchen Zwickmühlen an. Diese fallen umso frappierender aus, je weniger technische Handlungen durch geltendes Recht oder Präzedenzfälle reguliert sind. Haben wir Tab. Band 2, 3.2 entsprechend diesem konkreten Fall ausgefüllt, dann können wir aus ihr bereits das Verantwortungssubjekt (I.a) und den Adressaten (I.b) ablesen. Verantwortungsobjekt und Verantwortungsbereich ergeben sich aus der Beschreibung der jeweiligen Technik (II.). Die Instanz und das Kriterium finden sich in den Zeilen zehn und elf (III.). Auch die zur Entlastung vorgebrachten Einwände des Befehlshabers lassen sich in der Tabelle orientieren (Tab. Band 2, 4.1).

Aufgabe: Denken Sie weiter!

1. Schlüsseln Sie mögliche Wertkonflikte dieses Beispiels auf, ordnen Sie die jeweilige Perspektive technischen Handelns zu und skizzieren Sie (versuchsweise) ein mögliches Argument zur Lösung – sowie ein mögliches Gegenargument. Der Fall ist komplex, viele Skizzen wie diese erscheinen möglich:

- Wertkonflikt: Recht auf Selbstverteidigung vs. Menschenrechte
- Perspektive: Chefingenieur des Roboterherstellers (Technikentwickler) vs. Opfer (kollektive Techniknutzer im Sinne eines gemeinschaftlichen Erleidens von Folgen einer technischen Handlung durch andere)
- Argument: „Jede Technik ist umnutzbar und entsprechend der Vielschichtigkeit technischen Handelns trägt der Entwickler keine Verantwortung. Diese liegt beim Anwender, also dem operativen Befehlshaber, da er die Mittel zur Zweckerfüllung ausgesucht und deren Anwendung veranlasst hat."
- Gegenargument: „Einspruch! Als Chefentwickler eines Rüstungskonzerns bestimmt er die Modalität, also die Gebrauchspotenziale der Technik wesentlich mit. Ein Kampfroboter ist gebaut worden, um zu töten. Bei jedem Einsatz des Gerätes trägt er eine Mitverantwortung."

Tab. Band 2, 4.1 Eine mögliche Kartografie technischer Verantwortung (zu Beispiel 3)

<table>
<tr><td></td><td colspan="7">Wer ist verantwortlich für den letalen Einsatz eines Kampfroboters?</td></tr>
<tr><td rowspan="2">I
a) Akteure und
b) Betroffene
(Abschn. 3.1)</td><td colspan="7">II. Welche Art(en) von Technik meinen wir (Abb. Band 2, 3.2)?</td></tr>
<tr><td>1.Kompetenz</td><td>2.Gegenstand</td><td>3.Verfahren</td><td>4.System</td><td>5.Technologie</td><td>6.Medium</td><td>7.Zweck-Mittel-Relation</td></tr>
<tr><td>1. …</td><td></td><td></td><td></td><td></td><td></td><td></td><td></td></tr>
<tr><td>2. Angewandte Forschung</td><td colspan="7" rowspan="5">Entlastungsargument: = >Breite Mitverantwortung der Waffenentwickler und Produzenten von der Planung bis hin zur Auslieferung entsprechend ihres praktischen und theoretischen Expertenwissens (jeweils Spalte 1., 5.), für den Gegenstand, die eingebauten Verfahren und das weitere technische Infrastruktursystem (2.-4.), wodurch der Kampfroboter als Mittel zur militärisch-politischen Zweckerfüllung (7.) ein Medium des Eingriffes in die humane Umwelt (6.) darstellt.</td></tr>
<tr><td>3. Konstruktion Design Entwicklung</td></tr>
<tr><td>4. Logistik Ressourcenbeschaffung</td></tr>
<tr><td>5. Produktion Fertigung</td></tr>
<tr><td>6. Vertrieb Handel Marketing Distribution</td></tr>
<tr><td>7. Nutzung Anwendung Gebrauch Konsum</td><td><u>Verantwortungssubjekt:</u> Befehlshaber entsprechend seiner kompetenten Einschätzung der Mittelwahl (I.a)</td><td><u>Verantwortungsobjekt:</u> Einsatz eines Kampfroboters (II.)</td><td></td><td></td><td></td><td></td><td><u>Verantwortungsbereich:</u> Ausschalten eines Feindes (Zweck) durch Kampfroboter (Mittel) (II.)</td></tr>
<tr><td>8. …</td><td></td><td></td><td></td><td></td><td></td><td></td><td></td></tr>
<tr><td>9. …</td><td></td><td></td><td></td><td></td><td></td><td></td><td></td></tr>
</table>

(Fortsetzung)

Tab. Band 2, 4.1 (Fortsetzung)

	Wer ist verantwortlich für den letalen Einsatz eines Kampfroboters?						
I a) Akteure und b) Betroffene (Abschn. 3.1)	II. Welche Art(en) von Technik meinen wir (Abb. Band 2, 3.2)?						
	1.Kompetenz	2.Gegenstand	3.Verfahren	4.System	5.Technologie	6.Medium	7.Zweck-Mittel-Relation
III. Kollektive Perspektiven, welche die Akteure, Betroffenen und jeweilige Art der Technik betreffen (Abschn. 3.1)							
10. Sozio-technische Einbettung	Verantwortungsadressat: Kriegsopfer durch Kollateralschäden und deren Hinterbliebene (I.b) Verantwortungsinstanz: Gewissen des Befehlshabers, die Öffentlichkeit, Vorgesetzte in der Kommandokette (III.) Verantwortungskriterium: Menschenrechte, Recht auf Leben und körperliche wie psychische Unversehrtheit, aber auch die Zehn Gebote („Du sollst nicht töten!“) (III.) **Gegenargument:** Verantwortung für die Unversehrtheit seiner Soldaten (Schutzverantwortung) **Gegenargument:** Verantwortung für die Ausführung einer Anordnung (Kommandohierarchie, Befehlsverantwortung) => Mitverantwortung der Vorgesetzten						
11. Politische und juristische Regulierung	Verantwortungsinstanz: nationale Gerichte oder die UN, parlamentarische Kontrollgremien, Vorgesetzte in der Kommandokette (III.) Verantwortungskriterium: Menschenrechte, Kriegsvölkerrecht, Grundgesetz, Verfassung **Gegenargument:** Verantwortung zur Umsetzung des Selbstverteidigungsrechtes seines Landes und gegenüber Bündnispartnern **Entlastungsargument:** Breite Mitverantwortung kriegführender Politiker, die den Rahmen seines individuellen Handelns über die Befehlsketten wesentlich mit prägen **Entlastungsargument:** Breite Mitverantwortung der (gesetzestreuen) Steuerzahler, welche den Krieg mitfinanzieren und die Volksvertreter gewählt haben						

Der Fall ist dadurch noch lange nicht gelöst. Dies ist nur ein kleiner Teil der Abwägung. Es geht hier nicht darum, das Beispiel umfassend zu klären, sondern nicht gleich durch Pauschalurteile vermeintlich Verantwortliche zu denunzieren. Denken Sie sich übungshalber in verschiedene Standpunkte hinein – z. B. die der Gesetzgeber, Angehörigen oder auch des Operators, der wiederum umsetzte, was der beschuldigte Befehlshaber ihm auftrug. Vielleicht ist er mitverantwortlich, insofern er den Befehl nicht verweigert hat? Wenn Ja, warum und wie? Was spricht dafür, was dagegen?

2. Gießen wir noch das unvermeidliche Öl ins Feuer: Stellen wir uns vor, der Roboter wäre nicht ferngesteuert, sondern würde „autonom" die Zielsetzung des Befehlshabers ohne weitere menschliche Eingriffe umsetzen. Könnte sich der Kommandeur aus der Verantwortung ziehen, indem er den „autonomen" Roboter als alleiniges Subjekt der Verantwortung denunziert? Was wären die gesellschaftlichen Folgen, wenn wir in Zukunft alle so argumentieren würden? Nehmen wir an, es gäbe Robotic Ethical Agents, die einen solchen ethischen Konflikt in Sekundenbruchteilen tabellarisch erfassen, entsprechend allen bekannten moralphilosophischen Theorien und Einzelfällen durchrechnen und sich automatisch für die gebotene Lösung „entscheiden" – also im Extremfall den Befehl verweigern. Gäbe es Gründe, so ein System nicht einzusetzen? Welches Militär würde sich einen ethischen Kampfroboter mit automatischer Befehlsverweigerungs-App zulegen? Wäre ein solches Gerät nicht im Interesse demokratischer Gesellschaften, wo der parlamentarische Kontrollausschuss quasi mit dem Kampfmittel mitgeliefert wird?

3. In Kap. 1 und 2 haben wir das in Abb. Band 2, 2 zusammengefasste gradualistische Verfahren einzelfallorientierter Technikethik kennengelernt. Versuchen Sie es anzuwenden und entsprechend verschiedener ethischer Theorien *(Band 1, 4)* auf das Beispiel anzuwenden. Wie sähe also ein Urteil aus, das auf der ersten Stufe konsequentialistisch die Handlungsfolgen in den Mittelpunkt rückt – zu welchem Urteil kommen wir, wenn wir alternativ deontologisch auf Handlungsmotive sehen (top-down 2)? Gibt es vergleichbare Fälle/Konflikte, die wir zur methodischen Analogiebildung nutzen können (top-down 1)? Was könnte das beschriebene Szenario über die Gültigkeit ethischer Theorien lehren (bottom-up 4) bzw. wie könnte es die Kriterien verändern, nach denen wir andere Fälle ordnen (bottom-up 3)?

4.2 Beispiel 4: Ein Pflegeroboter „klaut" Jobs

Für Pflegeroboter ließe sich dieses fiktive Szenario konstruieren:

1. *Verantwortungssubjekt:* Klinikleiterin
2. *Verantwortungsobjekt:* Anschaffung mehrerer Pflegeroboter
3. *Verantwortungsadressaten:* arbeitslose Pflegefachkräfte, vereinsamte Patientinnen
4. *Verantwortungsinstanz:* Gewissen der Klinikleiterin, Krankenkassen, Ethikrat, Kolleginnen, Arbeitsgericht, Gewerkschaften, Personalrat

5. *Verantwortungskriterium:* Schaden vermeiden, Heilen und Helfen, Recht auf Arbeit, Gerechtigkeit
6. *Verantwortungsbereich:* die von ihr geleitete Klinik

Bei diesem Beispiel kann sich die Chefin einer Klinik ebenfalls in einer Zwickmühle befinden. Gegenüber den Krankenkassen und damit indirekt auch gegenüber der beitragszahlenden Gemeinschaft ist sie verantwortlich für wirtschaftliches Handeln. An der Qualität medizinischer Versorgung darf und will sie nicht sparen. Also tritt dieses in Konflikt mit ihrer sozialen Verantwortung gegenüber dem Personal. Sie entscheidet sich für den (fiktiven) Stellenabbau durch Roboter. Gegenüber dem Kostendruck der Kassen hat sie nun gute Argumente. Gewerkschaften und Arbeitsgerichte nehmen sie nun jedoch ihrerseits in die Verantwortung. Außerdem hat sie den sozialen Alltag der Patientinnen übersehen. Da sie Technikoptimistin ist, schafft sie „Kummerkastenroboter" an, die den Small Talk der ehemaligen Pflegerinnen mit den Patientinnen ersetzen sollen. Das passt wiederum nicht in die finanziellen Vorstellungen der Kassen und postwendend steht sie hier ebenfalls in der Verantwortung.

Aufgabe: Überlegen Sie weiter!

Erstellen Sie so wie bei dem vorhergehenden Beispiel (Abschn. 4.1) eine Tabelle, welche die Perspektiven und verschiedenen Technikbegriffe einschließt. Schlüsseln Sie wieder mögliche Wertkonflikte auf, ordnen Sie die jeweilige Perspektive technischen Handelns zu und skizzieren Sie (versuchsweise) ein mögliches Argument zur Lösung – sowie ein mögliches Gegenargument. Denken Sie daran, Sie handeln unter Unsicherheit, eine nicht perfekte vorläufige Lösung ist besser als keine. Beispiel:

- Wertkonflikt: Verantwortung für die materielle Sicherheit ihrer Mitarbeiterinnen vs. Verantwortung für den effizienten Klinikbetrieb im Interesse der beitragszahlenden Gemeinschaft
- Perspektive: Klinikchefin (Logistik, Ressourcen- und Arbeitsmittelbeschaffung, Sicherung des Betriebsablaufes; indirekt auch Perspektive der Techniknutzerin) vs. neu angestellte technische Servicefachkräfte (Instandhaltung der Pflegeroboter) vs. entlassene langjährig verdiente Pflegefachkräfte
- Argument: „Eine Statistik hat gezeigt, dass durch Digitalisierung mehr Arbeitsplätze entstehen als verloren gehen. Darum ist der Einsatz von Pflegerobotern, die gut funktionieren, gut."
- Gegenargument: „Das waren jetzt ein Sein-Sollen-Fehlschluss und ein naturalistischer Fehlschluss in einem Satz. Das Argument ist ungültig."
- Neues Argument: „Wir sind langzeitverantwortlich für kommende Generationen. Darum sollen wir Heilen und Helfen. Das erreichen wir durch Weiterbildung, weil wir dann mehr Einfluss auf eine bessere Welt haben. Die entlassenen Pflegefachkräfte

haben sich offensichtlich nicht ausreichend weitergebildet, sonst wären sie als Servicetechnikerinnen gleich wieder eingestellt worden. Die Klinikchefin hat sich zumindest gegenüber den Fachkräften nichts zuschulden kommen lassen. Vielmehr haben diese unverantwortlich gehandelt."

Warum würde Sie dieses neue Argument nicht überzeugen? Spielen Sie ein wenig mit Pro- und Kontraargumenten, verschiedenen Wertkonflikten und deren Auflösung! Bedenken Sie, dass nicht jeder Wertkonflikt gleichermaßen problematisch ist. Es lohnt sich, erst einmal die Konflikte aufzudecken und nach Brisanz zu ordnen, bevor man in den Ring steigt. Ist Ihnen übrigens aufgefallen, dass sich in vorhergehendem Beispiel (Kampfroboter in Abschn. 4.1) auf die Umnutzbarkeit von Technik berufen wurde, was ebenfalls den Verdacht eines Sein-Sollen-Fehlschlusses nahelegt? Die Charakteristika technischen Handelns können jedoch wie ethisch relevante empirische Kriterien behandelt werden. Sie begründen noch nicht, was wir tun sollen, helfen aber bei der Ordnung von Wertkonflikten sowie den Perspektiven der Akteurinnen und Betroffenen. Der Weg ist das Ziel. Die eine richtige Lösung gibt es nicht, zumal es ja wie das vorherige ein fiktives Szenario ist. Tauschen Sie sich mit anderen Menschen über mögliche Lösungswege aus!

4.3 Beispiel 5: Genschere statt Gartenschere

Die beiden vorherigen Beispiele hatten Roboter zum Thema und dabei durchaus etwas klischeebeladen fiktive, doch nicht ganz so weit hergeholte Szenarien in Krieg und Pflege skizziert, um daran die Verantwortungsanalyse durch Relata zu üben. In Abschn. 1.2 haben wir uns eine Geschichte um zwei betagte Herren mit und ohne Ente überlegt, um daran mögliche Konflikte im Umgang mit *Prima-facie*-Regeln zu erörtern. Nachdem ebenfalls in Abschn. 3.5 ausgiebig auf ein – reales – Beispiel im Umfeld der Smart Cities und Digitalisierung eingegangen wurde, folgt nun noch ein Blick auf **Gentechnik.** Denn Technikethik rotiert eben nicht bloß um Computer, Datenströme und deren mechatronischen Überbau. Verschiedenste Forschungspraktiken und Anwendungsfelder der Gentechnik und synthetischen Biologie gehören selbstverständlich zum Themenkreis der Technikethik (Kollek 2021; Boldt 2021). Auf der anderen Seite haben sich Informationstechnologien dermaßen in unsere technologischen und sozialen Systeme hineingegraben – bzw. wir Menschen haben sie in den vergangenen Jahrzehnten kulturellen Handelns entsprechend tief verbuddelt –, dass sie wohl schlechthin als *die* Querschnitttechnik(en) unserer Zeit gelten können. Exemplarisch lässt sich das an diversen Metaphern nachvollziehen, mit denen wir biologisches Leben – seit Erwin Schrödinger (1944) – als „genetischen Code" ansprechen und sogar von einer „Programmierung" des Lebens bzw. vom „booten" der DNA als einer „software of life" reden. Buchstäblich in aller Munde ist Craig Venter (2012), der traumhafte Heilsversprechen mit den computerisierten Worten synthetischer Biologie verbindet (zur

Diskussion und Kritik siehe Achatz 2014; Falkner 2016; McLeod und Nerlich 2017; Funk et al. 2019). Von den realtechnisch angewendeten Computermodellen und datenverarbeitenden Systemen ganz zu schweigen, die natürlich auch in biotechnologischen Laboratorien zum Einsatz kommen. Jenseits sensationshaschender Schlagzeilen steht tatsächlich die Frage im Raum, warum jemand auf die Idee kommt, Nukleinsäuren mit all ihren *materiellen* Eigenschaften wären eine Frage des Cyberspace?

Ingenieurinnen designen und entwerfen nicht mehr nur Glühbirnen, Dampfmaschinen oder Kühlschränke aus anorganischem Material. Organische Stoffe mit all ihren kausalen Eigenheiten halten zunehmend Einzug in die Technikwissenschaften. Es wäre völlig zu kurz gegriffen, Ingenieurberufe auf angewandte Physik oder gar Computer+X zu reduzieren. Dabei reichen die Kulturgeschichten menschlicher Praxis im Umgang mit nichtmenschlichen Lebewesen weit zurück. In einigen Regionen wird seit über 12.000 Jahren gezüchtet, also durch gezielte Verpaarung, Einhegung und kontrollierte Nährstoffzufuhr in die organischen Lebensprozesse von Tieren und Pflanzen eingegriffen. Selbst das Jagen und Sammeln jenseits von Ackerbau und Viehzucht lässt sich interpretieren als menschliche Eingriffe in „natürliche" Prozesse der Mutation und vor allem Selektion – also das, was wir seit Charles Darwin (1809–1882) und seinen Vordenkern Evolution nennen (Janich und Weingarten 1999, S. 221–252). Gregor Mendel (1822–1884) gilt als einer der ersten bedeutenden Entdecker wissenschaftlich beschriebener Vererbungsgesetze. 1870 formuliert, wurden diese jedoch erst um 1900 zunehmend beachtet (Janich und Weingarten 1999, S. 252–256; Knippers 2017, S. 3–9 und 215–217). Weitere Durchbrüche, die dann auch im engeren Sinne des Wortes zu ingenieurtechnischen Methoden führten, datieren auf die 1950er- und 1970er-Jahre. Sie schreiben die Geschichte(n) der Biologie als Wissenschaft vom Leben fort – nunmehr mit gentechnischen Mitteln (Knippers 2017; Junker 2004). Bioengineering ist also verglichen mit Maschinenbau oder Elektrotechnik ein relativ junger Zweig am Stamm der Technikwissenschaften. Auf der anderen Seite halten ingenieurtechnische Methoden selbst Einzug in biologisches und biomedizinisches Forschen.

Eine der neuesten technologischen Blüten wird als CRISPR/Cas-Verfahren bezeichnet.[4] Zur signifikanten Metapher wurde für sie und ihre Vorgängertechniken das Bild der „Genschere" (Wünschiers 2019, S. 160–176). Es hat den Vorteil, stärker die biochemische Materialität in den Mittelpunkt zu rücken. Missverständlich ist das Bild, insofern eine Genschere natürlich keine Nanoversion der guten alten Gartenschere aus Metall darstellt. In Abschn. 3.2 haben wir sieben Bedeutungen von Technik kennengelernt. Bei CRISPR/Cas handelt es sich weniger um ein Ding, also ein technisches Artefakt (Technikbegriff 2), als eher um eine biochemische Verfahrenstechnik (Technikbegriff 3). Jedoch wird diese im Umgang mit materiellen Molekülen gelingend oder misslingend

[4] https://www.cell.com/trends/biotechnology/fulltext/S0167-7799(17)30187-7

angewendet und nicht als bloßes Computerprogramm. Computermodelle mögen dabei geholfen haben, jedoch bleibt das praktische Prüfkriterium gelingender Praxis im Bereich biologisch-organischer Prozesse sowie deren ganz eigener kausaler Gesetzmäßi gkeiten. (Es sei denn, jemand will tatsächlich einfach nur alle möglichen Simulationen und Modelle errechnen ohne Bezug zur realen Welt.) Mittels neuer biotechnologischer Verfahren lassen sich einzelne „Gene" editieren, also aus einer DNA herausschneiden, hinzufügen, deaktivieren etc. Wer sich für die komplexen verfahrenstechnischen Details und vielfältigen Anwendungsfelder interessiert, findet weitere Informationen z. B. in Sadava et al. (2019, S. 554–556) et passim, Graw (2020, S. 374–375) et passim oder Cathomen und Puchta (2018). An dieser Stelle soll es um etwas anderes gehen, nämlich um die Verantwortung(en) im Umgang mit dieser Technologie. Die Möglichkeiten des Verfahrens wurden bereits 2015 in einem Wissenschaftsmagazin zum „Durchbruch des Jahres"[5] gewählt, 2020 folgte schließlich die Verleihung des Nobelpreises für Chemie an Jennifer A. Doudna und Emmanuelle Charpentier.

„‚Genschere' bedeutet Verantwortung", so lautete die entsprechende Meldung des BUND – einer bedeuten Natur- und Umweltschutzorganisation Deutschlands. Weiter heißt es:

„CRISPR/Cas ermöglicht umfassende Manipulationen am Genom, das zeigt die heutige Nobelpreis-Verleihung einmal mehr. Umso wichtiger ist es, dass mit Blick auf die *Anwendungen* das *Vorsorgeprinzip* und ein *verantwortungsvoller Umgang* mit der *mächtigen Technologie* gesichert sind. … Ohne *Risikoprüfung,* Zulassung und Kennzeichnung nach EU-Gentechnik-Freisetzungsrichtlinie *dürfen keine* CRISPR-Pflanzen auf den Acker und keine CRISPR-Tiere in den Stall. Und es *darf keine* Freisetzung von neuen Anwendungen wie Gene Drives geben, die das *Potential* haben, *ganze Ökosysteme* empfindlich zu stören" (Hervorhebung von M.F.).[6]

Die Autorin leitet die Verantwortungsproblematik aus der Anwendung besagter Technologie her. Ein Nobelpreis sei folglich nicht nur eine Beschreibung wissenschaftlich erforschter Tatsachen bzw. objektiven Wissens, sondern auch eine normative Verpflichtung – insbesondere wenn die betreffende Technologie besonders „mächtig" erscheint. Wissen ist Macht und ein Kennzeichen technologischer Entwicklungen (Abschn. 3.4). Weiterhin ist von einem „Vorsorgeprinzip" die Rede, das wir im Sinne der vier *Prima-facie*-Regeln der biomedizinischen Ethik nach Beauchamp und Childress (Abschn. 1.1) auch als Schadensvermeidung sowie Heilen und Helfen deuten können, nach Jonas als Langzeitverantwortung und den neueren Debatten zur Technikethik als „Prinzip der Bedingungserhaltung" (Kap. 4). Zum einen wird die kollektive Dimension von Verantwortung betont durch den Verweis auf die entsprechende EU-Richtlinie als

[5] https://www.sciencemag.org/news/2015/12/and-science-s-2015-breakthrough-year

[6] https://www.bund.net/service/presse/pressemitteilungen/detail/news/kommentar-zum-nobelpreis-genschere-bedeutet-verantwortung-ohne-risikopruefung-keine-crispr-pflanzen-auf-den-acker-und-crispr-tiere-im-stall/

ein Ordnungsmittel des juristischen Rahmens individuellen Handelns. Zulassung, Kennzeichnung und Risikoprüfung sind Ausdruck kollektiver Verantwortung, wodurch das Verantwortbare konkreter technischer Handlungen reguliert wird. Im Gebot der Risikoprüfung wird eine konsequentialistische Dimension angesprochen, also die Beachtung von Handlungsfolgen. Auf der anderen Seite erscheint das Gebot, die Anwendung von Technologien zu unterlassen, die ganze Ökosysteme gefährden können, als eine deontologische Formulierung – ähnlich der Tradition nach Kant und Jonas. Signifikant für die normative Bedeutung ist die Formulierung „darf nicht". Speziell auf eine deontologische, also pflichtenethische Grundierung verweist der Bezug auf das „Vorsorgeprinzip", das die Rolle eines allgemeingültigen Sittengesetzes übernimmt.

Die Überwindung einer bloß anthropozentrischen Individualethik – wie sie der kantischen Tradition vorgeworfen wurde – ist in der Berücksichtigung ganzer Ökosysteme zu finden. Sie werden offensichtlich als Moral Patients, also moralische Wertträger angesprochen: Ökosysteme handeln zwar selbst nicht moralisch, sind aber von moralisch handelnden Menschen als wertvoll anzuerkennen. Ihnen kommt ein Selbstzweck zu. Abschließend sei noch auf die Formulierung des „Potenzials" hingewiesen. Sie deutet die Modalität, also Möglichkeiten, technischer Praxis an. Genau darum soll es in der Technikethik auch gehen. Sie ist im doppelten Sinne des Wortes eine „Kunst des Möglichen" (Hubig 2007): zum einen um die Realisierung dessen, was als technischer und sozialer Kompromiss pragmatisch möglich ist, zum anderen der kritische Umgang mit Potenzialitäten – also der reflektierende Blick auf Möglichkeiten, der sich nicht an vermeintlich „statischen" Realitäten aufhängt. Insofern ist eine Technikethik des Möglichen auch eine geübte Fertigkeit, analytisch auf Potenziale zu sehen. Sie unterscheidet sich von bildender Kunst durch die wissenschaftlich-rationalen Methoden und Kriterien, wie sie in vorliegender Buchreihe *Grundlagen der Technikethik* vorgestellt sind.

Aufgabe: Die Kunst des Schneidbaren

1. Extrahieren Sie aus dem Zitat des BUND zur CRISPR/Cas-Technologie, die darin angesprochenen Relata
   1. Verantwortungssubjekt: ?
   2. Verantwortungsobjekt: ?
   3. Verantwortungsadressaten: ?
   4. Verantwortungsinstanz: ?
   5. Verantwortungskriterium: ?
   6. Verantwortungsbereich: ?
2. Lesen Sie zwischen den Zeilen: Welche Normen, Werte, ethischen Theorien könnten der Darstellung des BUND außerdem unausgesprochen zugrunde liegen (jenseits der erwähnten konsequentialistischen und deontologischen Motive)?

3. Drehen Sie die Perspektive herum: Können wir den Nichtgebrauch von CRISPR-Tieren und CRISPR-Pflanzen verantworten im Angesicht ökologischer Herausforderungen und von viel zu vielen hungernden Menschen weltweit? Valide Antworten hängen wohl erheblich von ethisch relevanten empirischen Kriterien ab (Abschn. 1.1; Box „5. Handlungskriterien" in Abb. Band 2, 2), also ob tatsächlich weniger Pestizide oder Trinkwasser verbraucht werden und wie resilient sowie ertragreich die entsprechenden Agrarprodukte im Vergleich zu anderen sind.
4. Neben tierschutzethischen Herausforderungen ergeben sich auch brennende Fragen im Bereich der Medizinethik. Klassische Medizinethik war orientiert an Fragen des Arzt-Patienten-Verhältnisses bzw. des Standeskodex medizinischer Berufspraxis. In der biomedizinischen Ethik wird besonders der Umgang mit neuen Möglichkeiten präventiven oder therapeutischen Handelns mittels biotechnologischer Innovationen verhandelt. Insofern stellt sich auch die Frage nach CRISPR-Menschen. Und in der Tat, im Jahr 2018 „gründen die Babys mit den Namen Nana und Lulu die leibhaftige 'Generation Genschere'" in chinesischen Laboratorien des Biophysikers Jiankui He (Wünschiers 2019, S. 177). Es folgte weltweite Kritik an diesem gentechnischen Eingriff in die menschliche Keimbahn – sowohl aus ethischen als auch aus Sicherheitsgründen. Außerdem stellt die dünne Datenlage zu diesem Eingriff Fachwelt und Öffentlichkeit vor Probleme (zur Kontroverse und kulturellen Hintergründen in China siehe Wünschiers 2019, S. 177–187). Durchdenken Sie das gentechnische Editieren von Menschen, gegenüber denen wir wiederum langzeitverantwortlich sind! Werfen Sie Fragen auf!
   Zum Beispiel: Dürfen wir durch gentechnische Eingriffe Verantwortung für Fehler in unserer Lebensführung übernehmen – also exzessives Rauchen, Trinken und Völlerei –, das sich auf das Erbgut und die Gesundheit unserer Kinder auswirken kann? Sind wir verantwortlich, eigene Erbkrankheiten zu erkennen und durch gentechnische Mittel zu beheben? Was wären die Nebeneffekte? Macht es für die Verantwortungsanalyse überhaupt einen Unterschied, ob wir Nachkommen durch Partnerwahl prägen oder durch gentechnische Eingriffe im Labor? Entbindet eine effiziente Genschere von der Verantwortung als Eltern und Gesellschaft, Kinder ihren seelischen Anlagen und Bedürfnissen entsprechend zu erziehen und zu fördern? Ist die Genschere das Gegenteil von Langzeitverantwortung, weil sie zu verantwortungslosem bzw. unverantwortlichem Handeln ermutigt – so nach dem Motto: Wenn Kinder nur die richtige Genprogrammierung haben, dann haben wir unsere Schuld ihnen gegenüber beglichen? Können wir aus medizinischer Sicht verantworten, therapeutische Potenziale der CRISPR/Cas-Technologien nicht zu erforschen? Etc.
   Tipp: Da wir hier aus der Technikethik heraus bioethischen Fragen (Nagel 2021) besonders nahekommen, ist das Feld in mehrerlei Hinsicht komplex. Auch weltanschauliche Fragen werden unmittelbar berührt. Ziel der Übungen ist darum das kreative Suchen nach Fragen, um sich nicht nur auf eine Facette der Verantwortungsdimension(en) zu versteifen. Es geht um eine Art Think Tanking.

Natürlich ist aus wissenschaftlicher und technischer Sicht auch (noch) vieles unklar. Gerade darum sollten wir uns vorher Gedanken machen über mögliche Handlungspotenziale und deren gesellschaftliche Folgen. Die Suche nach Fragen – ohne diese gleich beantworten zu müssen – ist ein hilfreiches Mittel.

Conclusio

Das Problem der Systemverantwortung hat sich als ein wesentliches technikethisches Arbeitsfeld etabliert. Dabei geht es um die wissenschaftlich-rationale Verantwortungszuschreibung, -analyse und -reflexion in komplexen Zusammenhängen individuellen wie auch kollektiven Handelns. Nicht die Rechtfertigung menschlichen Tuns gegenüber Computerprogrammen oder künstlichen Intelligenzen verschiedenster Couleur kann damit gemeint sein (Ebene II). Technikethische Verantwortung rangiert auf Ebene I und adressiert zunächst Menschen, die sich gegenüber anderen Menschen für ihren Umgang mit Technik in konkreten sozialen Situationen verantworten. Entsprechend lassen sich dem Thema der Systemverantwortung innerhalb der Roboter- und KI-Ethik konkrete Aufgaben und Arbeitsbereiche zuordnen (*Band 1, 6.2;* Tab. Band 1, 6.2). Hans Jonas hat das Konzept der Verantwortung mit entscheidender Wirkung bereichert, sowohl um eine systemisch-kollektive Perspektive als auch durch einen stärkeren prospektiven Bezug (Langzeitverantwortung). Einen weltanschaulich verkürzten Anthropozentrismus hat er hinterfragt und die ökologische Dimension technischer Praxis ins Bewusstsein gerückt. Jonas gilt als einer der Gründer moderner Technikethik – gerade weil es ihm um eine umfassendere Ethik geht. Allgemeine normative Anhaltspunkte für die kritische Technikbewertung liefert z. B. das Prinzip der Bedingungserhaltung, das die Erhaltung verantwortlicher Handlungsoptionen für alle Beteiligten auch in der Zukunft einfordert. Dementsprechend stellt das Vermeiden von Sachzwängen eine wesentliche Forderung dar. Unser heutiger Umgang mit Techniken sollte möglichst keine Entscheidungsspielräume unserer Kinder und Kindeskinder verstellen. Hierzu zählen der Zustand natürlicher Umwelten, Klimawandel, Ressourcenverbrauch oder die nachhaltige Entsorgung von Abfällen.

Ein prominentes Beispiel ist elektrische Energie, ohne die kaum eines unserer aktuell so hochgeschätzten technologischen Kulturgüter funktioniert. Strom wird nicht in der Steckdose erzeugt. Und „das" Internet lässt sich ebenfalls nicht im Router mit auf Reisen nehmen. Steckdose und Router stehen exemplarisch für die vielen technischen Oberflächen, die ihre Funktion nur als augenscheinlichstes doch kleines Element soziotechnischer Systeme erfüllen. Es werden nicht nur die Nutzerinnenoberflächen weiterentwickelt, sondern enorme Innovationen betreffen gerade die entsprechenden Tiefenstrukturen (zu Oberflächen- und Tiefenstrukturen siehe *Band 4, 2.1*). In der Energietechnik verschränken sich z. B. Informationsverarbeitung, Stromerzeugung, -speicherung oder -verteilung in sogenannten Smart Grids – „intelligenten" Stromnetzen. Davon ist in der Steckdose wenig zu sehen. Nun denn:

„Wer ist für den Strom verantwortlich?"

Vorliegende Conclusio bleibt einem methodischen Anspruch verhaftet. Insofern verbietet es sich, nun zum Schluss einfach mit dem Finger auf jemanden zu deuten. Stattdessen wurden in vorliegendem Abschnitt einige Hilfsmittel zur praktischen Verantwortungsanalyse präsentiert und anhand von drei Beispielen deren Anwendung geübt. Es wäre auch unsachlich zum Abschluss eine Art Bußregister aller möglichen Verantwortungssubjekte aufzustellen. Zumindest im Kontext der Technikethik ist Verantwortung ein dynamisch relationales Konzept zu dessen praktischen Anwendungen und theoretischen Grundlagen noch lange nicht alles gesagt ist. Es geht auch hier um den kritischen, rationalen und methodisch geordneten Blick auf die jeweils betreffenden Techniken und sozialen Handlungsvollzüge jenseits vorgefertigter Pauschalurteile. Denn die durchaus sinnvolle Frage nach *der* Verantwortung für *den* Strom kann sonst zu absurden Antworten führen: „Der Staat" wäre verantwortlich (ja: für kritische Infrastruktur und Gesetzgebung sowie deren Durchsetzung; nein: nicht für einen Handwerker der grob fahrlässig gegen Arbeitsschutzauflagen verstößt), „der regionale Netzbetreiber" (ja: für intakte und störungsfreie Infrastruktur im kommunalen Bereich; nein: nicht für das ordnungsgemäße Wechseln einer Glühbirne in einer Schule) etc.

Häufig lässt sich Verantwortung nur schwer einem einzelnen Individuum zuschreiben, gerade in arbeitsteiligen, transdisziplinären Arbeitsformen, bei Outsourcing oder Offshoring. Systemisch greifen individuelle Verantwortungen ineinander, vor dem Hintergrund kollektiver Verantwortungen, die z. B. Gesetzgeberinnen mit der Schaffung überindividueller rechtlicher Rahmenordnungen wahrnehmen. Für den „Strom" kann die Legislative, Judikative oder Exekutive verantwortlich sein, das Technische Hilfswerk in einer Krisensituation, wenn kritische Infrastruktur schnell wiederhergestellt werden muss, Softwareentwicklerinnen, Wirtschafts- oder Elektrotechnikingenieure bei der Entwicklung eines Smart Grids, regionale Netzbetreiber, geschulte Facharbeiterinnen vor der Übergabe einer sanierten Wohnung oder der Papa, wenn Nachwuchs ansteht und Steckdosen, Kabel etc. in dieser Wohnung wiederum kindgerecht zu sichern sind. Im Alltag macht es dann durchaus Sinn, wenn die Mama zu ihm sagt: „Du bist für den Strom verantwortlich!" Ähnlich könnte der Chef zu seinem Lagerarbeiter sagen: „Du bist für das Flurförderfahrzeug verantwortlich", und auf den gelben Gabelstapler neben dem Regal deuten. Für den Inhalt des Films „Staplerfahrer Klaus"[7] – eine ausgezeichnete, nicht jugendfreie Parodie berufsgenossenschaftlicher Lehrfilme zum Arbeitsschutz – sind zumindest Jörg Wagner und Stefan Prehn verantwortlich. Der in ähnlichem Stil gedrehte Streifen „Elektriker Horst"[8] thematisiert die fünf Sicherheitsregeln bei Arbeiten an elektrischen Anlagen: „1. freischalten, 2. gegen Wiedereinschalten sichern, 3. Spannungsfreiheit feststellen, 4. erden und kurzschließen, 5. benachbarte, unter Spannung stehende Teile abdecken oder abschranken"[9]. Diese gehören zum

[7] http://www.staplerfahrerklaus.de/

[8] https://www.arbeitsschutzfilm.de/mediathek/elektriker-horst-video_b6b04093c.html

[9] https://publikationen.dguv.de/widgets/pdf/download/article/284

kollektiven Rahmen, insofern sie für jeden gelten. Hält sich eine Facharbeiterin nicht daran, ist sie dafür verantwortlich etc. Was hier am Beispiel des Stroms abschließend skizziert ist, gilt analog für viele soziotechnische Systeme.

Insofern ist technikethische Verantwortung abhängig von allgemeinen ethischen Annahmen sowie dezidierten Analysen der betreffenden technischen Handlungen. Letztere haben wir in Kap. 3 vorbereitet. Auch Gesetze oder Sicherheitsnormen werden von einzelnen Menschen erlassen, zugelassen oder abgelehnt. Es wäre unsinnig, sich auf ein diffuses Kollektiv zu berufen, wodurch sich niemand mehr für irgendetwas rechtfertigen müsste. Aber auch jeder Einzelne kann nicht für alle Zusammenhänge verantwortlich sein, innerhalb derer er aktiv wird. Die Wahrheit liegt in der Mitte und muss durchaus mühsam freigelegt werden. Hierzu dient die analytische Anwendung verschiedener Relata auf konkrete Situationen in Verbindung mit den arbeitsteilig verschränkten neun individuellen sowie der zehnten und elften genuin korporativen/kollektiven Perspektive technischer Praxis (Abschn. 3.1). Mit der fünften Bedeutung der Systemtechnik schließt auch der Technikbegriff nicht nur die realtechnische Vernetzung einzelner Mittel zur Zweckerfüllung ein, sondern eben auch die Summe sozialer Handlungen innerhalb des Systems (Abschn. 3.2). Tabellarisch lassen sich die elf Perspektiven gegen die sieben Bedeutungen von Technik legen und unterstützen differenzierte Verantwortungsanalysen. Im anschließenden Kap. 5 folgt ein Problemaufriss, in welchem die Kap. 1 bis 4 vorliegendes Buches auch mit Blick auf *Band 1* zusammengefasst sind. Damit ist ein weiterer Bogen zur ethischen Praxis und Technikanalyse geschlossen, sodass in *Band 3* eine dezidierte Auseinandersetzung mit Robotern, Drohnen und KI im Spannungsfeld aus *Computer und Gesellschaft* folgen kann. Vorliegende Reihe *Grundlagen der Technikethik* findet ihren (vorläufigen) Abschluss in *Band 4,* wo es um theoretische Fragen des Wissens, der Sprache, des Bewusstseins und der Autonomie von Menschen und Maschinen geht.

Literatur

acatech (Hg) (2013) Technikwissenschaften. Erkennen – Gestalten – Verantworten. Springer Vieweg, Berlin/Heidelberg

Achatz J (2014) „Framing 'Nature' – Synthetische Biologie schreibt (ihre) Geschichte." In Achatz J/Knoepffler N (Hg) Lebensformen – Leben Formen. Ethik und Synthetische Biologie. K&N, Würzburg, S 83–100

Boldt J (2021) "Synthetische Biologie." In: Grunwald A/Hillerbrand R (Hg) Handbuch Technikethik. 2., aktualisierte und erweiterte Auflage. Metzler Springer, Berlin, S 408–412

Cathomen T/Puchta H (Hg) (2018) CRISPR/Cas9 – Einschneidende Revolution in der Gentechnik. Springer Spektrum, Berlin

Falkner D (2016) "Metaphors of Life. Reflections on Metaphors in the Debate on Synthetic Biology." In Hagen K/Engelhard M/Toepfer G (Hg) Ambivalences of Creating Life. Societal and Philosophical Dimensions of Synthetic Biology. Springer, S 251–265

Fenner D (2010) Einführung in die angewandte Ethik. Francke, Tübingen

Funk M/Steizinger J/Falkner D/Eichinger T (2019) „From Buzz to Burst – Critical Remarks on the Term ‚Life‘ and its Ethical Implications in Synthetic Biology.“ NanoEthics, 13(3), 173–198. [(DOI) https://doi.org/10.1007/s11569-019-00361-4] [open access]

Graw J (2020) Genetik. 7. Auflage. Springer Spektrum, Berlin

Hubig C (1993) Technik- und Wissenschaftsethik. Ein Leitfaden. Springer, Berlin u. a.

Hubig C (2007) Die Kunst des Möglichen II. Ethik der Technik als provisorische Moral. Transcript, Bielefeld

Irrgang B (2007) Hermeneutische Ethik. Pragmatisch-ethische Orientierung in technologischen Gesellschaften. WBG, Darmstadt

Janich P/Weingarten M (1999) Wissenschaftstheorie der Biologie. Methodische Wissenschaftstheorie und die Begründung der Wissenschaften. Fink, München

Jonas H (2015) Das Prinzip Verantwortung. Versuch einer Ethik für die technologische Zivilisation. 5. Auflage. Suhrkamp, Frankfurt a. M.

Junker T (2004) Geschichte der Biologie. Die Wissenschaft vom Leben. C.H. Beck, München

Knippers R (2017) Eine kurze Geschichte der Genetik. 2. Auflage. Springer, Berlin & Heidelberg

Knoepffler N (2010) Angewandte Ethik. Ein systematischer Leitfaden. Böhlau, Köln/Weimar/Wien

Kollek R (2021) “Gentechnik.” In Grunwald A/Hillerbrand R (Hg) Handbuch Technikethik. 2., aktualisierte und erweiterte Auflage. Metzler Springer, Berlin, S 337–343

Kornwachs K (2000) Das Prinzip der Bedingungserhaltung. Eine ethische Studie. Technikphilosophie, Bd. 1. LIT, Berlin u. a.

Kornwachs K (2013) Philosophie der Technik. Eine Einführung. C.H. Beck, München

Kornwachs K (2021) “Fortschritt.” In Grunwald A/Hillerbrand R (Hg) Handbuch Technikethik. 2., aktualisierte und erweiterte Auflage. Metzler Springer, Berlin, S 34–38

Lenk H (1982) Zur Sozialphilosophie der Technik. Suhrkamp, Frankfurt a. M.

Lenk H (2017) „Verantwortlichkeit und Verantwortungstypen: Arten und Polaritäten.“ In Heidbrink L et al. (Hg) Handbuch Verantwortung. Springer, Wiesbaden, S 57–84

Lenk H/Maring M (2017) „Verantwortung in Technik und Wissenschaft.“ In Heidbrink L et al. (Hg) Handbuch Verantwortung. Springer, Wiesbaden, S 715–731

McLeod C/Nerlich B (2017) “Synthetic Biology, Metaphors and Responsibility.” Life Sciences, Society and Policy 13. [(DOI) https://doi.org/10.1186/s40504-017-0061-y]

Nagel S (2021) “Bioethik.” In Grunwald A/Hillerbrand R (Hg) Handbuch Technikethik. 2., aktualisierte und erweiterte Auflage. Metzler/Springer, Berlin, S 208–212

Poser H (2016) Homo Creator. Technik als philosophische Herausforderung. Springer, Wiesbaden

Reidel J (2021) “Ethische Ingenieurverantwortung.” In Grunwald A/Hillerbrand R (Hg) Handbuch Technikethik. 2., aktualisierte und erweiterte Auflage. Metzler/Springer, Berlin, S 461–465

Ropohl G (2016) Ethik und Technikbewertung. 2. Auflage. Suhrkamp, Frankfurt a. M.

Ropohl G (2017) „Verantwortung und Risiko.“ In Heidbrink L et al. (Hg) Handbuch Verantwortung. Springer, Wiesbaden, S 887–908

Sadava D/Hillis D/Heller HC/Hacker S (2019) Purves Biologie. Herausgegeben von Jürgen Markl. 10. Auflage. Springer Spektrum, Berlin

Schmidt JC (2021) “Prinzip Verantwortung.” In Grunwald A/Hillerbrand R (Hg) Handbuch Technikethik. 2., aktualisierte und erweiterte Auflage. Metzler/Springer, Berlin, S 146–150

Schrödinger E (1944) What is Life? The Physical Aspect of the Living Cell. Based on Lectures Delivered under the Auspices of the Dublin Institute for Advanced Studies at Trinity College, Dublin, in February 1943. Cambridge University Press

VDI (2002) Ethische Grundsätze des Ingenieurberufs. VDI, Düsseldorf

Venter JC (2012) What is Life? A 21st century perspective. On the 70th Anniversary of Schroedinger's Lecture at Trinity College by J. Craig Venter. [Online: http://edge.org/conversation/what-is-life (1. Julie 2021)]

Werner MH (2021) "Verantwortung." In Grunwald A/Hillerbrand R (Hg) Handbuch Technikethik. 2., aktualisierte und erweiterte Auflage. Metzler/Springer, Berlin, S 44–48

Wünschiers R (2019) Generation Gen-Schere. Wie begegnen wir der gentechnologischen Revolution. Springer, Berlin

Problemaufriss der Technikethik

5

Zusammenfassung

Technikethik ist die Wissenschaft von der Moral technischen Handelns. Als eigentlich philosophische Disziplin ist sie gekennzeichnet durch diverse Bezüge zu anderen Fächern. Das liegt zum einen an der Komplexität des Gegenstandes. Es gibt ja nicht *die* Technik, sondern vielfältige Formen individueller und gemeinschaftlicher technischer Praxis, die sich wiederum aus verschiedenen disziplinären Perspektiven betrachten lassen. Was dabei Technikethik in ihrem methodischen Kern als angewandte Geisteswissenschaft auszeichnet, wurde in den vorherigen Abschnitten dargestellt. Vorliegendes Kapitel präsentiert daran anschließend einen taxonomisch und heuristisch gegliederten, provisorischen Problemaufriss. Ebene I, die in der Technikethik als menschengemachte Moralwissenschaft direkt angesprochen ist, wird ergänzt durch Ebene II der Roboter- und KI-Ethik, in der es wiederum um moralische, ethische oder einem Kodex folgende Maschinen geht. Auch wenn Letzteres eher in den Bereich der Gedankenexperimente gehört, ergeben sich sinnvolle Denkanstöße für den realen Alltag technischen Handelns. Beide Ebenen liefern Themen, die im Problemaufriss der Technikethik berücksichtigt sind.

Hinter den Schlagworten *angewandte Ethik und Technikbewertung* offenbart sich ein umfassendes Feld wissenschaftlich-rationaler und kritischer Reflexion technischer Produkte und Verfahren, der dahinterstehenden Motive, Wechselwirkungen und Folgen. Kurz: **Technikethik ist die Wissenschaft von der Moral technischen Handelns.** Als philosophische Disziplin, die sich direkt der angewandten Ethik zuordnen ließe, aber eben auch durch ganz eigene Problemkontexte, Begriffe und Methoden in Erscheinung tritt, ist sie Gegenstand spezialisierter Forschungen. Hierzu liegen umfassende Publikationen vor, welche auch die Dynamiken des Arbeitsfeldes belegen. Notwendigerweise gibt es dabei keinen perfekten Konsens und verschiedene, alternative

© Springer Fachmedien Wiesbaden GmbH, ein Teil von Springer Nature 2022

M. Funk, *Angewandte Ethik und Technikbewertung*,
https://doi.org/10.1007/978-3-658-37085-5_5

oder einander widersprechende Ansätze. Durch die inter- und regelrecht transdisziplinären Bezüge geht Technikethik außerdem fließend in andere Fächer über bzw. diese ragen zumindest in ihre Peripherie hinein. Insofern ist es nicht sinnvoll, eine haargenaue Grenze zu suchen, wo die Disziplin Technikethik aufhört und Technikrecht oder technisches Design etc. anfangen. Gleiches gilt für den praktischen moralischen Alltag. Im Kern gibt es jedoch klare methodische und begriffliche Kennzeichen, wodurch sich Technikethik als eigene Disziplin auszeichnet – das ist Gegenstand vorliegenden Buches sowie von *Band 1*.

Disziplinarität steht transdisziplinären Bezügen nicht im Weg, sondern ermöglicht geradezu das anschließend nicht mehr sinnvoll in einzelne Disziplinen zu scheidende methodische Spiel, das zwischen fachlichen Peripherien und Kernkompetenzen tanzt. In vorliegendem Buch war ich um eine möglichst breite Integration verschiedener Ansätze innerhalb der technikethischen Debatte bemüht. Denn das hier behandelte Fach blüht quasi von innen heraus durch Mehrstimmigkeiten auf. Das äußert sich exemplarisch in der Zusammenschau der sieben verschiedenen Technikbegriffe in Abschn. 3.2, wo sich durchaus systemtheoretische, dialektische, hermeneutische, kulturalistische und handlungstheoretische Perspektiven treffen. Systematisch gesehen lässt sich neben einer Integration verschiedener Positionen der Debatte ein inhaltlicher Gewinn aus der Zusammenschau generieren. Technik ist ein mehrdeutiger Begriff und warum sollen verschiedene Sichtweisen nicht einfach unterschiedliche Aspekte einer Sache in den Blick nehmen? Auch Technikethik lebt von **Methodenpluralismus** *(Band 1, 4.5; Band 1, 4.6)*.

▶ **Tipp: Ausgewählte Literaturvorschläge**
Eine (sehr) kleine Auswahl, die sich dennoch um ein möglichst breites Spektrum bemüht, könnte für vertiefende Studien so aussehen:
Fünf Vorschläge aus der neueren deutschsprachigen Debatte:

- Das aktuelle und umfassende *Handbuch Technikethik* (Grunwald und Hillerbrand (Hg.) 2021) mit diversen Beiträgen zu Schlüsselbegriffen, Anwendungsfällen und historischen Hintergründen
- Die Neuauflage der systemtheoretischen Abhandlung *Ethik und Technikbewertung* (Ropohl 2016) mit vielen Beispielen aus der Ingenieurpraxis
- Die *Ethik der Technik als provisorische Moral* (Hubig 2007) ist Teil einer Reihe zur dialektischen Technikphilosophie und rangiert zwischen Systemtheorie, Wertfragen, Macht und Ingenieurpraxis
- Stärker an der Hermeneutik des Einzelfalls, Kasuistik und angewandten Ethik ist die Monografie *Hermeneutische Ethik. Pragmatisch-ethische Orientierung in technologischen Gesellschaften* (Irrgang 2007) ausgerichtet
- Ein gestraffter und übersichtlicher Beitrag von Konrad Ott zur *Technikethik* im Handbuch *Angewandte Ethik* (Ott 2005)

Fünf Vorschläge aus der deutschsprachigen Debatte seit den 1970er-Jahren bis zur Jahrtausendwende:

- Der weit über die Technikethik hinaus einflussreiche, 1979 erschienene moderne Klassiker *Das Prinzip Verantwortung* von Hans Jonas (2015)
- Die daran anschließende *Sozialphilosophie der Technik* von Hans Lenk, mit aus heutiger Sicht ebenfalls hochaktuellen Themen und Analysen (Lenk 1982)
- 1993 haben Lenk und Günter Ropohl zur *Technik und Ethik* einen Sammelband editiert, in dem verschiedene Beiträge das Spektrum der damaligen Diskussion wiedergeben. Zusätzlich sind historische Kodizes zum Ingenieurhandeln angehängt (Lenk und Ropohl (Hg.) 1993)
- Im gleichen Jahr erschien ein *Leitfaden* zur *Technik- und Wissenschaftsethik,* verfasst von Christoph Hubig (1993)
- Im Jahr 2000 eröffnet die von Klaus Kornwachs verfasste Studie zum *Prinzip der Bedingungserhaltung* mit besonderem Blick auf Theorie und Anwendung der Ingenieurverantwortung eine eigenständige Buchreihe zur *Technikphilosophie* (Kornwachs 2000)

Fünf Vorschläge aus der englischsprachigen Literatur:

- Das aktuelle *Handbook of philosophy of engineering,* in dessen breitem Themenspektrum Wertfragen und die Verantwortung technischen Handelns einen prominenten Platz einnehmen (Michelfelder und Doorn (Hg.) 2021)
- *The whale and the reactor. A search for limits in an age of high technology* – die vor Kurzem neu aufgelegte, einflussreiche Abhandlung über Wechselverhältnisse aus Politik, Technik und Gesellschaft, von Langdon Winner zuerst 1986 veröffentlicht (Winner 2020)
- Eine 2016 von Shannon Vallor verfasste Monografie über *Technology and the virtues,* in der die Autorin Tugenden technischen Handelns zum Beispiel im Umgang mit sozialen Medien, Robotern oder Bots bespricht (Vallor 2016)
- Eine als Einführung konzipierte und mit Gastbeiträgen versehene Abhandlung von Ibo Van de Poel und Lamber Royakkers über *Ethics, technology and engineering* (Van de Poel und Royakkers 2011)
- Das 1994 publizierte Buch *Thinking through technology* von Carl Mitcham, das durchaus als Klassiker in dem Feld wahrgenommen wird und neben Grundkonzepten sowie historischen Infos zur Technikphilosophie auch dezidierte Kapitel zur Technikethik enthält (Mitcham 1994)

In *Band 1* der Buchreihe *Grundlagen der Technikethik* haben wir nach der essayistischen Einleitung mit einer Zusammenschau von zwei Ebenen und vier Bedeutungen der Roboter- und KI-Ethik begonnen. Diese Unterscheidungen sind auch für die Technikethik bedeutsam. Sie bilden quasi ihr terminologisches Flussbett. Nun ist zwar Technikethik viel mehr als bloße Roboter- oder KI-Ethik, in der wir über „ethische Maschinen" oder unseren Umgang mit Robotern und KI „ethisch" nachdenken. Technikethik läuft so gesehen vor einer genuinen „Ethik der Roboter und/oder KI". Letztere ist ein Sonderfall Ersterer. Jedoch provoziert die Frage nach „moralischen" Maschinen eine intensivere Auseinandersetzung mit den Bedeutungen von „Ethik", als wenn wir nicht veranlasst wären, ihre Umsetzung in Maschinen zu durchdenken. Dementsprechend gingen wir in *Band 1* analytisch vor und haben die Begriffe der Moral *(Band 1, 3)*, der Ethik *(Band 1, 4)* und des Ethos *(Band 1, 5)* auf dem Seziertisch geteilt.

Nach den weiteren Zerlegungen zur angewandten Ethik (Kap. 1), methodisch-sprachkritischen Anthropozentrik (Kap. 2), Konzepten der Technikethik (Kap. 3) und schließlich Verantwortung (Kap. 4) in vorliegendem *Band 2,* soll nun noch eine thematische Zusammenschau folgen. Sie dient als Beitrag zu notwendigen inter- und transdisziplinären Verfahren sowie dem Anliegen einer Rationalisierung der Technikethik und ihrer spezifischeren Felder wie Roboter- und KI-Ethik, Ethik der Gentechnik etc. Dabei geht beides immer schon Hand in Hand, insofern ohne rationale und kritische Begriffsarbeit keine gelingende Inter- und Transdisziplinarität möglich ist. Vorliegendes Buch enthält Ansätze zur begrifflichen Schärfung ethischer Analysen und kritischen Bewertung technischer Praxis. Ein ***Glossar*** befindet sich hierzu im Anhang. Diesem ist auch eine ***Methodensynopsis*** vorangestellt mit einer Zusammenfassung wesentlicher Verfahrensmittel sowie einiger Faustregeln zur praktischen Anwendung (Kapitel Book Backmatter). In vorliegendem Kapitel geht es darüber hinaus um einen taxonomisch und heuristisch gegliederten, thematischen Problemaufriss. In Abschn. 5.1 steht dabei die erste Ebene des Genitivus obiectivus im Mittelpunkt – also Technik als Objekte – und in Abschn. 5.2 die zweite Ebene des Genitivus subiectivus – wo Technik selbst zum Subjekt also Akteur wird.

5.1 Die erste Ebene

Unter Einbezug der grammatischen und zumindest denkbaren Möglichkeit, dass Computer, Roboter, Drohnen oder künstliche Intelligenz Moral haben, ethisch reflektieren oder einem Ethos folgen könnten, ergibt sich für Technikethik eine Unterscheidung von vier Bedeutungen auf zwei Ebenen. *Ethik der Technik* meint auf Ebene I dem Genitivus obiectivus folgend, dass Menschen ihren Umgang mit Technik thematisieren. Technik ist also ein spezifisches Objekt menschengemachter Ethik. In dieser ersten Ebene findet Technikethik als rationale Moralwissenschaft ihren etablierten Platz mit vielfältigen Bezügen zu anderen Disziplinen wie Technikfolgenabschätzung,

Medizinethik, Umweltethik, technischem Design, Ästhetik, Anthropologie, den Sozial-, Rechts- und Wirtschaftswissenschaften, Psychologie etc. Grund dafür sind die Gegenstände der Betrachtung: individuelle und gemeinschaftliche Handlungen im Umgang mit Techniken. Entsprechend komplex stellt sich ein thematischer Problemaufriss dar. Von der Pflege über Sport, Unterhaltung und Pädagogik bis hin zu Medizin, Architektur, industrieller Fertigung, Krieg, kritischer Infrastruktur und öffentlicher Sicherheit – vom leiblichen Geschick der Eishockeyspielerin bis hin zu komplexen informationsverarbeitenden Systemen materieller Artefakte z. B. in Smart Grids **gestalten Menschen Technik und werden umgekehrt auch als Gemeinschaft und Individuen von ihren Techniken geprägt.** Es ist eine beliebte und durchaus angebrachte Floskel, dass die Digitalisierung einschließlich Robotik und selbstfahrender Autos kaum einen Bereich unseres Lebens unberührt lässt.

Der hier vorgeschlagene Problemaufriss schließt an die Aufgaben und Bereiche der Roboter- und KI-Ethik in *Band 1, 6.2* an, ohne den Anspruch auf Vollständigkeit erheben zu dürfen. Alternativen sind ausdrücklich möglich! In der ersten Schicht ist vorliegende Übersicht noch nicht direkt an konkreten technischen Anwendungen ausgerichtet, sondern an Fragen und ethischen Problemfeldern. Insofern kann der Problemaufriss auch in Anbetracht neuer – heute vielleicht noch übersehener – technischer Entwicklungen seine Gültigkeit wahren. Entsprechend des Grades fachübergreifender Verflechtung sind in Klammern drei Stufen eingefügt: *allgemein, konkret, spezifisch. Allgemeine* Aufgaben teilt die Technikethik mit vielen anderen Disziplinen. Als *konkret* sind *konkrete* Zuspitzungen gekennzeichnet, die der Technikethik jedoch auch nicht exklusiv zukommen. Letzteres gilt für *spezifische* Felder. Hier finden philosophische Kernkompetenzen ihren Platz. Sowohl thematisch als auch im Grad der Inter- und Transdisziplinarität *(allgemein, konkret, spezifisch)* steht in folgender Zusammenschau aus Gründen der Ordnung manches getrennt, was aus anderer Perspektive betrachtet zusammengehören mag. Jedenfalls ist damit eine praktische Heuristik angestrebt und definitiv kein fachliches Revierverhalten – denn Technikethik wird durchaus auch von Informatikern oder Physikerinnen betrieben! Wie in *Band 1, 6.2* wurden Fragen eingefügt, um die Sachprobleme der jeweiligen Schublade zu illustrieren. In drei Folien, die sich bildlich gesprochen übereinanderlegen lassen, besteht der Problemaufriss aus *Aufgaben (Folie 1), Anwendungen (Folie 2) und Querschnittthemen (Folie 3).* Die **Aufgaben** der Technikethik umfassen *(Folie 1)*:

1. **Inter- und transdisziplinäres Problemlösen rund um den Umgang mit Technik *(allgemein)*:**
   a) Integrativer Blick auf gesamtgesellschaftliche Entwicklungen über den Tellerrand hinweg mit kritischem Mut zur Lücke und zum großen Bogen: Haben wir die Technik, die wir brauchen, und brauchen wir die Technik, die wir haben? In welcher Gesellschaft wollen wir mit oder ohne bestimmte Techniken leben *(konkret)*?

   b) Problemlösen durch methodisches Vorgehen: Wie arbeiten wir am besten zusammen, um die Folgen des Einsatzes von Technik zu bewerten? Wie finden wir eine gemeinsame Sprache über Fachgrenzen hinweg *(konkret)*?
   c) Bildungs- und forschungspolitischer Rahmen: Haben wir zur Verhandlung der großen und kleinen fachübergreifenden Fragen im Umgang mit Technik die richtigen Institutionen, Diskursräume und Foren ausgebildet *(konkret)*?
2. **Rationalisierung und Kritik von Gegenstand und Debatte *(allgemein)*:**
   a) Aufklärung durch methodisches Vorgehen *(konkret)*: Nach welchen Kriterien richten wir unsere Urteile über den Umgang mit Technik aus? Wie gehen wir dabei vor? Warum?
      - Analyse normativer und deskriptiver Kriterien *(konkret)*: Welchen moralischen und nichtmoralischen Werten folgen wir faktisch im Umgang mit Technik? In welchen Verhältnissen stehen sie zu anderen Kulturen und Gesellschaften?
      - Begründung normativer moralischer und ethischer Kriterien *(spezifisch)*: Welche ethischen Leitbilder wie Langzeitverantwortung, Nachhaltigkeit oder universelle Menschenrechte sollten wir anwenden?
      - Begründung nichtmoralischer normativer Kriterien *(konkret)*: Welche empirischen Normen, Grenzwerte und Standards sollten wir für den Umgang mit Technik festlegen?
      - Methodenkritik *(spezifisch)*: Welche Fehler, wie der anthropomorphe Fehlschluss, sind zu vermeiden?
   b) Sprachkritik technischen Handelns *(spezifisch)*: Welche Missverständnisse entstehen durch unsere Wortwahl? Reden wir sinnvoll und präzise genug über Technik? Wie sind die Schlüsselbegriffe – z. B. Roboter oder Verantwortung – definiert und in welchen Zusammenhängen stehen diese untereinander? Lassen sie sich überhaupt exakt definieren? Welche Wortverwendungen sind schlicht unsinnig?
   c) Kritik an Ideologien, Menschen- und Weltbildern *(konkret)*: Welche Vorurteile und Missverständnisse bringen wir verschiedenen Techniken entgegen? Woran glauben wir, wenn wir von und über Technik sprechen? Was projizieren wir unbewusst auf die Maschinen? Warum wollen wir wirklich menschenähnliche Roboter oder KI-Systeme bauen? Wie begründet sind unsere Ängste und Hoffnungen?
3. **Analyse und kritische Bewertung unseres Umgangs mit Technik (allgemein):**
   a) Analyse kultureller Einbettung *(konkret)*: Welche Traditionen, Kulturtechniken und Überlieferungen beeinflussen unseren Umgang mit Technik?
      - Deskriptive Soft-Skill-Analyse *(konkret)*: Welche Soft Skills und sogenannten weichen Faktoren (einschließlich handwerklicher Fertigkeiten) prägten Technikherstellung- und -nutzung in der Vergangenheit? Wie wird dadurch heute und vermutlich auch in Zukunft der Umgang mit Technik beeinflusst? Gegenfrage: Welche dieser „weichen Faktoren“ werden durch den Einsatz neuer Technologien verdrängt oder verändert? Was vergessen und verlernen wir?

- Deskriptives Erfassen und Sammeln moralischer, sozialer, religiöser und kultureller Sichtweisen *(konkret)*: Wie wird unser Blick auf Technik durch Gewohnheit, Überzeugung, Wunsch, Angst und Glauben weltweit unterschiedlich geprägt?

b) Angewandte Technikethik, ethische Analyse und Bewertung moralischer Konflikte, Einzelfallentscheidungen *(spezifisch)*: Was sollen wir in einer konkreten Situation tun? Was dürfen wir nicht?

c) Ethikberatung in Forschungsgruppen, für Politikerinnen, Unternehmerinnen, Bürgerinnen oder andere Akteure/Interessengruppen *(spezifisch)*: Welche rational begründeten Handlungsempfehlungen lassen sich aus ethischer Perspektive geben (ohne pauschal eine Technik zu verteufeln oder in blauäugige Akzeptanzbeschaffung zu verfallen)?

d) Retrospektive Kasuistik – Sammeln, Vergleichen, Ordnen und Kommentieren von Präzedenzfällen *(spezifisch)*: Welche bekannten konkreten moralischen und ethischen Konflikte und deren begründete Lösungswege können für den zukünftigen Umgang mit Technik vorbildlich wirken?

4. **Ausarbeitung und Mitverhandlung von Ethics Guidelines/Kodizes *(konkret)*:**

a) Ethikkodizes für Menschen *(konkret)*

b) Eventuell Robotergesetze und/oder Roboterrechte, die für Maschinen gelten könnten *(konkret)*

c) Kritische Prüfung der normativ-ethischen Akzeptabilität und Vertrauenswürdigkeit eines Ethos *(spezifisch)*

5. **Rationales Think Tanking zukünftiger Entwicklungen und deren kritische Bewertung *(allgemein)*:**

a) Erarbeiten von Zukunftsszenarien der Entwicklungen und des Gebrauchs von Techniken *(allgemein)*: In welchen Welten könnten wir in Zukunft wie leben? Welche Technikzukünfte sind realistischer als andere und warum?

- Analyse sozialer und kultureller Technikfolgen *(konkret)*: Welchen Einfluss üben welche Techniken langfristig auf unser Zusammenleben, Verhalten, Denken, Glauben und Fühlen aus? Zum Beispiel:
  - Was ist die Zukunft sozialer Beziehungen?
  - … der Arbeit?
  - … des Familienlebens?
  - … der Kindheit?
  - … des (lebenslangen) Lernens?
  - … der Kommunikation?
  - … der Liebe und Sexualität?
  - … sexueller Identität(en) und Geschlechterrollen?
  - … des Sports?
  - … von Freizeit und Unterhaltung?
  - … des Wohnens?
  - … der Mobilität?

  - … der Abfallentsorgung?
  - … des Älterwerdens?
  - … der Künste?
  - … des guten, glücklichen Lebens?
- Analyse ökologischer Technikfolgen *(konkret)*: Welchen Einfluss üben welche Techniken langfristig auf unsere natürliche Umwelt und unser Verhältnis zu ihr aus? Wie beeinflussen wir menschliches und nichtmenschliches Leben? Zum Beispiel:
  - Was ist die Zukunft der umweltverträglichen Energieversorgung (als Teil komplexer technischer Systeme und Infrastrukturen)?
  - … nachhaltigen, ressourcenschonenden Technologiedesigns?
  - … der Entsorgung und Wertstoffrückgewinnung?
  - … der Naturdokumentation und -forschung (durch Film- oder Tauchroboter)?
- Analyse medizinischer und gesundheitlicher Technikfolgen – einschließlich Ernährung *(konkret)*: Welchen Einfluss üben welche Techniken langfristig auf unsere Gesundheit aus? Zum Beispiel:
  - Was ist die Zukunft der Landwirtschaft, Nahrungserzeugung und -verarbeitung?
  - … der medizinischen Prävention?
  - … der medizinischen Diagnose, einschließlich Früherkennung?
  - … der Therapie und Rehabilitation, einschließlich Operationstechniken?
  - … der Pflege?
  - … des Enhancement, der Steigerung körperlicher und geistiger Potenziale?
  - … des gesunden Lebens?
- Analyse politischer und juristischer Technikfolgen *(konkret)*: Welchen Einfluss üben welche Techniken langfristig auf unsere politische Ordnung aus – z. B. Algorithmen und soziale Medien durch Echokammern und Filterblasen? Welche neuen rechtlichen Regulierungen und Anpassungen aktueller Gesetze werden nötig? Zum Beispiel:
  - Was ist die Zukunft von Frieden und Krieg?
  - … demokratischer Öffentlichkeit?
  - … des Patentrechts, wenn künstliche Intelligenzen Innovationen mitgestalten?
- Analyse wirtschaftlicher Technikfolgen *(konkret)*: Welchen Einfluss üben welche Techniken langfristig auf unser ökonomisches Handeln aus? Zum Beispiel:
  - Was ist die Zukunft der Lohnarbeit?
  - … der betrieblichen Weiterbildungen?
  - … des Fortschritts durch marktwirtschaftliche Innovationen?

b) Rationale Technikfolgenabschätzung *(allgemein)*: Welche Schlüsse sind daraus für die Gegenwart zu ziehen?
   - Normative, ethische Analyse und Bewertung möglicher Zukunftsszenarien *(spezifisch)*: Welchen Einfluss sollten Techniken auf unser moralisches Denken, Handeln, Fühlen und Zusammenleben ausüben, welcher Einfluss ist statthaft, welcher verboten? Welche Entwicklungen sind zu vermeiden? Warum? Zum Beispiel:
     - Wie verändern Technologien moralische und ethische Werte der Arbeit, Kommunikation oder des Alterns (soziokulturelle Technikfolgen)?
     - Wie verändert Nanotechnologie natürliche Umwelten (ökologische Technikfolgen)?
     - Wie verändert Biotechnologie das Impfen oder Ernährung (medizinische und gesundheitliche Technikfolgen)?
     - Wie verändert künstliche Intelligenz öffentliche Debatten, demokratische Mitbestimmung oder das Haftungsrecht (politische und juristische Technikfolgen)?
     - Wie verändern Smart Cities wirtschaftliches Wachstums (wirtschaftliche Technikfolgen)?
   - Technikfolgenbewertung als Politikberatung *(konkret)*: Welche Handlungsempfehlungen sollen rational begründet an Entscheidungsträger übermittelt werden?
   - Technikfolgenbewertung als Unternehmensberatung *(konkret)*: Welche Handlungsempfehlungen sollen rational begründet an wirtschaftliche Akteure übermittelt werden?
   - Technikfolgenbewertung als Öffentlichkeitsarbeit *(konkret)*: Welche Handlungsempfehlungen sollen rational begründet durch Bildungsträger u. a. an technische Laien vermittelt werden?
   - Technikfolgenbewertung durch Öffentlichkeitsarbeit und Partizipation *(konkret)*: Welche Wünsche und Ansprüche von Techniknutzerinnen und Betroffenen sind zu berücksichtigen?

c) Prospektive Kasuistik – Entwerfen möglicher Präzedenzfälle *(konkret)*: Welche konkreten moralischen und ethischen Konflikte könnten zukünftig auftreten und welche Lösung wäre warum zu priorisieren – bevor durch den Einsatz neuer Technologien Fakten geschaffen werden?

6. **Sicherheits- und Risikobewertung *(allgemein)*:**

a) Analyse soziokultureller Werte *(konkret)*: Was verstehen wir unter Sicherheit? Welche moralischen und gesellschaftlichen Werte verbinden wir damit (im Vergleich zu anderen Kulturräumen)? Welche Risiken sind wir bereit einzugehen, welche nicht und warum?

b) Angewandte Sicherheitsforschung *(allgemein)*: Wo und wie entstehen durch Technik Sicherheiten, aber auch neue Unsicherheiten und Sicherheitslücken? Wie lassen sich Gefahren terroristischer oder krimineller Umnutzung verhüten? Welche verschiedenen Sicherheitsarten geraten untereinander in Konflikt?

c) Militärische Sicherheitsforschung *(allgemein)*: Welchen Beitrag können, dürfen und sollen „autonome" Roboter im Krieg leisten? Was ist das Verhältnis zwischen Cyberwar und Drohnenkrieg? Welche Risiken der Umnutzung ziviler Infrastrukturen entstehen?

d) Mitverhandlung des Brennpunktes Privatheit, Datenschutz und -sicherheit *(allgemein)*: Wie sicher dürfen und müssen unsere Daten sein? Welche technischen und juristischen Maßnahmen sind hierfür nötig?

e) Ethische Analyse und Bewertung von Wertkonflikten *(spezifisch)*: Was ist der ethische Wert von Privatheit, Grundrechten, Bürger- und Menschenrechten im Vergleich zu gesteigerten Sicherheitsbedürfnissen? Wie lassen sich ethische Konflikte zwischen Datenschutz und sicherheitsrelevanter Überwachung verhandeln? Zu welchem Ergebnis kommen wir und warum? Wie gehen wir bei der Begründung vor?

7. **Bearbeitung der Verantwortungsproblematik *(konkret)*:**

a) Angewandte Verantwortungsforschung in soziotechnischen Systemen *(konkret)*: Welche Verantwortungskonflikte treten konkret bei der Anwendungen einer Technik auf und wie ließen sich diese lösen? Wie nehmen Ingenieure strategische Verantwortung wahr? Wie lässt sich Langzeitverantwortung im technischen Alltag heute umsetzen?

b) Theoretische Forschung zur Systemverantwortung *(spezifisch)*: Was ist Systemverantwortung? Erzwingen Digitalisierung und Postdigitalisierung ein Neudenken des Verantwortungskonzeptes? Welche traditionellen Begriffe und Begründungen bewähren sich, welche stoßen an Grenzen?

8. **Bearbeitung der Gerechtigkeitsproblematik und Asymmetrien durch technische Macht *(konkret)*:**

a) Angewandte Gerechtigkeitsforschung in soziotechnischen Systemen *(konkret)*: Welche Gerechtigkeitsdefizite treten konkret beim Zugang zu Technologien, Daten, Informationen, Wissen oder anderen Ressourcen auf und wie ließen sich diese lösen?

b) Deskriptive und normative Forschung zum gerechten Umgang mit technisch induzierten Asymmetrien *(konkret)*: Welche sozialen, körperlich-leiblichen, psychischen oder politischen Ungleichheiten entstehen durch Pflegeroboter, Industrie 4.0 oder digitale Medien in der Grundschule? Wie sollte damit umgegangen werden? Wo werden gesellschaftliche Gruppen gespalten? Geht die Schere zwischen arm und reich weiter auseinander und was sollen wir als Folge dessen tun?

c) Theoretische, ethisch-normativ Forschung zur Gerechtigkeit technischen Handelns *(spezifisch)*: Was ist Gerechtigkeit? Was ist technische Macht? Welche traditionellen Begriffe und Begründungen bewähren sich, welche stoßen an Grenzen?

9. **Grundlagenforschung *(spezifisch)*:**
   a) Philosophiegeschichte *(spezifisch)*: Autoren, Werke, Begriffe und Konzepte der Vergangenheit an der Schnittfläche von Technikethik, Technikphilosophie und klassischer Philosophie/Geistes- und Sozialwissenschaften
   b) Praktische Philosophie an der Schnittfläche aus allgemeiner Ethik, angewandter Ethik, Ästhetik, Religionsphilosophie, philosophischer Anthropologie, politischer und Sozialphilosophie *(spezifisch)*:
      - Was ist möglich – und wenn, dann erlaubt, sinnvoll oder nötig (siehe auch Ebene II in *Abschn.* 5.2):
        - … moralische Maschinen (Artificial Moral Agents)?
        - … ethische Maschinen (Artificial Ethical Agents)?
        - … Robotergesetze?
        - … Roboterrechte?
      - Metaethik: Begriffe und Sprache der Technikethik
      - Moralbegründung: Grundsatzfragen normativer Ethik und ihrer vielen Ansätze zur Bearbeitung technikethischer Probleme
      - Ästhetik: Materialisierung von moralischen Werten und sozialen Normen im Technikdesign (z. B. durch Architektur und Raumgestaltung, inklusives Design, Barrierefreiheit) sowie Beeinflussen von gesellschaftlicher Praxis durch materielles Design (z. B. Fußgängerzone, „Frankfurter Küche")
   c) Theoretische Philosophie (*spezifisch;* siehe auch *Band 4*):
      - Erkenntnislehre: Was ist Wissen? Was können wir über Technik und Technikfolgen wissen? Können Maschinen etwas wissen?
      - Sprachphilosophie: Was ist Sprache? Können Maschinen sprechen?
      - Philosophie des Geistes: Haben Maschinen mentale Gehalte, Geist oder Bewusstsein? Haben sie personale Identität? Welches Körper-Geist-Verhältnis haben verkörperte KI (Embodied AI = Roboter) oder synthetische Organismen?
      - Was sind die theoretischen Grenzen künstlicher Intelligenz?
   d) Wissenschaftstheorie *(spezifisch)*:
      - Was ist Transdisziplinarität, welchen Methoden und Prinzipien folgt sie?
10. **Weitere Aufgaben umfassen unter anderem Lehrtätigkeiten in allgemeinbildenden Oberstufen, Hochschulen oder Erwachsenenbildung etc.**

Vorliegendes Buch bewegt sich vor allem im Bereich der methodischen Rationalisierung, Aufklärung und Bildung. Wie für Philosophie nicht unüblich werden mehr Fragen aufgeworfen als beantwortet. Diese Offenheit soll ausdrücklich zum fachübergreifenden Weiterdenken und -lesen über das hier Gesagte hinaus anregen. Nur so lassen sich die vielfältigen Herausforderungen angehen. Es soll aber auch anhand der Unterscheidung von *spezifisch, konkret und allgemein* eine grobe Orientierung über die fachliche Position der Technikethik innerhalb eines transdisziplinären Problemfeldes angeboten sein. Jeder Versuch einer nach außen hin abgeschirmten Blaupause ethischer Überlegenheit muss schon an Selbstwidersprüchen scheitern. Im Anbetracht anhaltender intensiver Debatten und sich rasant entwickelnder technischer Möglichkeiten wäre es auch ungeschickt, abschließende Antworten vorschnell in Blei zu gießen – das dann zeit- und energieaufwendig erst wieder geschmolzen werden müsste.

Konkrete technische **Anwendungen** und Innovationen lassen sich in einer weiteren *Folie 2* über diesen ersten Teil des Problemaufrisses legen. Er lässt sich durchdeklinieren anhand aktueller Schlüsseltechnologien. Hierzu zählen exemplarisch:

- selbstfahrende Autos und andere vernetzte Mobilitätstechniken,
- Stadtentwicklung, Smart Cities bzw. Smart Urbanism,
- Industrie 4.0, kollaborative Industrieroboter, Cobots,
- „smarte" Oberflächen- und Werkstoffe,
- Wearables, Extensions, Exoskelette,
- Prothesen, Cyborgtechnologien, Bodyhacking,
- Präventions-, Reha- und andere Medizintechnologien, von mRNA-Impfstoffen bis hin zu Gentherapie,
- synthetische Organismen, Nanotechnologien oder biotechnologisch veränderte Pflanzen und Tiere,
- Precision (Livestock) Farming, „smarte" Landwirtschaft,
- Kriegsroboter, Kampfdrohnen, „smarte" Gefechtsfelder, inkl. Cyberspace,
- Quadcopter und RC-Autos aus dem Baumkart,
- diverse Serviceapplikationen wie Sex-, Servier- oder Unterhaltungsroboter/-tools/-toys,
- sprechende Computer, Bots und Apps,
- Virtual Reality und Augmented Reality,
- Informationstechnologien des Profiling und der Verhaltensprognose, Algorithmen,
- systemisch vernetzte Infrastrukturen wie Smart Grids,
- Animatronics, Plantoiden, Androiden, Humanoiden etc.

In einer zusätzlichen Schicht kann *Folie 3* der **Querschnittthemen** darübergelegt werden. Sie enthält unter anderem:

1. die Mensch(en)-Mensch(en)-Interaktion(en) *(vorliegende Buchreihe),*
2. die Mensch-Maschine-Interaktion *(Band 3, 2.1),*
3. die Tier-Maschine-Interaktion *(Band 3, 2.2),*
4. die Pflanze-Maschine-Interaktion *(Band 3, 2.3),*
5. die Maschine-Maschine-Interaktion *(Band 3, 6.1),*
6. die verschiedenen Perspektiven technischer Praxis (Abschn. 3.1),
   a) z. B. Entsorgung und Recycling, Folgelasten (technische Handlungsperspektive 9),
7. die verschiedenen Technikbegriffe (Abschn. 3.2),
   a) z. B. Selbst- und Weltvermittlung durch eine bestimmte Technik wie Brillen oder Fernseher, auch Mediation sinnlicher Wahrnehmungen, etwa durch Weltraumteleskope wie Hubble oder James Webb (Medium/Medialität, Technikbegriff 6),

8. die verschiedenen Charakteristika technischen Handelns einschließlich Nebeneffekte oder Umnutzungen (Abschn. 3.3),
9. weiterhin
   a) Sicherheit und Überwachung,
   b) Privatheit und Datenschutz,
   c) Ersetzbarkeit menschlicher Fähigkeiten und Berufe, menschlicher Intelligenz durch technische Informationsverarbeitung (KI),
   d) Vertrauen in Technik und Vertrauenswürdigkeit von Technik,
   e) Akzeptanz und Akzeptabilität von Technik,
   f) die Verhältnisse und Wechselwirkungen zwischen Handlungen in physikalischen Räumen (Boden, Luft, Weltraum, Wasser, Unterwasser) und dem Cyberspace etc. (siehe auch *Band 1, 6.2*).

Wenn wir die beiden Folien konkreter Anwendungen und der Querschnittthemen über die Aufgaben legen, dann können wir nicht nur eine bestimmte Technik durchdeklinieren. Auch die Einordnung und Lösung eines damit verbundenen Sachproblems lässt sich unterstützen (siehe auch die *Methodensynopsis* in Kapitel Book Backmatter). Die **Identifikation und Formulierung eines technikethischen Problems** sind ein notwendiger methodischer Schritt, der nicht unterschätzt werden sollte. Denn zum einen sollen ja keine Ressourcen durch aufgeblasene Retortenrhetorik und Scheinprobleme verschwendet werden, sodass zum anderen auch noch drängende, reale Probleme aus dem Blick gerieten. Außerdem ist die möglichst präzise Identifikation und Formulierung eines zu bearbeitenden Themas innerhalb eines komplexen Problemfeldes ein sensibler methodischer Schritt von dem auch für die Erfolgswahrscheinlichkeit und Sinnhaftigkeit der folgenden Lösungsangebote viel abhängt. Insofern ist stets eine gesunde Skepsis ratsam, sollte ein technikethisches „Problem“ vorgefertigt in die Arena geworfen werden, anstatt selbst genuiner Gegenstand der Forschungen zu sein.

Beispiel: Einen technikethischen Problemaufriss erstellen zum Thema Precision (Livestock) Farming

Sehen wir uns exemplarisch einen kleinen Teil des technikethischen Problemaufrisses smarter Landwirtschaft an. Unter Precision (Livestock) Farming und smarter Landwirtschaft wird eine ganze Reihe innovativer Entwicklungen informationsverarbeitender Technologien im Bereich Ackerbau und Nutztierwirtschaft verstanden. Nicht nur, dass Kühe im Melkkarussell gleichzeitig mittels digitaler Daten effizient erleichtert sowie hinsichtlich ihrer Leistung und Gesundheit vermessen werden, auch fliegende Drohnen überwachen den Zustand von Feldern im Verbund mit einer Flotte vernetzter Maschinen zur Bestellung der Böden von der Aussaat bis zur Ernte. Der digital verwaltete Mutterboden lässt sich mittels Tablet und Co wie in einem Computerspiel beackern. Damit ist der Anwendungsbereich (*Folie 2*) schon einmal grob skizziert. Um die Skizze zu verfeinern, ist es naheliegend, erstens die entsprechenden technischen Handlungen zu analysieren, um einen Überblick über verwendete Artefakte (Technikbegriff 2) und Verfahren (Technikbegriff 3), ihre systemische Vernetzung (Technikbegriff 4) oder die notwendigen Fertigkeiten (Technikbegriff 1) zu erlangen (Abschn. 3.2; Abb. Band 2, 3.2), die sich zweitens wiederum den elf Perspektiven technischer Praxis, von Design bis zur Nutzung, Entsorgung und Instandhaltung zuordnen lassen (Abschn. 3.1; siehe auch Tab. Band 2, 3.2). Damit wird *Folie 2* durch Technikanalyse weiter präzisiert.

Wenn wir so vorgehen, haben wir also 1. das Anwendungsfeld hinsichtlich aktueller Schlüsseltechnologien grob eingegrenzt, 2. das Anwendungsfeld Schicht für Schicht analytisch bestellt, um vom Pauschalbegriff „smarter Landwirtschaft" hin zu konkreten technischen Handlungen zu gelangen. Im dritten Schritt legen wir mit den Charakteristika technischen Handelns *Folie 3* über *Folie 2*. Wir suchen also für jede der verschiedenen Techniken und Handlungsperspektiven nach Nebeneffekten und Umnutzungspotenzialen. Es handelt sich dabei um Querschnittthemen, weil sich die Sensordaten über die Milchleistung einer Kuh genauso zweckentfremden lassen wie ein GPS-gesteuerter Traktor – und schon drängt sich die Frage auf, was zu brisanteren Technikfolgen führen würde: eine „gehackte" Milchkuh oder ein Traktor auf Abwegen? Schritt 3 baut also auf Schritt 2 auf, insofern eine präzise Technikanalyse innerhalb von *Folie 2* überhaupt erst Querschnittthemen der *Folie 3* differenziert sichtbar macht. (An dieser Nahtstelle muss ich mein Dilettieren als Autor vorliegenden Buches im methodenkritischen Selbstbezug eingestehen: Transdisziplinäre Kooperation mit erfahrenen Profis aus dem Ingenieurwesen sowie der Landwirtschaft und Viehzucht lässt sich nicht durch bloß akademische Technikethik ersetzen.)

Was ist die *allgemeine, konkrete und spezifische* Rolle der Ethik dabei? Das wird klarer, sobald wir in einem vierten Schritt *Folie 1* unter *Folie 2* schieben, also eine sinnvolle Aufgabe der Technikethik (jenseits der Problemidentifikation und Technikanalyse) benennen. Versuchen wir es mit *5.*, dem *Think Tanking zukünftiger Entwicklungen und dessen kritischer Reflexion.* Hier würde sich eine Kombination mit *3.b)* anbieten, der *Einzelfallbewertung aus der angewandten Ethik.* Wir haben damit eine erste Eingrenzung erreicht, die sich in folgender Frage ausdrückt:

Was sind die normativ-ethischen Urteile – also was dürfen wir, was nicht, was sollen wir tun etc. –, die in konkret eingrenzbaren, zukünftigen Anwendungsfällen smarter Landwirtschaft (einschließlich Precision Livestock Farming und Precision Farming) in Anbetracht von Umnutzbarkeit und Nebeneffekten anzubringen wären? Und warum?

Es ist offensichtlich, dass hier schon viel fachübergreifende Würze drinsteckt. Insofern Technikethik ihre *spezifische* Fachkompetenz in der angewandten normativen Ethik findet, ist die Frage nach realistischen zukünftigen Szenarien der smarten Landwirtschaft deutlich *allgemeiner* und nicht ohne entsprechende empirisch-technische Expertise zu erörtern. In *Folie 3* lassen sich neben den obligatorischen Charakteristika wie Umnutzungen und Nebeneffekte weitere Querschnittthemen ergänzend einbringen (Schritt 5). So wird die aufgeworfene Frage schlagartig konkreter, wenn es um die Tier-Maschine-Interaktion geht im Vergleich zur Pflanze-Maschine-Interaktion *(Folie 3: 3. und 4.).*[1]

Was sind die normativ-ethischen Urteile, die in konkret eingrenzbaren, zukünftigen Anwendungsfällen der Tier-Maschine- und vergleichend auch der Pflanze-Maschine-Interaktion smarter Landwirtschaft in Anbetracht von Umnutzbarkeit und Nebeneffekten anzubringen wären? Und warum?

Diese Frage würde den Fokus stärker in Richtung der Umwelt- bzw. Natur- und Tierschutzethik verrücken (siehe auch *Band 1, 2.2*). Nachdem hierzu weitere fachliche Perspektiven befragt wurden, könnte eine weitere Iteration der Problemfindung im sechsten Schritt erfolgen. Diese ist motiviert durch das Prüfen kritischer Einwände wie den folgenden: Gibt es nicht dringendere Probleme angesichts weltweit Millionen hungernder Menschen, sodass wir zuerst auf die Mensch(en)-Mensch(en)-Interaktion(en) zu sehen haben und folglich die zwischenmenschliche Verantwortungsfrage in den Mittelpunkt rücken sollten *(Folie 1: 7.a) + Folie 3: 1.)*? Was ist mit Problemen der sozialen und wirtschaftlichen Gerechtigkeit gegenüber regionalen Kleinbauern – die sich weder Drohnen noch Tablets sowie entsprechende Software leisten können und in Abhängigkeiten von mächtigeren Unternehmen/Nationen geraten – bis hin zur Umnutzung von smarter Landwirtschaft als Mittel zum Zweck illegalen Land Grabbings in Afrika *(Folie 1: 8.b) + Folie 3: 1.)*? Warum immer „hätte, könnte, täte, wäre", haben wir nicht aktuelle, reale Probleme, sodass wir uns das Think Tanking einmal verkneifen sollten (*Folie 1: 5.* wird entfernt)?

Hier noch einmal die bis zu diesem Punkt absolvierten sechs Schritte der Problemidentifikation im Überblick:

1. Anwendungsfeld grob skizzieren *(Folie 2 grob)*
2. Anwendungsfeld durch Technikanalyse differenzieren *(Folie 2 fein)*
3. Querschnittthemen der Technikethik im Anwendungsfeld aufdecken (*Folie 2 fein + Folie 3 V.1*)
4. Aufgaben der Technikethik zuordnen *(Folie 1 V.1 + Folie 2 fein + Folie 3 V.1)*
5. Präzision/Revision der Querschnittthemen *(Folie 1 V.1 + Folie 2 fein + Folie 3 V.2)*

[1] Hinweis zum Begriff der Tier- und Pflanze-Maschine-Interaktion: Dem Ansatz der methodisch-sprachkritischen Anthropozentrik (Kap. 2) folgend ist auch Tier- oder Pflanze-Maschine-Interaktion genau genommen eine Art der Mensch-Tier- bzw. Mensch-Pflanze-Interaktion, da ja die Maschinen von Menschen gemacht wurden und im Umgang mit Tieren eingesetzt werden – aktuell über traditionelles Züchtungshandwerk oder Ackerbau mit Handwerkzeugen hinausweisend (zur entsprechenden Unterscheidung von acht Kategorien technischer Mittel siehe *Band 4, 5.2*). Die Tier-Tier- oder Pflanze-Pflanze-Interaktion ist für die Ethik technischen Handelns meistens zu vernachlässigen und gehört eher in die deskriptive Zoologie und Botanik. Als ethisch relevantes empirisches Kriterium kann sie wichtig sein, wenn z. B. durch den Einsatz von Tierrobotern in freier Wildbahn das „natürliche" Verhalten zwischen echten Gorillas durch das Einbringen eines ferngesteuerten Gorilla-Animatronic beeinflusst wird *(Band 3. 2.2).*

6. Präzision/Revision der Querschnittthemen im Verhältnis zu den Aufgaben der Technikethik *(Folie 1 V.2 + Folie 2 fein + Folie 3 V.3)*

Der komplexe Prozess der Problemfindung kann so, auch in Anbetracht des Feedbacks anderer Fächer, mehrere weitere Iterationen in Anspruch nehmen und peu à peu an Präzision gewinnen. Denken Sie doch einmal den nur skizzenhaft angerissenen, technikethischen Zugang zur smarten Landwirtschaft weiter! Der in vorliegendem Abschnitt vorgeschlagene Problemaufriss soll mit seinen drei Folien als Heuristik hierzu dienen. Spielen Sie etwas herum, drehen Sie – metaphorisch gesagt – die Folien in verschiedene Richtungen, zerschneiden Sie diese und legen Sie die Schnipsel mehrschichtig übereinander, fügen Sie neue Elemente ein etc. Im Sinne eines Arbeitsbuches handelt es sich um eine (vorläufige, nicht perfekte) Schablone, die benutzt, ergänzt, angepasst und revidiert werden will! ◄

5.2 Die zweite Ebene

Auf der zweiten Ebene stellt sich der Problemaufriss entsprechend des Genitivus subiectivus dar. *Ethik der Technik* ist dann etwas, das Technik selbst zukommt, also nicht von Menschen gemacht ist. Technologien wie Roboter oder Bots stehen als moralische und ethische Akteure im Fokus, insofern sie einem Ethos/Moralkodex folgen können oder sollen. Aus logischer, methodischer und sprachkritischer Sicht gibt es jedoch gute Gründe, Maschinen zumindest als moralische Akteure (Artificial Moral Agents) auszuschließen – evtl. kämen sie als informationsverarbeitende Werkzeuge bei der Bildung ethischer Argumente oder der Bürokratie der Einzelfallordnung (Kasuistik) infrage. In Kap. 2 haben wir hierzu Grundlinien einer methodisch-sprachkritischen Anthropozentrik kennengelernt. So gesehen könnte sich die Frage nach Maschinen als Subjekten der Roboter- und KI-Ethik bzw. der Technikethik erübrigen. Schlussendlich wird dadurch die Debatte auf der zweiten Ebene jedoch nicht obsolet. Auch wenn gute Gründe gegen die Realisierbarkeit sprechen mögen, es gibt eben auch gute Gründe zumindest hypothetisch darüber nachzudenken. Das logische Argument der methodisch-sprachkritischen Anthropozentrik gerinnt dann selbst zu einer prinzipiell widerlegbaren Position innerhalb der Debatte. Für das Nachdenken über **Computer als Subjekte der Ethik** gibt es zumindest zwei Gründe, selbst wenn wir erhebliche Zweifel an der Moralfähigkeit von Maschinen anmelden: Erstens schulen wir anhand der Frage nach Computern, Robotern oder KI als moralischen oder ethischen Akteuren unser eigenes Denken. Wir provozieren neue Perspektiven, Kriterien für die Definition moralischer und ethischer Agenten zu hinterfragen sowie die Grenzen des ethisch Vertretbaren hypothetisch auszureizen. Das ist ethisches Think Tanking. Dürfen wir wirklich echte Moral einem Roboter anvertrauen, wenn wir es könnten? Die Bedeutung solcher Fragen für menschengemachte Debatten und Gedankenexperimente ist sicherlich nicht zu vernachlässigen.

Zweitens berührt die Frage nach Maschinen als moralischen Subjekten einen Umstand der für jede Technik gilt. Keine Technik ist wertfrei. Wir verwirklichen absichtlich oder unabsichtlich moralische Werte in materiellen Objekten. Die Eingriffstiefe in unser moralisches Alltagsleben ist besonders beachtlich bei sogenannten sprechenden Maschinen. Genau genommen designen wir dann nicht so sehr ein materielles Objekt (Technikbegriff 2), sondern einen Sonderfall technischer Verfahren (Technikbegriff 3), nämlich soziale Interaktion (warum Sprachbots nicht „sprechen", sondern quasi wie indirekte Telefone menschliches Sprechen bloß übertragen, erfahren Sie in *Band 4, 2*). So gesehen gerinnt die zweite Ebene der Technikethik zu einem Hauptgegenstand der ersten: Welche soziale Interaktion sollen und dürfen wir gestalten? Welchen moralischen Werten und Regeln hat diese zu folgen? Wie sind diese Werte und Regeln von den an der sozialen Interaktion direkt oder indirekt „beteiligten" Maschinen umzusetzen – auch aus Sicherheitsgründen? Mit den entsprechenden Übergängen zur ersten Ebene lässt sich für die zweite Ebene folgender Problemaufriss vorschlagen – wieder getragen durch Fragen und entsprechend den Anforderungen transdisziplinären Problemlösens als *allgemein, konkret und speziell* unterschieden (siehe Abschn. 5.1):

1. **Können und dürfen Maschinen moralisch handeln?** (*allgemein;* Roboter- und KI-Ethik Bedeutung 2; *Band 1,3*)
   a) Bearbeitung des theoretischen Problems *(konkret)*: Was sind die logischen, kognitiven, sozialen und/oder organischen Voraussetzungen für Moral? Lassen sich diese in einem Roboter technisch realisieren?
   b) Bearbeiten des praktischen Problems *(spezifisch)*: Dürfen wir Moral in Maschinen realisieren, wenn wir es könnten?
   c) Bearbeiten des abschätzenden Problems *(konkret)*: Was folgt daraus, wenn wir Moral in Robotern realisieren könnten und dürften? Müssten Roboter dann eigene Rechte erhalten, wären sie im juristischen Sinne Rechtssubjekte und Personen, käme ihnen ein besonderer Wert des Schutzes zu? Hätte ein moralischer Roboter den Anspruch auf einen (wie auch immer er aussehen würde) artgerechten, freien, würdevollen Lebensstil? Oder juristisch gewendet: Wäre er strafbar, haftbar oder sogar berechtigt eigene Patente anzumelden?
   d) Bearbeitung des Glaubensproblems *(konkret)*: Wofür sind wir bereit Roboter zu halten, auch wider besseren wissenschaftlichen und technischen Wissens oder Unwissens?
2. **Können und dürfen Maschinen ethisch argumentieren?** (*allgemein;* Bedeutung 3; *Band 1, 4*)
   a) Bearbeitung des theoretischen Problems *(konkret)*: Ob und unter welchen Bedingungen könnte ein Roboter ein Ethical Agent sein? Wäre das Gerät dann auch gleichzeitig ein Moral Agent und/oder Moral Patient?
   b) Bearbeiten des praktischen Problems *(spezifisch)*: Dürfen wir der Ethik fähige Maschinen bauen, wenn wir es könnten? Mehr noch: Müssen wir sogar künstliche Robotic Ethical Agents bauen, weil sie rationaler und weniger durch

Emotionen befangen ethisch argumentieren und urteilen könnten? Wer begründet die Methodenregeln für ethische Ableitungen – der Mensch oder die Maschine? Übernehmen Roboter die Metaethik und Menschen die angewandte Ethik oder umgekehrt oder tragen Maschinen auf allen Ebenen der Ethik beratend bei?

c) Bearbeiten des abschätzenden Problems *(konkret)*: Ist in Zukunft begrifflich zwischen anthropozentrischer und robozentrischer Ethik zu unterscheiden? Wird die robozentrische Ethik die anthropozentrische verdrängen? Sind ethische Dialoge zwischen Menschen und Robotern möglich und sinnvoll? Gilt die goldene Regel der Moral auch für Computer?

d) Bearbeitung des Glaubensproblems *(konkret)*: Gauben wir an perfekte logisch-rationale Ethik, zu der kein Mensch fähig wäre? Wollen wir darum Ethical Agents bauen?

3. **Welchen Regeln und Gesetzen müssen Maschinen folgen?** (*allgemein;* Bedeutung 4; *Band 1, 5*)

   a) Bearbeitung des theoretischen Problems *(konkret)*: Können Roboter moralischen Regeln folgen, auch wenn sie keine Moral Agents wären? Müsste eine eigene Maschinensprache oder ein eigener Compilertypus entwickelt werden, sodass sich moralische Gesetze erfolgreich in Funktionen der Roboter übersetzen lassen? Wie können Maschinen allgemeine moralische Gesetze in konkreten unerwarteten Situationen anwenden? Welche Stufen der Entscheidungsfindung müssten sie durchlaufen?

   b) Bearbeiten des praktischen Problems *(spezifisch)*: Welchen moralischen Regeln müssen Maschinen unbedingt folgen? Wie müssen diese Regeln logisch formuliert werden, um praktisch anwendbar zu sein? Können Robotergesetze wie ein Standesethos formuliert werden (z. B. wie der Eid des Hippokrates für Medizinerinnen)? Gehören Roboter überhaupt einem Berufsstand an oder sind sie, wie auch immer das aussehen könnte, einer sozialen Gruppe zugehörig? Welche Schlüsselbegriffe müssen wie inhaltlich geklärt werden? Welche Gefahren und Fehlerquellen ergeben sich aus der logischen Struktur oder Anwendung der Gesetze (zum Beispiel Guillotineargument)? Wer haftet für falsch formulierte Robotergesetze und die aus ihrer Anwendung resultierenden Schäden?

   c) Bearbeiten des abschätzenden Problems *(konkret)*: Welchen Einfluss haben Robotergesetze auf die Entwickler von Robotern? Bleiben Robotergesetze im Endeffekt ohne jeden realen Praxisbezug, sondern eher Gegenstand technologischer Was-wäre-wenn-Szenarien der Science-Fiction und Philosophie? Oder haben sie die Kraft, reale Rechtsprechung, Politik und unternehmerische Praxis jenseits amüsanter Planspiele zu beeinflussen? Gelten Robotergesetze in Zukunft auch für Menschen?

   d) Bearbeitung des Glaubensproblems *(konkret)*: Glauben wir an Gesetze? Glauben Roboter an Gesetze – vielleicht sogar ehrlicher als wir?

Provisorisch sind die verbundenen Fragen jeweils in vier Kategorien geordnet. Theoretische Probleme betreffen Aspekte der künstlichen Intelligenz und die Fragen nach dem, was technisch realisierbar scheint. Praktische Probleme sind bezogen auf Ethik, zu realisierende Werte sowie Normen. Darum wird diese Kategorie als spezifisch für die Ebene II der Roboter- und KI-Ethik angegeben. Drittens folgt die grobe Zuordnung von Fragen der (Technikfolgen-)Abschätzung: Was kommt auf uns zu? Schließlich geht es viertens um Glaubensfragen, die von rationaler Bewertung zu trennen sind, jedoch selbst Gegenstand wissenschaftlicher Betrachtungen sein können. Es erübrigt sich, extra zu erwähnen, dass die Unterscheidung in vier Kategorien von den jeweiligen Übergängen lebt. Allein schon die Trennung zwischen theoretischen und praktischen Fragen ist künstlich und wird sich in der Analyse nicht konsequent durchhalten lassen. Das Frageraster der zweiten Ebene lässt sich als eine weitere *Folie 4* über den umfangreicheren Problemaufriss der ersten Ebene legen (Abschn. 5.1). In Summe ist damit eine vierschichtige Heuristik gegeben:

Ebene I: Menschen reflektieren über menschengemachte „*Ethik der* Technik"

- *Folie 1* Aufgaben (Was tut Technikethik?)
- *Folie 2* Anwendungen (Um welche Technik geht es?)
- *Folie 3* Querschnittthemen (Welche Aspekte, Konflikte, Herausforderungen oder Probleme treten dabei in den Vordergrund?)

Ebene II: Menschen reflektieren über maschinengemachte „Ethik *der Technik*"

- *Folie 4* Computer als grammatische Subjekte (Was wäre, wenn Maschinen Moral oder Ethik hätten bzw. einem Ethos folgen würden?)

Nachdem in *Band 1* Grundlagen der allgemeinen Ethik anhand der Roboter- und KI-Ethik vorgestellt wurden, stand *Band 2* im Zeichen der Technikethik als anwendungsorientierte ethische Praxis. Diese beinhaltet neben gradualistischen Methoden der Einzelfallverhandlung (Kap. 1 und Kap. 2) auch Technikanalyse, um die Identifikation technikethischer Probleme anhand von elf Perspektiven technischer Praxis und diversen Charakteristika technischen Handelns zu orientieren (Kap. 3) sowie daran Verantwortungsanalysen anzuschließen (Kap. 4). Insofern stellt der in vorliegendem Kapitel skizzierte, mehrschichtige Problemaufriss sowohl eine Zusammenfassung dar, also auch in seiner Gesamtheit ein konkretes Arbeitsmittel in Ergänzung zur Technikanalyse in Kap. 3. Ein konkreter Ausschnitt aus *Folie 2* (Anwendungen) wird im Spannungsfeld aus *Computer und Gesellschaft* zum Gegenstand des anschließenden Buches. In *Band 3* werden entsprechend *Roboter und KI als soziale Herausforderungen* thematisiert. *Band 4* wendet sich einer besonderen Art der Aufgaben theoretischer Philosophie *(Folie 1: 9.c)* sowie Querschnittthemen *(Folie 3)* zu, nämlich *theoretischen Fragen* der *künstlichen Intelligenz, Verkörperung und Autonomie.*

Conclusio

Technikethik ist als Wissenschaft von der Moral technischen Handelns eine philosophische Disziplin, die durch Methoden und Konzepte der allgemeinen und angewandten Ethik fachlich verortet ist. Von da ausgehend ist sie gekennzeichnet durch Aufgaben, Anwendungen und Querschnittthemen, die über eine spezifisch philosophische Bearbeitung hinausweisen. Transdisziplinäres Problemlösen in enger Zusammenarbeit mit Fächern empirischer Sozialforschung, Medizin, Natur-, Rechts- und Wirtschaftswissenschaften sowie insbesondere den Ingenieur- und Technikwissenschaften ist unabdingbar. Hierzu wurde ein Problemaufriss präsentiert, in welchem *spezifische* Aspekte das methodische Kerngeschäft philosophischer Ethik ausweisen, *konkrete* schon stärker auf verschiedene Fächer zutreffen und schließlich *allgemeine* eine Vielzahl unterschiedlicher Disziplinen ansprechen. Besonders auf der ersten Ebene ergibt sich ein breites Problemfeld, das sich zumindest provisorisch taxonomisch gliedern lässt. Hierzu werden drei „Folien", also Heuristiken, unterschieden entsprechend *Aufgaben (Folie 1), Anwendungen (Folie 2) und Querschnittthemen (Folie 3)* menschengemachter Technikethik.

Auch die zweite Ebene, wo Technik selbst als Subjekt der Ethik, Moral oder des Befolgens von Kodizes diskutiert wird, eröffnet eigene Problemfelder. Das Nachdenken über Technik als mögliches Subjekt von Ethik ist zumindest anregendes Think Tanking, das neue Sichtweisen auf reale Sachlagen eröffnen kann. Diese lassen sich im Verbund mit den ersten drei Folien als eine weitere praktische Heuristik *(Folie 4)* bei der Identifikation und Eingrenzung konkreter technikethischer Probleme gebrauchen, wodurch die systematische Ordnung und Präzision transdisziplinären Arbeitens unterstützt wird. Damit findet der Grundriss ethischer Praxis am Ende von *Band 2* – in Fortführung von *Band 1* – einen vorläufigen Abschluss. Die Buchreihe *Grundlagen der Technikethik* wendet sich im Fortgang technologischen Entwicklungen im Anwendungsfeld der Robotik und KI zu, die als soziale Herausforderungen im Spannungsfeld aus Computer und Gesellschaft systematisch vertieft werden *(Band 3)*. Eher theoretische Querschnittfragen der künstlichen Intelligenz, Verkörperung und Autonomie, weiterhin von Sprache, Wissen und Bewusstsein sind Gegenstand von *Band 4*.

Literatur

Grunwald A/Hillerbrand R (Hg) (2021) Handbuch Technikethik. 2., aktualisierte und erweiterte Auflage. Metzler/Springer, Berlin

Hubig C (1993) Technik- und Wissenschaftsethik. Ein Leitfaden. Springer, Berlin u.a.

Hubig C (2007) Die Kunst des Möglichen II. Ethik der Technik als provisorische Moral. Transcript, Bielefeld

Irrgang B (2007) Hermeneutische Ethik. Pragmatisch-ethische Orientierung in technologischen Gesellschaften. WBG, Darmstadt

Jonas H (2015) Das Prinzip Verantwortung. Versuch einer Ethik für die technologische Zivilisation. 5. Auflage. Suhrkamp, Frankfurt a. M.
Kornwachs K (2000) Das Prinzip der Bedingungserhaltung. Eine ethische Studie. Technikphilosophie, Bd. 1. LIT, Berlin u.a.
Lenk H (1982) Zur Sozialphilosophie der Technik. Suhrkamp, Frankfurt a.M.
Lenk H/Ropohl G (Hg) (1993) Technik und Ethik. Reclam, Stuttgart
Michelfelder D/Doorn N (Hg) The Routledge Handbook of Philosophy of Engineering. Taylor & Francis/Routledge, New York/London
Mitcham C (1994) Thinking through Technology. The Path between Engineering and Philosophy. The University of Chicago Press, Chicago/London
Ott K (2005) „Technikethik." In Nida-Rümelin J (Hg) Angewandte Ethik. Die Bereichsethiken und ihre theoretische Fundierung. Ein Handbuch. 2., aktualisierte Auflage. Alfred Kröner, Stuttgart, S 568–647
Ropohl G (2016) Ethik und Technikbewertung. 2. Auflage. Suhrkamp, Frankfurt a.M.
Vallor S (2016) Technology and the Virtues. A Philosophical Guide to a Future Worth Wanting. Oxford University Press, Oxford/New York
Van de Poel I/Royakkers L (2011) Ethics, Technology and Engineering. Wiley-Blackwell, Oxford
Winner L (2020) The Whale and the Reactor. Search for Limits in an Age of High Technology, Second Edition. The Universtiy of Chicago Press, Chicago

Methodensynopsis *Grundlagen der Technikethik Band 2*

Technikethik, Roboterethik und KI-Ethik sind gelebte Transdisziplinarität – also mühsam, mutig, kommunikativ und problemorientiert. Transdisziplinäres Arbeiten setzt disziplinäre Methoden voraus. Diese umfassen Verfahren der Sprachkritik (I.), der Technikanalyse und -bewertung (II.), normativen Reflexion allgemeiner und angewandter Ethik (III.) sowie der Methodenreflexion und Erkenntniskritik (IV.). Transdisziplinäre Methoden sind iterativ/rekursiv angelegt und zielen auf fachübergreifende Integration durch Teamarbeit und gemeinsames voneinander sowie miteinander Lernen. Iteration meint das mehrmalige problemorientierte, offene und nicht dogmatische Durchlaufen einzelner Methoden. Es könnte auch von Feedbackloops oder in einer technischen Metapher von „epistemischen Regelkreisen" gesprochen werden. Die folgende Heuristik ist darum nicht als strenge Stufenfolge zu verstehen, die einmalig genau so zu absolvieren wäre. Sie fasst methodische Schritte zusammen, die je nach Situation komplett oder einzeln, in beliebiger Reihenfolge nacheinander oder parallel durchlaufen werden. Zum Beispiel wechselwirken Sprachkritik (I.) und Technikanalyse (II.) miteinander, insofern das Finden einer präzisen Wortwahl als auch das analytische Identifizieren eines Objekts und Konflikts miteinander zusammenhängen. In *Band 1* haben wir eine methodische Heuristik begonnen, die wir in *Band 3* und *Band 4* weiterentwickeln. Sie ist eine Heuristik zur praktischen Orientierung, jedoch keine Enzyklopädie oder Universalmethode. Erinnern wir uns: Es gibt keinen Newton der Metaethik, sondern es herrscht Methodenpluralismus vor *(Band 1, 4.5; Band 1, 4.6).* In folgender Übersicht werden also Faustregeln präsentiert und geordnet. Greifen Sie im Werkzeugkasten zu, je nach Situation, Fragestellung, Bedürfnissen der Teamarbeit etc. wird das praktisch zu unterschiedlichen Problemlösungsprozessen und Rekursionsschritten führen:

I. Sprachkritik: Eine (gemeinsame) präzise und klare Sprache finden

1. **Beachten Sie die Mehrdeutigkeit von Worten und finden Sie möglichst klare Bezeichnungen dessen, worüber gesprochen wird!**

© Springer Fachmedien Wiesbaden GmbH, ein Teil von Springer Nature 2022

M. Funk, *Angewandte Ethik und Technikbewertung*,
https://doi.org/10.1007/978-3-658-37085-5

- Finden und analysieren Sie hierzu Schlüsselbegriffe hinsichtlich ihrer verschiedenen Bedeutungen und Gebrauchsweisen. Entwerfen Sie Übersichten, aus denen die inhaltlichen Beziehungen der Wortbedeutungen im größeren Zusammenhang ersichtlich werden. Visualisieren Sie auch den verschiedenen Gebrauch von Worten und Bedeutungen in transdisziplinären Arbeitsgruppen: Wann ist mit dem gleichen Wort etwas unterschiedliches gemeint? Wann ist das gemeinte mit unterschiedlichen Worten bezeichnet? Schließt ein Begriff andere ein oder aus? Für welche Vereinheitlichung wird sich entschieden?
- Zum Beispiel: „Roboterethik" und „KI-Ethik" – als Spezialfälle der „Technikethik" – sind mehrdeutige Begriffe. Schauen wir auf das zweite Substantiv: „Ethik". Klären Sie, ob damit die Wissenschaft von der Moral (Ethik) gemeint ist oder ein konkreter Lebensstil mit normativen Überzeugungen (Moral) oder die Kodifizierung moralischer Regeln (Ethos) und ob Sie dabei an menschliche Akteurinnen denken (Ebene I) oder an Maschinen, die „ethisch" sind (Ebene II): *Band 1, 2* bis *Band 1, 5;* Abb. Band 1, 3; Tab. Band 1, 6.2.
- Zum Beispiel: Blicken wir auf das erste Substantiv in der Zusammensetzung „Technikethik". Klären Sie, welche „Technik" Sie meinen, wenn Sie von „Technik" sprechen: 1. Fertigkeiten (praktisches Wissen), 2. materielle Gegenstände (Artefakt), 3. Verfahren („Verfahrenstechnik"), 4. Systeme („Systemtechnik"), 5. verwissenschaftlichte Technologien, 6. Medien der Selbst- und Weltaneignung (Medium, Medialität), 7. Reflexionen des Zweck-Mittel-Schemas (Reflexionsbegriff). (Tipp: Es kann helfen alle 7 Technikbegriffe auszuprobieren und sie an einem zu besprechenden Phänomen zu entdecken. Damit wird nicht nur sprachliche Präzision gewonnen, sondern auch das Problemverständnis differenziert: *Band 2, 3.2;* Abb. Band 2, 3.2.)
- Weitere Beispiele relevanter mehrdeutiger Worte:
  - „Autonomie": *Band 4, 5*
  - „Drohne": *Band 3, 3*
  - „Ethik": *Band 1, 4*
  - „Künstliche Intelligenz": *Band 3, 4*
  - „Leben": *Band 1, 3.1; Band 1, 3.2;* Abb. Band 1, 3.1; Abb. Band 1, 3.2
  - „Natur" und „Kultur": *Band 1, 3.3;* Abb. Band 1, 3.3
  - „Sprache": *Band 4, 2*
  - „Roboter": *Band 3, 1; Band 3, 2*
  - „Verkörperung" als mehrdeutiger „Körper" (physisch: „embodied AI"): *Band 4, 3*
  - „Verkörperung" als mehrdeutige „Vermenschlichung" (bildlich: „Anthropomorphisierung"): *Band 3, 2.1*
  - „Wissen": *Band 4, 1*

2. **Unterscheiden Sie normativ-wertendes Sprechen von deskriptiv-beschreibendem!**
   - Zum Beispiel: Ein „guter" Hammer (deskriptiv: Beschreibung eines nützlich und effizient gearbeiteten, langlebigen, stabilen Werkzeugs) ist kein „guter" Handwerker (deskriptiv: Beschreibung eines geschickt arbeitenden und darum instrumentell nützlichen Fachmanns), ist wiederum kein „guter" Handwerker (normativ: wertendes Lob eines Handwerkers, der Holzspielzeug baut und es Weihnachten an Waisenkinder verschenkt). Vermeiden Sie naturalistische Fehlschlüsse: *Band 1, 4.6; Band 2, 2;* Abb. Band 2, 2.
   - Dementsprechend wird unterschieden zwischen deskriptiver Ethik, wo moralisches Handeln beschrieben wird, und normativer Ethik, wo moralisches Handeln bewertet wird. Führen Sie sich vor Augen, wann Sie um Worte ringen, um Verhaltensweisen in eine sprachliche Form zu bringen, und wo Sie nach Argumenten suchen, um eine solche als geboten oder verboten auszuweisen: *Band 1, 4.1; Band 1, 4.7; Band 2, 2.1;* Abb. Band 1, 5.1.
   - Leiten Sie in der normativen Ethik ein Sollen stets aus einer Norm, nicht aus einer Tatsachenbeschreibung ab. Vermeiden Sie den Sein-Sollen-Fehlschluss: *Band 1, 4.6; Band 2, 2;* Abb. Band 2, 2.
   - Ein entsprechender technikethischer Imperativ lautet: „Du sollst Technologien nicht ethisch-methodisch bewerten, so als ob das Reden über Messwerte gleich dem Reden über moralische Werte wäre": *Band 2, 2.2.*
3. **Erkennen Sie Umdeutungen von Worten und machen Sie diese sichtbar!**
   - Worte sind umnutzbar und bergen Nebeneffekte: *Band 2, 3.3; Band 4, 2.1.*
     - Beispiel: Der Slogan „Made in Germany" wurde zur Brandmarkung minderwertiger Produkte auf britischen Märkten eingeführt, erfuhr jedoch eine Umdeutung da die so bezeichneten Güter tatsächlich von „hoher Qualität" waren: *Band 2, 3.3.*
     - Beispiel: Bezeichnen wir einen Roboter als „autonom", können damit ganz sachlich „technische Freiheitsgrade" benannt sein. Ein Nebeneffekt ist jedoch das Moralisieren der Maschine, da „Autonomie" nicht nur physische Bewegungsfreiheit meint, sondern vor allem im moralisch-politischen Sinne verwendet wird: *Band 4, 5.1.*
   - Sprachliche Umnutzung ereignet sich zum Beispiel überall dort, wo wir über Maschinen sprechen, als ob sie menschlich wären. Beispiel: „Ein netter, höflicher Roboter." Vermeiden Sie anthropomorphe Fehlschlüsse: *Band 1, 4.6; Band 2, 2; Band 2, 2.1;* Abb. Band 2, 2.
   - Oder dort, wo wir über Menschen sprechen, als ob sie Maschinen wären. Beispiel: „Das Kind funktioniert nicht, es hat eindeutig einen Schaltfehler im Kopf und wird seinen Zweck nie erfüllen." Vermeiden Sie robomorphe Fehlschlüsse: *Band 1, 4.6; Band 2, 2.1; Band 2, 2;* Abb. Band 2, 2.

4. **Kennzeichnen Sie metaphorische und analogische Redeweisen!**

- Beispiel: „Metaphorisch nenne ich dieses Auto frei, weil mir andere Worte fehlen, um die Funktionsweise zu beschreiben." (Das Wort „frei" wurde metaphorisch umgedeutet. Der methodische Anspruch liegt darin, sich dessen bewusst zu sein und darum nicht unabsichtlich falsche Bedeutungen bei der Beschreibung eines Autos mitzuziehen: Es ist also nicht frei wie ein Mensch, nur weil es frei genannt wird.)
  - *Warum Maschinen nicht im normativen Sinne „frei" sind und welche Grade technischer Autonomie sich unterscheiden lassen erfahren Sie in Band 4, 1.1; Band 4, 5.*
- Beispiel: Metaphorisch lassen sich Menschen als „Maschinen" oder „informationsverarbeitende Systeme" beschreiben. Das kann durchaus sinnvoll sein, etwa in bestimmten Bereichen medizinischer Forschung, Diagnostik und Therapie. Jedoch handelt sich dabei um eine methodische Konstruktion, deren metaphorischer Charakter zu den expliziten Bedingungen technischen Handelns gehört. Nur weil sich Menschen in bestimmten Bereichen/Ausschnitten mit praktischen Erfolgen so beschreiben lassen, *als ob* sie „Maschinen" wären, sind sie im wörtlichen Sinne keine Maschinen: *Band 2, 2.1; Band 2, 2.2.*

II. Technikanalyse: Ein Problem identifizieren

1. **Beachten Sie die Mehrdeutigkeit von Technik und legen Sie einen möglichst klaren Fokus auf das, was mit einer Technik gemacht wird!**
   - In der Technikethik stehen technische Handlungen mit all ihren unberechenbaren Windungen menschlichen Kulturlebens im Mittelpunkt (Charakteristika *technischen Handelns*): *Band 2, 3.3; Band 2, 3.4; Band 2, 5.*
     - Keine Technik ist neutral/wertfrei: Es existieren keine Artefakte (Technik 2) unabhängig von menschlichen Handlungen, denn auch Unterlassungen oder das distanzierte Betrachten im Museum sind Handlungen
     - *Umnutzung, Umdeutung*: die vielfältigen Potenziale technischen Handelns jenseits der Absichten und Ziele von Entwicklerinnen etc.; auch Zweckentfremdung und Dual Use

       Beispiel: Messer als Bajonett, Mordwaffe, Kunstwerkzeug oder Küchengerät verwendet
     - *Nebeneffekte:* unbeabsichtigte Nebenwirkungen; auch Side-effects

       Beispiel: Atommüll
     - Keine Technik ist hundertprozentig sicher, jede Technik birgt Gefahren und Risiken

       Beispiel: Nuklearkatastrophen von Tschernobyl und Fukushima
     - Beachten Sie die häufig komplexen kulturhistorischen *Entwicklungspfade*

Techniken bauen auf Vorgängerformen auf, sowohl im materiellen Sinne als auch hinsichtlich ihrer Gebrauchsweisen
Beispiel: Schreibmaschinen und Computerkeyboards
Macht und Interessen prägen technische Entwicklungen, besondere Triebfedern sind *Kriege, Medizin, Religion oder Ökonomie*
Technische Entwicklungen lassen sich nicht (komplett) planen oder steuern, sie unterliegen auch Zufällen

- Vermeiden Sie Pauschalurteile über *die* Technik! Es gibt nicht *die eine* Technik. Um welche Technik geht es konkret? Was kennzeichnet sie im Verhältnis zu anderen Techniken? Mit welchen Worten sprechen wir über eine konkrete Technik (siehe oben I.1.)? *Band 2, 3.2;* Abb. Band 2, 3.2.
  - *1. Fertigkeit, Kompetenz, praktisches Wissen: eine Technik beherrschen, leiblich geschickter Umgang (formaler Technikbegriff, Kunstcharakter)*
    Beispiel: technisch gewandt Klavier spielen können so wie Rubinstein, Arrau oder Gulda
  - *2. Gegenstand, materielles Objekt/Ding, auch als Artefakt bezeichnet (materieller Technikbegriff I, Realtechnik, Sachtechnik)*
    Beispiel: das Klavier, das von Bösendorfer, Schimmel oder Bechstein hergestellt wurde
  - *3 .Verfahren, Prozess (materieller Technikbegriff II, Verfahrenstechnik)*
    Beispiel: Fertigungsverfahren im Klavierbau, ein Klavier stimmen (Prozess), eine Beethoven-Sonate spielen (Prozess)
  - *4. System, Netzwerke (Systemtechnik)*
    Beispiel: eine Klavierspielerin hat ihre Kunst im sozialen Zusammenhang aus Lehrerinnen, Familie, Freundinnen, Publikum, Kritikerinnen etc. gelernt; ihr Flügel wurde mittels elektrischer Energie gefertigt, die der Herstellerin systemisch zugeliefert wurde, wie auch die Rohstoffe
  - *5. Technologie: theoretisches, verwissenschaftlichtes Wissen*
    Beispiel: Lehrbücher des Klavierbaus, inklusive diverser akustischer, statischer Berechnungen; Lehrbücher des Klavierspielens, inklusive Harmonielehre, abstrakter Notationen und musikwissenschaftlicher Kommentare
  - *6. Medium: Welt- und Selbstaneignung durch technische Praxis (Medialität der Technik)*
    Beispiel: Klavier als Medium emotionalen Ausdrucks oder sozialer Weltordnungen (Bildungsbürgertum), Statussymbol oder der Selbsterkenntnis durch Entfaltung leiblicher Fähigkeiten
  - *7. Zweck-Mittel-Relation: Reflexionsbegriff*
    Beispiel: Klaviermusik als Mittel zum Zweck propagandistischer Großveranstaltungen

- Analysieren Sie hierzu verschiedene *Perspektiven technischer Praxis* und ordnen Sie diese einer konkreten Technik in einer konkreten Situation zu: *Band 2, 3.1; Band 2, 4;* Tab. Band 2, 3.2; Tab. Band 2, 4.1.
  - 1. Grundlagenforschung
  - 2. Angewandte Forschung
  - 3. Konstruktion, Design, Entwicklung
  - 4. Logistik, Ressourcenbeschaffung
  - 5. Produktion, Fertigung
  - 6. Vertrieb, Handel, Marketing
  - 7. Nutzung, Anwendung, Konsum
  - 8. Wartung, Instandhaltung, Ersatzteilmanagement
  - 9. Entsorgung, Recycling
  - 10. Soziotechnische Einbettung
  - 11. Politische und juristische Regulierung

2. **Identifizieren Sie das ethische Problem bzw. den ethisch relevanten moralischen Konflikt!**
   - Moralische Probleme sind nicht immer offensichtlich, lauern zuweilen in unerwarteten Details oder werden von anderen Fragen überdeckt. Verschaffen Sie sich einen detaillierten Überblick möglicher moralischer Probleme im Umgang der zu betrachtenden Technik. Nutzen Sie hierzu die Perspektiven technischer Praxis (siehe oben II.1.).
     - Beispiel: Das ethische Problem des Kaffeetrinkens könnte in der Produktion gesehen werden (fairer Handel, Wasserverbrauch etc.), aber auch in der Entsorgung (nicht bei losem Kaffeesatz, der sich als Dünger umnutzen lässt, jedoch bei Aluminiumkapseln).
   - Nähern Sie sich durch das kreative Formulieren *allgemeiner, konkreter und spezifischer Fragen* an. Zerlegen Sie die jeweiligen Fragen wiederum in Komponenten. Dabei helfen Querschnittthemen (Beispiel: Datenschutz, der fast sämtliche Informationstechnologien betrifft) und deren Verbindungen (Beispiel: Datenschutz ist verbunden mit Datensicherheit): *Band 1, 4.7; Band 1, 6.2; Band 2, 5.*
   - Analysieren Sie hierzu die verschiedenen Arten von Ungleichheiten, die das soziale Handeln (*zwischenmenschliche* Asymmetrie*) und Mensch-Technik-Interaktionen (Mensch-Technik-Asymmetrie*) prägen: *Band 2, 2.3.*
     - Beispiel: Ein Pflegeroboter aus Kupfer und Eisen ist „stärker" als ein menschlicher Leib *(empirisch-deskriptive Asymmetrie),* was als ethisch relevantes empirisches Kriterium für Gebote des Arbeitsschutzes dient oder direkt das zwischenmenschliche Miteinander von schutzbedürftigen Patientinnen und Pflegern betrifft *(normative Asymmetrie)* – wobei die betreffenden Menschen wiederum nach Glück im Angesicht eines endlichen, verletzlichen Lebens streben *(existenzielle* Asymmetrie*).*
   - Moralische Probleme sind häufig an Wertkonflikten zu erkennen.

  - Beispiel: Was ist wichtiger, Datenschutz oder physische Sicherheit (wo eine Maschine Daten ihrer Umgebung erfassen, verarbeiten und speichern muss, um physische Kollisionen mit Menschen zu vermeiden)?
- Bei der Beschreibung moralischer Standpunkte, die eventuell in Konflikt geraten (deskriptive Ethik), kann die Unterscheidung von Anthropozentrik, Biozentrik, Physiozentrik, Technozentrik und Robozentrik als Schablone dienen: *Band 1, 3.1; Band 1, 3.2;* Abb. Band 1, 3.1; Abb. Band 1, 3.2.
- Nicht jeder moralische Konflikt ist ethisch relevant und muss sofort wissenschaftlich beurteilt werden. Identifizieren Sie moralische Probleme und grenzen Sie diese entsprechend ihrer ethischen Brisanz ein.
  - Beispiel: Die Ästhetik eines Atomkraftwerks könnte ein moralisches Problem sein, wenn es um die nachhaltige Gestaltung schöner und lebenswerter Stadtbilder geht. Jedoch wird dieses Problem in seiner ethischen Relevanz durch Fragen der Risiken und Sicherheit sowie der Endlagerung von Atommüll überstrahlt.
- Vermeiden Sie den moralistischen Fehlschluss – schauen Sie nicht nur auf das korrekte Sollen, sondern auch auf den Zugang zu den Mitteln, um das Sollen zu erreichen; konstruieren Sie keine unnötigen ethischen oder moralischen Probleme: *Band 1, 4.7.*
- Trennen Sie moralische von außermoralischen (Wert-)Urteilen: *Band 1, 3.4.*

3. **Nutzen Sie bei Bedarf auch den vierschichtigen Problemaufriss der Technikethik als heuristische Hilfestellung (*Band 2, 5*)!**
   - Ebene I: Menschen reflektieren über menschengemachte „*Ethik der* Technik“: *Band 2, 5.1.*
     - *Folie 1* Aufgaben hinsichtlich einer spezifischen, konkreten und allgemeinen disziplinären Zuordnung (Was tut Technikethik?; siehe oben II.2.)
     - *Folie 2* Technikanalyse der betreffenden Anwendungen (Um welche Technik geht es?; siehe oben II.1.)
     - *Folie 3* Querschnittthemen (Welche Aspekte, Konflikte, Herausforderungen oder Probleme treten dabei in den Vordergrund?; siehe oben II.2.)
   - Ebene II: Menschen reflektieren über maschinengemachte „Ethik *der Technik*“: *Band 2, 5.2.*
     - *Folie 4* Computer als grammatische Subjekte (Was wäre, wenn Maschinen Moral oder Ethik hätten bzw. einem Ethos folgen würden?)

III. Technikbewertung durch normative Reflexion allgemeiner und angewandter Ethik: Eine Problemlösung erarbeiten

1. **Argumentieren Sie rational mit wissenschaftlichem Anspruch (allgemeine Ethik)**!

- Greifen Sie auf Argumentationsangebote etablierter Ansätze der allgemeinen normativen Ethik zurück. Drei wichtige Beispiele – neben anderen wie Tugendethik oder Klugheitsethik – sind deontologische Ethik, Utilitarismus und Diskursethik: *Band 1, 4.2* bis *Band 1, 4.4.*
- Bei der Überprüfung der Qualität moralphilosophischer Ansätze kann ein Blick auf die Umsetzung der Kriterien ethischer Theorien helfen: *Band 1, 4.5.*
- Vermeiden Sie Fehlschlüsse: *Band 1, 4.6; Band 2, 2.1.*
- Bei der Bildung gestufter, gradualistischer Problemlösungen (normative Ethik) kann die Unterscheidung von Anthropozentrik, Biozentrik, Physiozentrik, Technozentrik und Robozentrik als Schablone dienen (siehe oben II.2.): *Band 1, 3.1; Band 1, 3.2;* Abb. Band 1, 3.1; Abb. Band 1, 3.2.

2. **Verfahren Sie anwendungsorientiert mit Blick für den Einzelfall (angewandte Ethik)!**
   - Verfahren Sie einzelfallorientiert stufenweise auf vier Wegen der Kasuistik, logisch ableitend und analogisch vergleichend jeweils bottom-up und top-down: *Band 2, 1.1; Band 2, 1.3; Band 2, 2;* Abb. Band 2, 2.
     – Unterscheiden Sie die verschiedenen Abstraktionsgrade im gradualistischen Schema:
       1. Ethische Theorien (sehr abstrakt/allgemein, z. B.: deontologische Ethik)
       2. Allgemeine ethische Prinzipien und Leitbilder (abstrakt/allgemein, z. B.: Langzeitverantwortung)
       3. Ethische Normen und bereichsspezifische Handlungsregeln (mittlere Prinzipien, *Prima-facie*-Prinzipien; siehe unten III.3.)
       4. Anwendungsregeln (konkret, meistens im Verbund mit 5., z. B.: Lege stets den Sicherheitsgurt an!)
       5. Handlungskriterien durch ethisch relevante empirische Kriterien (siehe folgender Stichpunkt)
       6. Singuläre Urteile (sehr konkret: Was soll genau jetzt, nur heute und nur hier gemacht werden und was nicht?)

     – Prüfen Sie Einzelfälle im Spiegel allgemeiner Grundsätze und umgekehrt, abstrakte Theorien im Kontext konkreter praktischer Situationen
       Top-down: wie bei der Deduktion vom Allgemeinen zum Konkreten verfahrend
       Bottom-up: wie bei der Induktion vom Konkreten zum Allgemeinen verfahrend

     – Greifen Sie dabei auf logisch-ableitende wie auch auf analogisch-vergleichende methodische Bewegungen zurück:
       Top-down 1: mittels Einordnung des Einzelfalls durch Analogiebildung zu bereits bestehenden Case Studies (In welche Schublade gehört der Fall?)
       Top-down 2: mittels gradualistischer Ableitung aus ethischen Theorien (Zu welchem Urteil gelangen wir entsprechend Theorie x, y oder z?)
       Bottom-up 3: mittels Prüfung bestehender Einzelfallordnungen im Spiegel der konkreten Situation (Brauchen wir eine neue Schublade für den aktuellen

Fall, müssen wir bestehende Schubladen ändern oder ordnet er sich nahtlos in bekannte Situationen ein?)
Bottom-up 4: mittels Prüfung höherstufiger Abstraktionsgrade im Spiegel der konkreten Situation (Bewähren sich 1. die ethische Theorie, 2. die entsprechenden Leitbilder etc.?)
  - Wählen Sie nicht bloß den nächstbesten, bequemen Weg, sondern gehen Sie bewusst alle vier Wege in verschiedenen Reihenfolgen (Iterationen), um eine möglichst reflektierte Einordnung zu erhalten!
- Beachten Sie das sinnliche Leben, integrieren Sie ethisch relevantes empirisches Wissen sowie relevante empirische Beobachtungen, Kriterien und Tatsachen: *Band 1, 4.7.*
  - Um einen Sein-Sollen-Fehlschluss zu vermeiden (siehe oben I.2.), darf von einer empirischen Tatsache nicht direkt auf ein moralisches Gebot geschlossen werden. Einen Ausschluss erreichen Sie, indem sie gradualistisch vorgehen und moralische Gebote oder Verbote aus ethischen Theorien, Prinzipien etc. mit einem höheren Abstraktionsgrad ableiten. Die ethisch relevanten empirischen Kriterien schleifen Sie dann *zusätzlich* ein, kurz bevor Sie zum unmittelbaren singulären Urteil gelangen: *Band 2, 1.1; Band 2, 2; Band 2, 2.1;* Abb. Band 2, 2
- Ziehen Sie Ethikkodizes zu Rate – aber überprüfen Sie diese auch stets kritisch, denn ein Ethos/Kodex ist ja nur eine Standardisierung moralischer Sätze und muss nicht das Resultat einer wissenschaftlichen, rationalen Argumentation und Prüfung sein. Quellenkritik ist hier besonders wichtig, da die Veröffentlichung bloß interessen- oder marketinggetriebener Ethikkodizes ohne Sachverstand keine Seltenheit darstellt: *Band 1, 5;* Abb. Band 1, 5.1.

3. **Wenn ein schnelles, provisorisches Urteil Not tut, dann greifen Sie auf mittlere Prinzipien bzw. *Prima-facie*-Prinzipien zurück!**
   - Diese befinden sich auf der dritten Stufe im gradualistischen Schema (siehe oben, III.2.) und sind teilweise in aktuellen *Ethics Guidelines* kodifiziert: *Band 2, 1.1; Band 2, 1.2.*
   - Entsprechend der (Bio)Medizinethik nach Beauchamp und Childress:
     - Autonomie (Respekt vor den Fähigkeiten des Individuums)
     - Wohltun (Bedürfnisbefriedigung, Förderung des Wohls = Heilen und Helfen)
     - Schadensvermeidung (Schmerz, körperliche und psychische Schäden verhindern)
     - Gerechtigkeit (Fairness in der Verteilung von Nutzen und Lasten)
   - Entsprechend aktueller *Ethics Guideline for Trustworthy AI* auf EU-Ebene[1]:
     - Ethikgrundsätze:

       Achtung der *menschlichen* Autonomie (≠ maschinelle Autonomie)

[1] https://ec.europa.eu/futurium/en/ai-alliance-consultation.1.html·

Schadensverhütung (= Schadensvermeidung)
Fairness (= Gerechtigkeit)
Erklärbarkeit (= Transparenz maschineller Funktionen; ersetzt das Prinzip des Wohltuns/Heilens und Helfens)

– Dementsprechende konkrete Anforderungen:
Vorrang menschlichen Handelns und menschliche Aufsicht
Technische Robustheit und Sicherheit
Datenschutz und Datenqualitätsmanagement
Transparenz
Vielfalt, Nichtdiskriminierung und Fairness
Gesellschaftliches und ökologisches Wohlergehen
Rechenschaftspflicht

IV. Methodenreflexion und Erkenntniskritik: Das eigene Vorgehen, Annahmen sowie Resultate skeptisch hinterfragen, prüfen und weiterentwickeln

1. **Technikethik, Roboterethik und KI-Ethik sind angewandte methodisch-sprachkritische Anthropozentrik.**
   - Menschen und deren leiblich-existenzielle Lebensvollzüge stehen im Mittelpunkt, nicht nur aus ethischen oder moralischen, sondern auch aus methodischen Gründen. Kennzeichnend ist dabei die gemeinschaftliche Praxis des Kommunizierens, also die methodische Einsicht, dass Sinn und Bedeutung ethischer Argumente, Prinzipien oder Urteile von endlichen und fragilen menschlichen Handlungen abhängen: *Band 2, 2.*
   - Menschliche Praxis ist nicht zu verwechseln mit Informationsverarbeitung: *Band 2, 2.1.*
     - Dementsprechend gilt der technikethische Imperativ („Du sollst (Informations-)Technologien nicht ethisch bewerten, so als ob das Reden über Messwerte gleich dem Reden über moralische Werte wäre“): *Band 2, 2.2*
     - Die Vollzugsperspektive moralischen Lebens und darauf aufbauender Ethik kann nicht durch technische Mittel, Computersimulation oder -modellbildung ersetzt werden: *Band 2, 2.3*
   - Methodisch-sprachkritische Anthropozentrik ist dem Namen nach ein methodisches Konzept. Technikethik nimmt ihren Ausgang bei aktiv fragenden, denkenden, kommunizierenden Menschen: *Band 2, 2.*
     - Damit ist nicht gesagt, dass es nur „den einen“ Menschen gäbe oder Ökosysteme, Tiere und Pflanzen keinen Eigenwert hätten oder dass technische Dinge nicht auch gesellschaftliche Entwicklungen beeinflussen würden
     - Verwechseln Sie methodisch-sprachkritische Anthropozentrik nicht mit inhaltlicher, weltanschaulich-ideologischer Anthropozentrik

   - Selbst Vertreter des Post- und Transhumanismus, des *New Materialism* oder postanthropozentrischer Ethik bleiben einer methodisch-sprachkritischen Anthropozentrik verhaftet, insofern sie ja mit anderen Menschen über Konzepte und Positionen streiten – und nicht etwa mit den Tauben auf der Straße, ihrem Autoschlüssel oder Kaktus auf der Fensterbank: *Band 2, 2.4*
   - *Warum wir auch bei der Verwendung von Sprachbots in Wahrheit zu anderen Menschen sprechen und nicht mit der Software, erfahren Sie in Band 4, 2*
2. **Beachten Sie die erkenntnis- und wissenschaftstheoretische Unterscheidung zwischen Genese (Tatsachenbehauptung) und Geltung (Rechtfertigung der Tatsachenbehauptung)!**
   - *Was das bedeutet und warum erfahren Sie in Band 4, 1.1; Band 4, 5.1.*
   - Dies entspricht der metaethischen Unterscheidung deskriptiven und normativen Sprechens (siehe oben I.2.).
3. **Hinterfragen Sie Ihr Vorgehen!**
   - Haben wir die Methoden/Erkenntnisse/Probleme, die wir brauchen, und brauchen wir die Methoden/Erkenntnisse/Probleme, die wir haben?
   - Welchen Standpunkt nehmen wir ein, mit welcher Perspektive wenden wir uns einem ethischen Problem zu?
   - Was ist mein Vorurteil?
4. **Fragen Sie grundsätzlich weiter!**
   - Ist Ethik bloß die Wissenschaft von der Moral oder nicht doch sogar eher eine Lebenskunst oder Klugheitslehre? Wenn Ja, wie wissenschaftlich ist sie dann?
   - Was ist in der Ethik wichtiger, Erfahrung oder Methode?
   - Warum wird Ethik von Menschen für Menschen gemacht? Könnte sich das durch Maschinen nicht so grundsätzlich ändern, dass auch unsere Methoden in der Technikethik obsolet werden?
   - Was wurde nicht gesagt, gedacht oder versucht?

Glossar *Grundlagen der Technikethik Band 2*

Vorliegendes Glossar versammelt ausgewählte Schlüsselbegriffe nach Themen geordnet. Es beginnt mit Grundbegriffen der *Ethik und Moral,* gefolgt von denen der *Technikethik, Roboterethik und KI-Ethik.* Die nächsten Gruppen umfassen Termini zu den Themen *Technik, Technologie und Ingenieur,* dann *technische Praxis/technisches Handeln* und anschließend *Entwicklung und Geschichte.* Zuletzt folgt der Themenblock *Roboter und künstliche Intelligenz.* Vorliegendes Glossar wird innerhalb der Reihe *Grundlagen der Technikethik* Schritt für Schritt erweitert. Da die technischen Termini erst in *Band 3* vertieft behandelt werden, bleibt das Glossar in *Band 1* und *Band 2* noch recht ethik- und weniger techniklastig.

Ethik und Moral:

Angewandte Ethik ist praktisches, am Einzelfall moralischer Konflikte orientiertes Problemlösen unter Handlungs- und Entscheidungsdruck. Es geht also darum, mit Unsicherheiten in konkreten Situationen umgehen zu können, und nicht primär um die perfekte ethische Theorie. Angewandte Ethik wird auch als Bereichsethik(en) angesprochen, da sie verschiedene Problemfelder mit je eigenen Herausforderungen und Konzepten umfasst (Beispiel: Tierschutzethik, Medizinethik, Umweltethik, Technikethik). Sie ist seit den 1970er-Jahren als Reaktion auf ökologische, medizinische und technische Problemlagen sowie lebensferne Spezialisierungen innerhalb der neuzeitlichen europäischen Ethik entstanden. Dabei kann sie sich auch auf vormoderne und außereuropäische Traditionen der Ethik als Klugheitslehre und praktischen Lebensweisheit berufen – jedoch nicht ohne ihren neuzeitlich wissenschaftlichen Anspruch einzubüßen (*Band 1, 2.1; Band 2, 1; Band 2, 2;* Abb. Band 1, 2.1; Abb. Band 2, 2).

Deskriptive Ethik ist die Wissenschaft von der Explikation und Beschreibung von Moral (*Band 1, 4.1;* Abb. Band 1, 5.1).

Ethik bzw. Moralphilosophie ist die Wissenschaft von Moral (*Band 1, 2; Band 1, 4.1;* Abb. Band 1, 2.1; Abb. Band 1, 3).

Ethische Theorien beinhalten die allgemeinsten, abstraktesten Prinzipien und Grundsätze, die sowohl in der Metaethik hinsichtlich ihrer Sprache, Logik und Form behandelt

© Springer Fachmedien Wiesbaden GmbH, ein Teil von Springer Nature 2022

M. Funk, *Angewandte Ethik und Technikbewertung,*
https://doi.org/10.1007/978-3-658-37085-5

werden als auch in der Moralbegründung und angewandten Ethik zur Urteilsbildung dienen. In gradualistischen Verfahren der retrospektiven und prospektiven Kasuistik werden sie als oberste Stufe gebraucht, die sich peu à peu auf singuläre Urteile in sehr konkreten Situationen spezifizieren lassen. Ethische Theorien müssen Begründungskriterien gerecht werden und sollen Entscheidungskriterien liefern. Beispiele ethischer Theorien umfassen die deontologische Ethik, Diskurs- und Tugendethik wie auch den Utilitarismus (*Band 1, 4.2; Band 1, 4.3; Band 1, 4.4; Band 1, 4.5; Band 2, 1.1; Band 2, 2;* Abb. Band 2, 2).

Ethos bzw. Moralkodex bezeichnet die Standardisierung moralischer Normen durch schriftlich, aber auch mündlich überlieferte Formulierungen. Diese sind in sprachliche und moralische Lebensformen eingebettet, die ebenfalls überliefert werden und einem Ethos überhaupt erst Sinn verleihen (Beispiel: der Hippokratische Eid als Standeskodex für die Berufsgruppe der Ärzte). Wird ein Ethos neu verfasst, hängt sein Erfolg davon ab, ob sich die Formulierungen im praktischen Leben umsetzen lassen und in gelingenden Lebensformen bewähren. Sonst droht es zum inhaltsleeren Lippenbekenntnis zu verkommen. Ein Ethos kann das Resultat ethischer Arbeit sein, aber auch einfach nur die unhinterfragte Kodifizierung moralischer Normen meinen. Es ist nicht rechtlich bindend, kann aber Gesetzgebung und Rechtsprechung beeinflussen sowie zu weiteren sozialen Sanktionen wie dem Ausschluss aus Gemeinschaften führen (*Band 1, 5.1;* Abb. Band 1, 3; Abb. Band 1, 5.1).

Gradualismus bezeichnet Konzepte oder Verfahren, in denen mittels klar unterscheidbarer, aber voneinander abhängiger Stufen operiert wird:

- In der Ethik kann das zum einen die gestuften Unterschiede zwischen verschiedenen Lebensformen betreffen, häufig in Verbindung mit entsprechenden Zentrismen (Bsp. Anthropozentrik: Menschen stehen auf der höchsten, schutzwürdigsten Stufe, gefolgt von anderen Primaten, Säugetieren etc.; *Band 1, 3.1; Band 1, 3.2).*
- Zum anderen werden Verfahren der Einzelfallverhandlung als gradualistisch bezeichnet, wo es um die Urteilsbildung im Spannungsfeld aus konkreten Situationen und sehr allgemeinen ethischen Theorien geht. Zwischen beiden Extrempolen dienen weitere Stufen (Abstraktionsgrade) der methodischen Vermittlung (*Band 2, 1.1; Band 2, 2;* Abb. Band 2, 2).

Kasuistik bzw. Situationsethik hat drei Bedeutungen. Erstens wird darunter die Bearbeitung eines Einzelfalls unter allgemeinen ethischen Gesichtspunkten verstanden, zweitens das analogische/disanaloge Vergleichen und Ordnen konkreter (Präzedenz-) Fälle und drittens im didaktischen Sinne die Vermittlung allgemeiner, abstrakter Normen anhand konkreter Beispiele. Für die ersten beiden Bedeutungen lassen sich weiterhin unterscheiden:

- **retrospektive Kasuistik:** die Behandlung bereits real vorliegender, situationsspezifischer Konflikte im Umgang mit Technik *(Band 2, 1.3),*

- **prospektive Kasuistik:** auf der Antizipation von Zukunftsszenarien aufbauende Behandlung möglicher, aber noch nicht real eingetretener Einzelfälle (*Band 2, 1.3*),
- **vier Wege der Kasuistik:** methodisch lässt sich in der Kasuistik sowohl bottom-up als auch top-down verfahren, jeweils logisch-ableitend oder analogisch-vergleichend (*Band 2, 2;* Abb. Band 2, 2).

Kriterien sind Merkmale bzw. Anforderungen, die zur Bestimmung einer Begründung, Entscheidung oder Ordnung dienen können:

- **Begründungskriterien:** beziehen sich so wie Kriterien ethischer Theorien auf die Geltung ethischer Theorien und Prinzipien („Was müssen Theorien in der Ethik leisten, um sich nicht bloß 'Theorie' zu nennen, sondern zu Recht auch als solche gelten zu dürfen?"; *Band 1, 4.5; Band 2, 2).*
- **Entscheidungskriterien:** werden in der angewandten Ethik in gradualistischen, kasuistischen Verfahren im Bezug zu allgemeinen ethischen Theorien auf Einzelfälle angewendet (z. B.: „Als Entscheidungskriterien, ob ich heute ausnahmsweise lügen darf, kommen Handlungsmotive und Handlungsfolgen in Betracht, denen entsprechend komme ich zum Schluss …"; *Band 2, 1.1; Band 2, 2*).
- **Ethisch relevante empirische Kriterien:** dienen der ethischen Urteilsbildung als zusätzliche, erfahrungsbasierte, beschreibende Faktoren, die jedoch nicht mit normativ-wertenden Kriterien verwechselt werden dürfen (z. B.: „Gibt es relevantes empirisches Wissen, das uns bei der Umsetzung der ethischen Norm der Schadensvermeidung im Straßenverkehr hilft?"; *Band 1, 4.7; Band 2, 1.1; Band 2, 2).*
- **Kriterien ethischer Theorien:** beinhalten unter anderem Anforderungen an Klarheit, Einfachheit, Widerspruchsfreiheit, Begründung, Nachvollziehbarkeit, Universalisierbarkeit oder das Vermeiden von Fehlschlüssen etc. *(Band 1, 4.5; Band 1, 4.6; Band 2, 1.1; Band 2, 2).*
- **Ordnungskriterien:** betreffen die analogisch und disanalogisch erarbeiteten Taxonomien konkreter Einzelfälle in der prospektiven und retrospektiven Kasuistik (z. B.: „Gehören die beiden Fälle zusammen, weil aus gleichen Motiven heraus gehandelt wurde, oder gehören sie nicht zusammen, weil die jeweiligen Folgen völlig verschieden sind?"; *Band 2, 1.3; Band 2, 2).*

Metaethik ist eine formale Wissenschaft, die auch als analytische Ethik oder Sprachethik bezeichnet wird. Sie behandelt die Sprache und Logik ethischer Theorien, Kriterien, Prinzipien und Argumente, schließt aber auch die Alltagssprachen moralischen Lebens ein *(Band 1, 2.1; Band 1, 4.1; Band 1, 4.5).*

Mittlere Prinzipien bzw. *Prima-facie*-Regeln bezeichnen eine mittlere Stufe im Gradualismus angewandter Ethik. Sie sind also allgemein genug, um in verschiedenen singulären Situationen zu gelten, jedoch bei Weitem nicht so abstrakt wie ethische Theorien. Als provisorische Leitlinien haben sich „bis auf Widerruf" die mittleren

Prinzipien der Autonomie, Schadensvermeidung und Gerechtigkeit sowie des Wohlwollens bewährt *(Band 2, 1.1; Band 2, 1.2).*

Moral bzw. Sitte beschreibt Verhaltensnormen innerhalb menschlicher Lebensstile. Diese umfassen Gebote und Verbote, Überzeugungen oder Orientierungen, drücken sich in Sanktionen, Ritualen, Gewohnheiten, (moralischen) Urteilen oder Institutionen menschlichen Handelns aus. Sie ist eines der wesentlichen Kennzeichen menschlichen Sozialverhaltens, sowohl in Bezug zu anderen Personen als auch in Bezug zu natürlichen und kulturellen Umwelten. Es gibt nicht die eine perfekte Moral, sondern viele verschiedene normative Lebensstile, die sich teils diametral entgegenstehen können (Beispiel: Der moralische Wert politischer Freiheit und Mitbestimmung jeder Einzelnen wird nicht in allen Gesellschaften gleichermaßen anerkannt und gelebt, was zu gewaltsamen Konflikten führen kann). Wir sind uns unserer Moral meist nicht bewusst. In der deskriptiven Ethik ist Moral der Gegenstand beschreibender wissenschaftlicher Forschungen, in der normativen Ethik der wertenden, rationalen Reflexion. Durch Kodizes werden moralische Verhaltensnormen explizit und standardisiert festgeschrieben (*Band 1, 3.4;* Abb. Band 1, 3; Abb. Band 1, 5.1).

Normative Ethik ist die Wissenschaft von der Reflexion und rationalen Beurteilung von Moral (*Band 1, 4.1;* Abb. Band 1, 5.1).

Pragmatismus bzw. Pragmatik in der Ethik meint problemorientiertes Vorgehen zur Lösung konkreter Fälle in konkreten Situationen – jenseits abstrakter Prinzipienreiterei oder unauflösbarer theoretischer Fundamentaldebatten. Dies geschieht häufig unter Unsicherheit und Dringlichkeit bzw. Zeit- und Handlungsdruck *(Band 2, 1.1).*

(Wert-)Urteil bezeichnet in der Moral die praktische, nicht unbedingt reflektierte oder ausgesprochene Entscheidungsfindungen innerhalb menschlicher Lebensstile. Sie basieren auf Gewohnheiten, Gefühlen, Intuitionen, Erfahrungen, Erziehung, Glauben etc. Häufig dienen moralische Urteile zur Bewertung der Handlungen anderer Menschen. Sie werden als unabhängig von Interessen und Zwecken, universell und allgemeingültig angesehen. Der mitschwingende Anspruch auf Allgemeingültigkeit kann zu starken Konflikten führen, wenn mit verschiedenen Lebensstilen auch verschiedene moralische Urteile der gleichen Handlung aufeinanderprallen. (Beispiel: Was ein Pädophiler aus seiner moralischen Sicht als erlaubt beurteilen könnte, wird in den moralischen Urteilen anderer resolut verboten und unter Strafe gestellt.) Ethische Urteile sind Entscheidungen, Gebote, Verbote, Argumente, Abwägungen oder Handlungsempfehlungen die explizit ausgesprochen und hinsichtlich ihrer Annahmen, Motive, Interessen, Folgen etc. rational durchdacht werden (Beispiel: die rationale Begründung dafür, dass Pädophilie streng und ausnahmslos zu verbieten ist – auch wenn das Betroffene moralisch anders sehen mögen; *Band 1, 3.4):*

- **Spezielles (Wert-)Urteil:** auf den Umgang in einer konkreten Situation gerichtet
  - **Spezielles moralisches Urteil:** „Jetzt sollte ich… mit dem Hammer sehr vorsichtig sein …“

  - **Spezielles ethisches Urteil:** „… denn ich darf jetzt, heute, hier anderen Menschen nicht schaden. Das ist so, weil …"
- **Allgemeines (Wert-)Urteil:** auf generelle, situationsübergreifende Handlungen gerichtet
  - **Allgemeines moralisches Urteil:** „Alle Menschen sollten …/Wir sollten immer … beim Gebrauch von Werkzeugen auf die Sicherheit achten …"
  - **Allgemeines ethisches Urteil:** „… denn alle Menschen/wir dürfen anderen Menschen nicht schaden. Das ist immer so, weil … Es gibt aber auch Ausnahmesituationen, in denen für alle Menschen/uns stets durch das Recht auf Selbstverteidigung das Schädigen anderer erlaubt oder sogar geboten wird. Es gilt genau dann, wenn … aus folgenden Gründen …"
- **Außermoralisches Urteil:** auf instrumentelle Handlungen gerichtet ohne erkennbares moralisches/ethisches Problem („Hammer 1 funktioniert besser als Hammer 2 …")

Technikethik, Roboterethik und KI-Ethik:
Agent/agens/Akteur bezeichnet Menschen, die etwas aktiv ausführen oder das Potenzial dazu besitzen:

- **Moral Agent/moralischer Akteur:** Menschen, die moralisch handeln und moralische Werte zuschreiben (bis auf seltene, strittige Ausnahmen jeder Mensch; *Band 1, 3.4)*
  - **Artificial/Robotic Moral Agent:** moralfähige Maschine (unklarer Begriff)
- **Ethical Agent/ethischer Akteur:** Menschen, die ethisch handeln (deskriptiv und/oder normativ) und ethische Bedeutung zuschreiben (potenziell jeder Mensch; *Band 1, 4.1; Band 1, 4.7)*
  - **Artificial/Robotic Ethical Agent:** ethikfähige Maschine (unklarer Begriff)
  - **Descriptive Ethical Agent:** Menschen, die deskriptive Ethik betreiben (Beispiel: empirische Sozialforschung)
  - **Artificial/Robotic Descriptive Ethical Agent:** der deskriptiven Ethik fähige Maschinen (unklarer Begriff; Beispiel: Algorithmen zur Verhaltensprognose, personalisierten Werbung: Sind das technische Akteure oder Werkzeuge in den Händen menschlicher Akteurinnen?)
  - **Normative Ethical Agent:** Menschen, die normative Ethik betreiben (Beispiel: Technikethik, wo über Moral reflektiert und rational geurteilt wird)
  - **Artificial/Robotic Normative Ethical Agent:** der normativen Ethik fähige Maschinen (unklarer Begriff)
- **Artificial Social Agent:** Maschinen, die in sozialen Relationen für, mit und durch Menschen interagieren (Beispiel: Social Robot); Schlüsselbegriff der Robophilosophy: Artificial Social Agents sind mehr als nur auf Moral oder Ethik beschränkte Artificial Moral Agents oder Artificial Ethical Agents. Dementsprechend thematisiert Robophilosophy ein breiteres Themenspektrum als Roboterethik (Ebene II, = Maschinenethik). Da jedoch soziale Handlungen zumindest bei Menschen immer

moralisch – wenn auch sehr verschieden – sind, ist diese Trennung aus anthropozentrischer Sicht, also bei Human Social Agents nicht gegeben (Roboterethik Ebene I, = Technikethik, angewandte Ethik).

Anthropomorphismus bzw. Anthropomorphisierung ist Vermenschlichung nichtmenschlicher Dinge durch Sprache oder menschenähnliches Design. Aber auch die Formung von Umwelten und Technik durch oder für Menschen kann damit bezeichnet sein *(Band 1, 4.6; Band 3, 2.1)*.

Fehlschlüsse sollen in methodisch akzeptablen Urteilen, Argumenten, Theorien und Begründungen der Technikethik vermieden werden. Die bedeutendsten Fehlschlüsse spielen sich an der Grenze zwischen normativ-wertender und empirisch-beschreibender Rede ab. Hierzu zählen:

- **anthropomorpher Fehlschluss:** Maschinen werden beschrieben und beurteilt, so als ob sie Menschen wären (*Band 1, 4.6; Band 2, 2; Band 2, 2.1;* Abb. Band 2, 2),
- **moralistischer Fehlschluss:** wenn nur auf das Sollen gesehen wird, nicht jedoch auch auf die Mittel zur Umsetzung dessen und/oder wenn durch moralisierende Pedanterie unnötig ethische Probleme erzeugt werden, die dann wiederum von drängenderen Problemen ablenken *(Band 1, 4.7)*,
- **naturalistischer Fehlschluss:** wenn das moralisch Gute definiert wird durch außermoralisch Gutes (z. B.: „Das ist ein pragmatisch *guter* Hammer, der seinen instrumentellen Zweck *gut* erfüllt. Du bist ein *guter* Mensch, genauso wie der Hammer!"; *Band 1, 4.6; Band 2, 2; Band 2, 2.1;* Abb. Band 2, 2),
- **robomorpher Fehlschluss:** Menschen werden technisch-funktional beschrieben und beurteilt, so als ob sie bloße Maschinen wären (*Band 1, 4.6; Band 2, 2; Band 2, 2.1;* Abb. Band 2, 2),
- **Sein-Sollen-Fehlschluss:** wenn von empirisch-deskriptiven Seinsaussagen auf Sollensaussagen geschlossen wird (z. B.: „Das da ist ein zweckdienlicher Hammer und *darum musst* du zwar nicht gleich den Weltfrieden herstellen, aber auf die Sicherheit deiner Kolleginnen *solltest* du schon mehr achten!"; *Band 1, 4.6; Band 2, 2; Band 2, 2.1;* Abb. Band 2, 2).

KI-Ethik bzw. AI Ethics ist 1. die Wissenschaft von der Moral im Umgang mit KI (eine Teildisziplin der Technikethik und angewandten Ethik) sowie eine Bezeichnung für 2. moralische KI, 3. ethische KI und 4. KI, die funktional Robotergesetzen folgt. 2., 3. und 4. werden auch in der Maschinenethik angesprochen. KI-Ethik wird neuerdings teilweise als Synonym, teilweise als Substitut für Roboterethik gebraucht. Dabei läuft der Unterschied zwischen beiden Konzepten auf die Frage hinaus, ob sich KI und Roboter überhaupt hinreichend präzise und trennscharf definieren lassen. Schließlich sind beides computerbasierte Technologien, die als sehr breite Sammelbegriffe eine Vielzahl konkreter Technologien mit mannigfaltigen Überschneidungen einschließen.

Unabhängig davon und von ethischer Seite her betrachtet sind Roboterethik und KI-Ethik synonyme Begriffe (*Band 1;* besonders: *Band 1, 2.1; Band 1, 2.2; Band 1, 6.2; Band 1, 6.3;* Abb. Band 1, 2.1; Abb. Band 1, 2.2; Tab. Band 1, 6.2).

Maschinenethik bzw. Machine Ethics: Sammelbegriff für Überlegungen zu Artificial Moral Agents (moralfähiger Technik) und/oder Artificial Ethical Agents (ethikfähiger Technik) und/oder Robotergesetzen. Sie bezieht sich auf Ebene II der Roboterethik *(Band 1, 6.3)*.

Patient (englisch)/patiens/Patient (deutsch) benennt jemanden oder etwas, der oder das behandelt wird, etwas passiv erleidet, dem etwas zukommt:

- **Moral Patient/moralischer Wertträger:** wird ein moralischer Wert zugeschrieben, ist moralisch wertvoll und Gegenstand/Objekt moralischen Handelns (Beispiel: schützenswerte Ökosysteme; *Band 1, 3.4)*
  - **Artificial/Robotic Moral Patient:** eine moralisch wertvolle Maschine, die eigene Rechte verdient hat (unklarer Begriff)
- **Ethical Patient/ethisches Objekt:** Gegenstand ethischer Reflexion/Urteilsbildung (Beispiel: 1. moralphilosophische Theorien, moralisches Leben und moralische Konflikte, 2. moralische Akteure, 3. das, was Gegenstand moralischer Handlungen ist; *Band 1, 4.1)*
  - **Artificial/Robotic Ethical Patient**: alle Objekte, die in der Ethik wissenschaftlich untersucht werden und ihren Ursprung nicht in menschlichen Handlungen haben (also eigentlich keine Technik mehr sind), sondern von Artificial Moral Agents oder Artificial Ethical Agents ausgehen (unklarer Begriff)

Prinzip der Bedingungserhaltung ist ein Imperativ im Bereich der prospektiven, kollektiven Langzeitverantwortung. Nach Christoph Hubig und Klaus Kornwachs lautet es: „Handle so, dass die Bedingungen zur Möglichkeit verantwortlichen Handelns für alle Betroffenen erhalten bleiben" *(Band 2, 4)*.

Provisorische Moral bezeichnet in der Technikethik – ähnlich dem ethischen Pragmatismus – problemorientiertes Handeln sowie Urteilsbildung unter normativer Unsicherheit. Moral und ihre Leitlinien werden bewusst als vorläufig und fehlbar akzeptiert. Sie müssen für begründete Revisionen, Ergänzungen oder Anpassungen im Angesicht neuer technischer Entwicklungen offen sein *(Band 2, 1.1)*.

Robomorphismus bzw. Robomorphisierung ist das Gegenteil von Anthropomorphisierung und meint das Behandeln und Beschreiben von Menschen so als ob es sich dabei um Maschinen handeln würde. In der Technikethik führt das zu unzulässigen (robomorphen) Fehlschlüssen. Im weiteren Sinne können davon auch Tiere und Pflanzen betroffen sein. Robomorphisierung meint darüber hinaus auch die Veränderung von Dingen durch bestimmte Maschinen oder dem Design bestimmter Maschinen entsprechend *(Band 1, 4.6; Band 2, 2.1)*.

Robophilosophy adressiert auf Dialog und Kooperation angelegte transdisziplinäre Forschungen zu Social Robots und Mensch-Roboter-Interaktionen, die über Roboterethik als spezialisierte Disziplin hinausreichen. Zum einen sollen soziale Prozesse in ihren theoretischen, nicht nur moralischen oder ethischen, Grundlagen behandelt werden. Herausgefordert durch Artificial Social Agents wird zum anderen eine Neuformulierung philosophischer Grundlagen angestrebt. Der Begriff wurde ab ca. 2013 von Johanna Seibt geprägt und ist durch eine gleichnamige Konferenzserie bekannt geworden *(Band 1, 6.3)*.

Roboterethik bzw. Robot Ethics/Roboethics umfasst zwei Ebenen und vier Bedeutungen, die sich anhand der beiden Genitivformen von „Ethik der Roboter" nachvollziehen lassen:

- Ebene I *(Genitivus obiectivus)* ist die Wissenschaft von der Moral im Umgang mit Robotern (also eine Teildisziplin der Technikethik und angewandten Ethik), die von Menschen vollzogen wird (Bedeutung 1)
- Ebene II *(Genitivus subiectivus)* kennzeichnet Roboter als Subjekte der „Ethik", sie werden nicht nur als wissenschaftliche Objekte behandelt, sondern sind in sich selbst „ethisch":
  - moralisch handelnde Roboter, Artificial Moral Agents (Bedeutung 2)
  - ethisch urteilende Roboter, Artificial Ethical Agents (Bedeutung 3)
  - Roboter, die funktional Robotergesetzen folgen (Bedeutung 4)

Entsprechend der jeweiligen Bedeutung werden verschiedene Forschungsfragen gestellt und behandelt. Ebene II ist auch Gegenstand der Maschinenethik. Roboterethik wurde ab 2004 vor allem durch Arbeiten von Gianmarco Veruggio thematisiert und hat sich seitdem zu einem international differenziert und kontrovers diskutierten Forschungsfeld entwickelt. KI-Ethik wird neuerdings teilweise als Synonym, teilweise als Substitut für Roboterethik gebraucht. Dabei läuft der Unterschied zwischen beiden Konzepten auf die Frage hinaus, ob sich KI und Roboter überhaupt hinreichend präzise und trennscharf definieren lassen. Schließlich sind beides computerbasierte Technologien, die als sehr breite Sammelbegriffe eine Vielzahl konkreter Technologien mit mannigfaltigen Überschneidungen einschließen. Unabhängig davon und von ethischer Seite her betrachtet sind Roboterethik und KI-Ethik synonyme Begriffe *(Band 1;* besonders: *Band 1, 2.1; Band 1, 2.2; Band 1, 6.2; Band 1, 6.3;* Abb. Band 1, 2.1; Abb. Band 1, 2.2; Tab. Band 1, 6.2).

Robotergesetze bzw. Asimov'sche Gesetze sind für Maschinen formulierte Prinzipien, Verpflichtungen und Verbote, um deren Funktionen oder Handlungen – nur wenn sie Artificial Moral Agents sind – zu regulieren (Ethos für Maschinen). Sie werden in menschlicher Sprache formuliert und bauen auf der Annahme einer bedeutungsgleichen Übersetzbarkeit in Maschinensprachen auf. Berühmt wurden Isaac Asimovs Robotergesetze, die in einer Version aus drei und einer weiteren aus vier Gesetzen überliefert sind *(Band 1, 5.3)*.

(Technical) Ethics Guidelines sind Kodifizierungen moralischer Prinzipien, Gebote und Verbote, zur Regulierung des Umgangs mit Technik (Ethos für Menschen). Sie enthalten manchmal Hinweise zur praktischen Umsetzung und richten sich an entsprechend ausgewählte Zielgruppen (Beispiel: stakeholderorientierte Regulierung von Robotern und KI auf EU-Ebene). Sie werden von Ethikräten, Ethikkomitees oder anderen Arbeitsgruppen bzw. Gremien eigens erarbeitet – und dabei mehr oder weniger fundiert ethisch, also wissenschaftlich geprüft. Im Regelfall sind sie an Menschen gerichtet und darum nicht mit Robotergesetzen zu verwechseln *(Band 1, 5.1; Band 1, 5.2).*

Technikethik ist die Wissenschaft von der Moral technischen Handelns. Sie weist ein breites thematisches, begriffliches, methodisches und theoretisches Spektrum auf. Im idealen Stammbaum der Wissenschaften ist sie eine Teildisziplin der angewandten Ethik, wendet sich also der ethischen Praxis abgegrenzt zur Umweltethik, Medizinethik, den Ingenieurwissenschaften oder empirischen Sozialforschung zu. Jedoch weist sie mit inhärenten transdisziplinären Bezügen über eine bloß spezialisierte disziplinäre Nische hinaus. Paradigmatisch hierfür steht die Roboterethik, die eigentlich wiederum eine Spezialisierung der Technikethik darstellt, jedoch die transdisziplinären Radialkräfte verstärkt. Technikethik ist anthropozentrisch ausgelegt, bezeichnet also das durch Menschen vollzogene wissenschaftliche Reflektieren von technischen Handlungen, die ebenfalls von Menschen vollzogen werden (Ebene I). Durch die Roboterethik wird eine zusätzliche Ebene (II) eröffnet, in der moralische oder ethische Funktionen/Handlungen von Maschinen bezeichnet sind. Damit eröffnet sich die Option einer robozentrischen Technikethik, in welcher technische Systeme als moralische oder ethische Akteure mit Menschen auf einer Stufe stünden. Diese Option scheitert jedoch an diversen logischen, methodischen und praktischen Fehlern *(Band 1, 2; Band 1, 6; Band 2, 2; Band 2, 5).*

Technikethischer Imperativ meint, auf der epistemischen Norm der Unterscheidung von Information und Kommunikation nach Peter Janich aufbauend: „Du sollst Informationstechnologien nicht ethisch bewerten, so als ob das Reden über Messwerte gleich dem Reden über moralische Werte wäre." Darüber hinaus lassen sich weitere Imperative wie das Prinzip der Bedingungserhaltung der Technikethik zuordnen *(Band 2, 2.2; Band 2, 4).*

Verantwortung übernehmen bzw. sich verantworten bedeutet allgemein Rede und Antwort stehen bzw. auch zu etwas stehen oder für etwas einstehen. Wer etwas nicht verantworten kann, steht nicht zu einer Handlung/Entscheidung, wird sie also weder vor sich selbst noch vor anderen rechtfertigen können und sollte sie folglich unterlassen. Ansonsten verhält sich die entsprechende Person verantwortungslos und muss mit Konsequenzen rechnen. Verantwortung ist relationale Rechtfertigung, gekennzeichnet durch zumindest sechs verschiedene *Relata (Band 2, 4):*

1. Subjekt („jemand ist")
2. Objekt („für etwas")
3. Adressaten („gegenüber einem oder mehreren Adressaten")
4. Instanz („vor einer Instanz")
5. Kriterium („in Bezug auf ein präskriptives, normatives Kriterium")
6. Bereich („im Rahmen eines Verantwortungsbereichs verantwortlich")

Dabei sind verschiedene Arten der Verantwortung zu unterscheiden:

- **Allgemeine, universalmoralische Verantwortung:** geht über spezifische Rollen- und Aufgabenverantwortung hinaus *(Band 2, 4)*
- **Individuelle Verantwortung:** bezieht sich auf die Verantwortung konkreter, einzelner Menschen innerhalb eines gesellschaftlichen Rahmens (kollektive Verantwortung; *Band 2, 4)*
- **Ingenieurverantwortung:** betrifft im Besonderen die Berufsgruppe der Ingenieurinnen (1.) und ihre Verantwortung für technische Praxis (2.), im Bereich des Umgangs mit Ingenieurtechnik (6.; aufgrund spezifischen Ingenieurwissens). Hierzu zählen neben der allgemeinen besonders die instrumentelle, strategische und technische Verantwortung *(Band 1, 5.2; Band 2, 4)*
- **Instrumentelle Verantwortung:** innerhalb der Ingenieurverantwortung für den bestimmungsgemäßen Gebrauch einer Technik einschließlich Information und Aufklärung über Risiken *(Band 2, 4)*
- **Kausalverantwortung:** entspricht der empirisch-deskriptiven Beziehung aus Ursache und Wirkung, sie ist nicht mit normativer Verantwortung zu verwechseln *(Band 2, 4)*
- **Langzeitverantwortung:** meint Verantwortung nicht nur individuell, sondern auch kollektiv zu denken, maßgeblich in der Technikethik sind hierzu Arbeiten von Hans Jonas und Hans Lenk *(Band 1, 5.2; Band 2, 4):*
  - Gemeinschaften haben sich zu verantworten (1.) gegenüber anderen Gemeinschaften (3.),
  - die unter Umständen noch gar nicht geboren sind (3.),
    aber auch als Instanz auftreten können (4.; Beispiel: Wie willst du das deinen Enkeln in Zukunft erklären?),
  - zum Beispiel bezogen auf das normative Kriterium der Nachhaltigkeit (5.),
  - im Bereich ökologischen Handelns (6.).
- **Kollektive, korporative bzw. kooperative Verantwortung:** betrifft gemeinschaftliches Handeln und den gesellschaftlichen Rahmen, innerhalb dessen Individuen für ihr konkretes singuläres Schaffen verantwortlich sind (individuelle Verantwortung; *Band 2, 4)*
- **Normative Verantwortung:** entspricht dem zwischenmenschlichen sich für etwas Verantworten, sie ist nicht mit Kausalverantwortung zu verwechseln *(Band 2, 4)*
- **Prospektive Präventionsverantwortung:** ist auf die Zukunft gerichtet, um das Eintreten von Fällen vorausschauend zu verhüten *(Band 2, 4)*
- **Rollen- und Aufgabenverantwortung:** ist häufig an den professionellen Arbeitsalltag oder andere spezifische Handlungsbereiche gebunden, z. B. Ingenieurverantwortung *(Band 2, 4)*
- **Technische Verantwortung:** innerhalb der Ingenieurverantwortung für die Qualität eines Produktes entsprechend dem Stand der Technik *(Band 2, 4)*
- **Strategische Verantwortung:** als Aspekt der Ingenieurverantwortung die Verantwortung für Handlungspotenziale im Umgang mit Ingenieurtechnik betreffend,

besonders im Hinblick auf Umnutzung und Nebeneffekte (z. B.: die verantwortungsvolle Definition von Merkmalen technischer Produkte oder Verfahren sowie die Aufklärung über bestimmungsgemäßen Gebrauch und Gefahren durch Fehlverwendung mittels Bedienungsanleitungen, Handbücher und technischer Dokumentationen; *Band 1, 5.2; Band 2, 4)*

- **Systemverantwortung:** betrifft das Ineinander aus individueller und kollektiver Verantwortung in komplexen sozialen und technischen Systemen, sie ist Gegenstand aktueller Forschungen und nicht abschließend geklärt (*Band 1, 6.2; Band 2, 4*; Tab. Band 1, 6.2)
- **Verursacherverantwortung:** betrifft den Rückblick, wenn ein Fall eingetreten ist *(Band 2, 4)*

Zentrik/Zentrismus bezeichnet verschiedene Sichtweisen auf die Position der Menschen im Verhältnis zu anderen Lebewesen oder Dingen. Sie kennzeichnen verschiedene kulturelle Lebensstile, religiöse Weltbilder und Praktiken, moralische Überzeugungen oder Ideologien, aber auch methodisch relevante Heuristiken *(Band 1, 3.1; Band 1, 3.2):*

- **Anthropozentrik/Anthropozentrismus:** Menschen und ihre Handlungen stehen im Mittelpunkt.
  - **Methodisch-sprachkritische Anthropozentrik:** trägt wesentlich zur Begründung der Technikethik als rationaler, methodischer Wissenschaft bei, insofern Sinn und Bedeutung ethischer Prinzipien, Theorien, Normen, Werte, Verbote, Gebote etc. abhängig sind von aktiv handelnden Menschen; der menschenwürdige Umgang mit Endlichkeit, Verletzlichkeit und Ungleichheiten (Asymmetrien) bildet Leitlinien der Technikethik; der Eigenwert von Ökosystemen wird darüber hinaus von Menschen aktiv anerkannt *(Band 2, 2)*
- **Biozentrik/Biozentrismus:** alle Lebewesen, inklusive Menschen, stehen auf einer Stufe
- **Physiozentrik/Physiozentrismus/Holismus:** die komplette belebte und unbelebte Natur steht auf einer Stufe
- **Technozentrik/Technozentrismus:**
  - Sind Natur und Kultur gleich, dann geht Technozentrik in Physiozentrik auf oder dient als methodischer Begriff, um eine Teilmenge der Physiozentrik anzusprechen
  - Sind Natur und Kultur nicht gleich, dann bezeichnet Technozentrik die Erweiterung der Physiozentrik um Kulturgüter oder sogar einen alternativen Holismus (den der Kultur im Gegensatz zu Natur)
- **Robozentrik/Robozentrismus:** rückt bestimmte Technologien in den Mittelpunkt, die auf einer Stufe mit anderen technischen Kulturgütern *(technozentrische Robozentrik)* und/oder der gesamten Natur stehen *(physiozentrische Robozentrik)* oder herausgehoben nur auf einer Stufe mit anderen Lebewesen *(biozentrische Robozentrik)* oder weiter erhoben nur mit Menschen auf Augenhöhe

(anthropozentrische Robozentrik) stehen, die menschliche Position in einer Art Symbiose transformieren/übersteigen *(transhumanistische Robozentrik)* oder sogar überwinden *(posthumanistische Robozentrik).*

Technik, Technologie und Ingenieur:
Ingenieurtechnik ist gekennzeichnet durch Standardisierung sowie Normierung von Kenngrößen und Baugruppen. Sie schließt Technologien auf Grundlage mathematischer, physikalischer, chemischer oder biologischer Theorien, Berechnungen und Modelle ein. In Tests findet sie ihr praktisches Pendant zu Experimenten in den Naturwissenschaften *(Band 2, 3.2).*

Ingenieurwissen ist nicht auf die Anwendung naturwissenschaftlichen Wissens beschränkt, sondern reicht deutlich darüber hinaus. Es bezeichnet eine Vielzahl eigenständiger Erkenntnisformen, deren theoretische Ansprüche auf handwerklichem, künstlerisch-gestalterischem Wissen sowie kreativer Imagination aufbauen. In der Laborforschung oder bei Experimenten kann naturwissenschaftliches Forschen (teilweise) als Anwendung von Ingenieurwissen begriffen werden *(Band 2, 3.2).*

Technik bezeichnet im Kontext menschlich-kultureller Handlungen 1. praktische Kunstfertigkeiten (eine Technik beherrschen), 2. hergestellte Gegenstände (Artefakte), 3. Verfahren, 4. Systeme, 5. verwissenschaftlichtes, theoretisches Wissen (Technologie), 6. Medien der Selbst- und Weltverhältnisse sowie 7. Zweck-Mittel-Relationen und deren Reflexion *(Band 2, 3.2).*

Technikbegriffe bezeichnen die verschiedenen Formen von Technik mit einer eigenen Syntax (s. o. „Technik"; *Band 2, 3.2;* Abb. Band 2, 3.2):

- **Formaler Technikbegriff** = Kunstcharakter: 1. praktisches Wissen, Kunstfertigkeiten, Kompetenz
- **Kunstcharakter** = formaler Technikbegriff
- **Materieller Technikbegriff I** = Realtechnik = Sachtechnik: 2. Ding, Gegenstand, Artefakt
- **Materieller Technikbegriff II** = Verfahrenstechnik = Prozesstechnik: 3. Verfahren, Prozess
- **Medialität** = Medium: 6. Welt- und Selbstaneignung, Vermittlung, Mediation
- **Medium** = Medialität
- **Prozesstechnik** = materieller Technikbegriff II
- **Realtechnik** = materieller Technikbegriff I
- **Reflexionsbegriff** = Zweck-Mittel-Schema/Relation: 7. Reflexion von Technik als Mittel zum Zweck
- **Sachtechnik** = materieller Technikbegriff I
- **Systemtechnik:** 4. System/Netzwerk technischer Dinge und Handlungen
- **Technologie:** 5. theoretisches Wissen, Lehre der Technik
- **Verfahrenstechnik** = materieller Technikbegriff II
- **Zweck-Mittel-Schema/Relation** = Reflexionsbegriff

Technikwissenschaft bzw. Ingenieurwesen stellt die Professionalisierung technologischer Praxis (im Umgang mit Ingenieurtechnik und auf Grundlage von Ingenieurwissen) in verschiedenen Disziplinen wie Maschinenbau, Elektrotechnik, Informatik etc. dar *(Band 2, 3.2)*.

Technologie ist eine Sonderform von Technik, wo diese durch verwissenschaftlichtes, theoretisches Wissen angereichert zur Ingenieurtechnik wird *(Band 2, 3.2)*.

Technische Praxis/technisches Handeln:
Asymmetrien bzw. Ungleichheiten sind Kennzeichen technischen Handelns und in der Technikethik entsprechend zu berücksichtigen. Dabei geht es um diverse Arten der Unterschiedlichkeit, also des Nichtvorhandenseins von Symmetrie bzw. Gleichheit *(Band 2, 2.3)*:

- **Zwischenmenschliche Asymmetrien:** betreffen das gesellschaftliche Leben das wiederum den Technikgebrauch prägt und selbst von technischen Handlungspotenzialen geprägt wird (Ungleichheiten zwischen Menschen, z. B. durch kommunikative, politische oder wirtschaftliche Macht).
- **Mensch-Technik-Asymmetrien:** betreffen den Umgang mit Technik und kommen in Mensch-Technik-Interaktionen zum Tragen (Ungleichheiten zwischen Menschen und technischen Mitteln, z. B. physische Robustheit von Roboterkörpern im Vergleich zum verletzlichen menschlichen Leib).

In beiden Bereichen lassen sich wiederum unterscheiden:

- **existenzielle Asymmetrien:** kennzeichnen menschliches Leben allgemein, z. B. Endlichkeit und Verletzlichkeit menschlichen Lebens im Vergleich zur Hoffnung auf ein ideales, unsterbliches und unverwundbares Leben,
- **normative Asymmetrien:** betreffen das zwischenmenschliche Miteinander, z. B. menschenwürdiger, gleichbehandelnder und gerechter/fairer Umgang mit sozialer Ungleichheit durch Bildung und Einkommen, Inklusion von Menschen mit Handicaps oder Minderheiten,
- **empirisch-deskriptive Asymmetrien:** werden in der Beschreibung von Ungleichheiten technischer Mittel aufgedeckt und können als ethisch relevante empirische Kriterien der Mensch-Maschine-Interaktion dienen; in der deskriptiven Ethik sind sie Gegenstand der Beschreibung zwischenmenschlichen Lebens, jedoch methodisch-sprachkritisch nicht zu verwechseln mit normativer Ungleichheit, wo es um moralisch/ethisch relevante Wertungen geht (normative Ethik).

Charakteristika technischen Handelns sind Grundbausteine der Technikanalyse und Technikbewertung. Sie liefern hierfür Querschnittthemen oder können als ethisch relevante Kriterien dienen. Neben Umnutzungen und historischen Abhängigkeiten von Macht, Entwicklungspfaden und Ökonomie zählen auch Nebeneffekte zu den bedeutendsten Charakteristika *(Band 2, 3.3; Band 2, 3.4).*

Dual Use wird insbesondere zur Bezeichnung der militärischen Nutzung ziviler Innovationen oder umgekehrt der zivilen Nutzung militärischer Innovationen gebraucht *(Band 2, 3.3).*

Multistability zielt auf die Umdeutungen sinnlicher Erfahrungen und sozialer Prozesse durch technische Medien wie Computervisualisierungen, Social-Media-Inhalte oder andere meist bildgebende Verfahren ab *(Band 2, 3.3).*

Nebeneffekte sind nicht beabsichtigte Begleiterscheinungen technischer Handlungen. Wie Nebenwirkungen treten sie zusammen mit der Realisierung des gewollten Zwecks auf. Beispiel: Atomenergie (Zweck der Atomtechnik), Atommüll (technischer Nebeneffekt), Antiatomkraftbewegung (sozialer Nebeneffekt), „Atompilz" (sprachlicher Nebeneffekt) *(Band 2, 3.3).*

Perspektiven technischer Praxis lassen sich hinsichtlich der Akteursrollen, des Handlungswissens und der zugehörigen Verantwortlichkeiten im Umgang mit Technik unterscheiden (*Band 2, 3.1;* Tab. Band 2, 3.2; Tab. Band 2, 4.1).

- **Individualperspektiven:** werden konkreten, einzelnen Menschen zugeordnet:
  1. Grundlagenforschung
  2. Angewandte Forschung
  3. Konstruktion, Design, Entwicklung
  4. Logistik, Ressourcenbeschaffung
  5. Produktion, Fertigung
  6. Vertrieb, Handel, Marketing, Distribution
  7. Nutzung, Anwendung, Gebrauch, Konsum
  8. Wartung, Instandhaltung, Reparatur, Ersatzteilmanagement
  9. Entsorgung, Recycling
- **Kollektive Perspektiven:** betreffen den gemeinschaftlichen Rahmen individueller Praxis:
  10. Soziotechnische Einbettung der Handlungsnormen für die Perspektiven 1–9 (z. B. Ethikräte, Berufskodizes, Kirchen/religiöse Glaubensgemeinschaften, Erziehung, Bildung, kulturelle Traditionen, Soft Skills, Wissen, Fertigkeiten)
  11. Politische und juristische Regulierung der Handlungsnormen für die Perspektiven 1–10 (z. B. geltendes Strafrecht, Grenzwerte, Sicherheitsstandards, Haftungsregulierung, Patentrecht, DIN)

Umnutzung bzw. Umdeutung bezeichnet die Vielfältigkeit technischer Praxis/technischer Handlungen. Wie materielle technische Gegenstände so lassen sich auch Worte umdeuten. Beispiel: Eine Computermaus kann zum Spielen oder Arbeiten genutzt werden, jenseits der Herstellervorgaben lässt sich das Kabel auch als Mordwaffe zweckentfremden; das Wort „Maus" kann ein „Eingabegerät" meinen oder ein Nagetier *(Band 2, 3.3).*

Zweckentfremdung ist die unvorhersehbare, von Herstellerinnen und Entwicklerinnen nicht intendierte Anwendung technischer Mittel. Beispiel: Ein Küchenmixer wird als Teil einer Kunstinstallation umgenutzt *(Band 2, 3.3)*.

Entwicklung und Geschichte:

Hintergrundstrahlung, historische bzw. kulturelle, beschreibt in loser, metaphorischer Analogie zur kosmischen Hintergrundstrahlung die Wirkungen vergangener menschlicher Handlungen auf die Gegenwart. Sie schließt Sprachgeschichte ein wie auch Politik-, Sozial- oder Wirtschaftsgeschichte. In der Philosophiegeschichte wird sie mit Blick auf Ethik erforscht, in der Technik- und Wissenschaftsgeschichte für die entsprechenden Bereiche *(Band 1, 2.3)*.

Entwicklungspfade lassen sich für konkrete Techniken, Sprachen, Kompetenzen, Wissen oder soziale Normen bzw. Gewohnheiten rekonstruieren. Beispiel: Zuerst wird das Rad erfunden, dann sind Töpferscheibe oder Wagen auf diesem Entwicklungspfad möglich, gleichzeitig werden neue Redeweisen zur Bezeichnung dieser Innovationen gefunden und soziale Normen der Geschirrverwendung sowie Mobilität wandeln sich *(Band 2, 3.4)*.

Pfadkopplungen bzw. Konvergenzen entstehen bei der Verbindung technischer Entwicklungspfade bzw. Konvergenzlinien zu neuen Formen technischen Handelns. Beispiel: Atombomben + Flüssigtreibstoffraketen + U-Boote = strategische Nuklearwaffen *(Band 2, 3.4)*.

Roboter und künstliche Intelligenz:

Algorithmus ist eine zeichen- und symbolverarbeitende, regelgeleitete Verfahrenstechnik, um in einer endlichen Anzahl von Schritten ein Ergebnis zu finden. Algorithmen gehören zu den Kalkülen und werden konkret auf die Informationsverarbeitung zwischen Eingabe und Ausgabe von Daten zugespitzt. Computerprogramme sind Formalisierungen von Algorithmen. Turing-Maschinen und Computer sind Algorithmen. Daten oder Hardware ist damit jedoch nicht gemeint, es geht um den (Rechen-)Prozess *(Band 3, 6.2)*.

Drohnen sind Roboter, die durch ihren Fahrzeugcharakter im Einsatz zu Land, Wasser, Unterwasser, im Luft- oder Weltraum gekennzeichnet sind. Die Systeme sind in der Regel ferngesteuert. Es lassen sich grob zwei Arten unterscheiden: Hochdistanzdrohnen (Typ I, Beispiel: über Kontinente hinweg angesteuerte größere Kampfdrohnen) sowie Kurzdistanzdrohnen (Typ II, Beispiel: kleinere Quadcopter oder RC-Cars aus dem Baumarkt; *Band 3, 3)*.

Künstliche Intelligenz ist ein Sammelbegriff für diverse Softwaretechnologien (von englisch „artificial intelligence" = „technische Informationsverarbeitung"), die Verfahren zum Problemlösen bereitstellen. Dem klassischen Ansatz der 1950er-Jahre, der auch als kognitivistisch, funktionalistisch und/oder symbolisch bezeichnet wird, liegt die Hypothese zugrunde, dass sich menschliches Denken durch Symbolmanipulation und Wissensrepräsentation top-down abbilden und modellieren lässt. Seit den 2000ern rücken schon vorher bekannte alternative, subsymbolische und konnektionistische Verfahren in den Mittelpunkt, die auch unter den Sammelbegriffen des Machine Learning, Deep Learning, der Artificial Neural Networks oder der Self-learning Algorithms zusammengefasst sind. In selbstorganisierten Bottom-up-Prozessen werden schichtweise Modelle durch die Verdichtung von Knoten errechnet. Nicht mehr die Symbolik menschlich (formal-)logischen Denkens steht dabei Pate, sondern die Physiologie vernetzter Neuronen. Auf Grundlage der Analyse von Trainingsdaten wird die Wahrscheinlichkeit der korrekten Bild- und Mustererkennung, Verhaltensprognose von Usern im Internet, aber auch das Ansteuern von Robotern optimiert *(Band 3, 4)*.

Roboter ist ein Sammelbegriff für verschiedene computer- und netzwerkbasierte Informationstechnologien, die mittels Sensoren und Aktuatoren entweder ihre komplette räumliche Position oder die räumliche Position einiger Teile verändern können und durch aktive, physisch-materielle Eingriffe mit ihrer Umgebung wechselwirken/interagieren (mein Vorschlag). Neben diesem Vorschlag existieren viele alternative Versuche allgemeiner Roboterdefinitionen. Jedoch liegt aktuell keine perfekte Definition vor, schon weil es sehr viele verschiedene Robotertechnologien gibt, beständig neue hinzutreten und die Abgrenzung zu Computern und künstlicher Intelligenz schwerfällt. 1920 wurde der Begriff *Robota* in Josef und Karel Čapeks Theaterstück *R.U.R. (Rossumovi Univerzální Roboti)* zur Bezeichnung humanoider Maschinen eingeführt, die wie menschliche Sklaven Zwangsarbeit verrichten. In aktuellen Varianten wird zunehmend auf missverständliche Zuschreibungen wie „smart“, „able to think“ oder „autonomous“ zurückgegriffen, wobei Roboter auch – nicht minder irreführend – als „verkörperte KI“ bzw. „embodied AI“ benannt werden. Die Abgrenzung zu anderen vernetzten und informationsverarbeitenden Computern kann über die physische Interaktion mit der Umwelt durch Sensoren und Aktuatoren – also eine besondere Art der Hardware – erklärt werden. Aber selbst der Versuch, jeden Roboter als Informationstechnologie/Computer + X zu definieren, scheitert an Konzepten der Bioroboter. Einfacher sind Bestimmungen spezifischer Robotertechnologien (Industrieroboter, Serviceroboter etc.). Dabei geht es nicht nur um die Aufzählung und Abgrenzung technischer Ausstattungsmerkmale. Funktionen, Zwecke und Interaktionsformen dienen gleichfalls als Kriterien zur Bestimmung *(Band 3, 1; Band 3, 2)*.

- **Social Robot/sozialer Roboter:** bestimmt durch soziale Mensch-Roboter-Interaktionen, auch mit Laien im menschlichen Alltagsleben jenseits gesicherter Industrieanlagen (Beispiel: Lernroboter im Kinderzimmer; Serviceroboter im Restaurant; Pflegeroboter im Heim; *Band 3, 2.1*).
- Etc. (*Band 3, 1; Band 3, 2*)

Stichwortverzeichnis

A

Ableitung, 15, 26–28, 31, 150
Abstraktionsgrad, 6, 150
Abuse, 71
Achtung der menschlichen Autonomie, 14
Agent/agens/Akteur, 159
AI Ethics, 160
Akteur, 46, 70, 100, 101, 107, 111, 124, 127, 129, 136
Akzeptabilität, 78, 90, 91, 127, 133
Akzeptanz, 56, 59, 63, 76, 78, 81, 83, 91, 133
Akzeptanzbeschaffung, 63, 64, 78, 82, 84, 90–92, 127
Algorithmus, selbstlernender, 78
Algorithmus, 32, 48, 68, 84, 89, 91, 132, 169
Alterität, 32, 47
Analogie, 16–18, 26, 28, 30, 150
Analogiebildung, 109
Anpassung, 39
Anthropologie, 18
Anthropozentrik/Anthropozentrismus, 3, 38, 46, 84, 114, 138, 149, 150, 165
Anthropomorphisierung, 160
Anthropomorphismus, 160
Anthropozentrik, methodisch-sprachkritische, 2, 4, 39, 45, 46, 49, 84, 100, 124, 135, 136, 152, 153, 165
Anwendungsregel, 7, 150
Argument, 57
ARPANET, 71
Artefakt, 56, 65, 70, 71, 76, 77, 79, 102, 112, 134, 144, 146, 147
Artificial/Robotic Descriptive Ethical Agent, 18, 159
Artificial/Robotic Ethical Agent, 159
Artificial/Robotic Ethical Patient, 161
Artificial/Robotic Moral Agent, 159
Artificial/Robotic Moral Patient, 161
Artificial/Robotic Normative Ethical Agent, 159
Artificial Casuistic Agent, 18
Artificial Ethical Agent, 56, 131
Artificial Moral Agent, 56, 131, 136
Artificial Social Agent, 159
Arzt-Patienten-Verhältnis, 5, 60, 115
Asimov'sches Gesetz, 162
Ästhetik, 125, 131, 149
Asymmetrie, 29, 38, 40, 50, 65, 92, 130, 167
Asymmetrie, empirisch-deskriptive, 43, 148, 167
Asymmetrie, existenzielle, 41, 43, 148, 167
Asymmetrie, interaktive, 41
Asymmetrie, militärische, 42, 43
Asymmetrie, normative, 43, 148, 167
Asymmetrie, ökonomische, 42
Asymmetrie, physische, 41
Asymmetrie, rechtliche, 42
Asymmetrie, soziale, 42
Asymmetrie, zwischenmenschliche, 41, 148, 167
Atomtechnik, 2
Aufklärung, 45–47, 126
Auto, E-, 57, 58, 61
Auto, selbstfahrendes, 2, 28, 30, 59, 125, 132

© Springer Fachmedien Wiesbaden GmbH, ein Teil von Springer Nature 2022

M. Funk, *Angewandte Ethik und Technikbewertung*,
https://doi.org/10.1007/978-3-658-37085-5

Automat, 34
Autonomie, 6, 9, 12, 13, 46, 73, 109, 145, 151

B
Bedeutung, 31, 34, 35, 49, 114, 124, 144, 146, 152
Bedingung der Möglichkeit, 50, 102
Begriffe der Technik, 104
Begründung, 24, 26–28
Begründungskriterium, 26, 28, 31, 50, 157
Beobachter, 36, 37
Beobachterstandpunkt, 29, 36
Beobachtung, 35
Bereich allgemeiner Normen und Prinzipien, 16
Bereiche der Roboter- und KI-Ethik, 18
Bereichsethik, 104
Bereichsspezifische Handlungsregel, 8
Beschreibung, 39
Beschreibungsperspektive, 35
Bewährung, 65
Bezugssystem, 36, 47
Bezugssystemsystem, 35
Bioethik, 4, 15
Biologie, 26, 27, 30, 63, 112
Biologie, synthetische, 81, 101, 111
Biomedizin, 5
Biotechnologie, 2, 4, 33, 129
Biozentrik/Biozentrismus, 48, 149, 150, 165
Blockchain, 102
Bottom-up, 4, 6, 7, 9, 15, 65, 92, 150
Bottom-up 3, 27–29, 109, 150
Bottom-up 4, 27–29, 109, 151

C
Case-Study-Methode, 17
Charakteristika technischen Handelns, 3, 79, 111, 133, 134, 139, 146, 167
Charakteristika technischer Praxis, 59
Cobot, 34
Computer, 2, 24, 32, 47, 58, 63, 68, 70, 76, 86, 90, 100, 111, 124, 132, 133, 136, 152
Cryptomining, 102
Cyberspace, 44, 112, 133
Cyberwar, 44, 71, 130

D
Das Prinzip Verantwortung, 100
Datenschutz, 77, 90, 130, 133, 148, 152
Datensicherheit, 77, 130, 148
Deduktion, 6, 9, 150
Descriptive Ethical Agent, 159
Design, 60, 67, 70, 76, 102, 112, 122, 125, 128, 131, 134, 137, 148
Digitaler Humanismus, 84, 86, 89, 92
Digitalisierung, 60, 81, 92, 102, 110, 111, 125, 130
Digitalisierung, humanistische, 84
Disanalogie, 16–18
Diskursethik, 150
Diskursgemeinschaft, 26
Dringlichkeit, 5
Dringlichkeitsproblem, 18
Drohne, 1, 32, 57, 70, 76, 78, 124, 130, 132, 133, 169
Dual Use, 71, 146, 168

E
Einzelfall, 5–7, 9, 15, 16, 18, 26, 27, 38, 109, 134, 139, 150
Einzelfallanalyse, 2
Einzelfallentscheidung, 2, 16, 127
Endlichkeit, 3, 29, 37–39, 41, 50
Entscheidungskriterium, 26, 28, 31, 50, 157
Entsorgung, 59, 61–63, 128, 132, 134, 148
Entwickler, 70
Entwicklung, 60
Entwicklungspfad, 3, 59, 75, 76, 80, 82, 83, 86, 92, 146, 169
Erkenntniskritik, 36, 143, 152
Erklärbarkeit, 14
Ersetzbarkeit, 133
Erste-Person-Perspektive, 35
Ethical Agent, 137, 138, 159
Ethically Aligned Design, 14
Ethical Patient, 161
Ethics Guidelines, 14, 16, 23, 127, 151, 162
Ethics Guidelines for Trustworthy Artificial Intelligence, 9, 14, 151
Ethik, 1, 16, 18, 27–29, 31, 32, 36, 37, 47, 56, 57, 61, 83, 84, 101, 103, 115, 124, 127, 131, 136, 137, 143, 144, 149, 152, 153, 155

Ethik, angewandte, 1, 4–6, 9, 15, 18, 30, 39, 72, 103, 106, 121, 124, 131, 134, 138, 143, 150, 155
Ethik, deontologische, 28, 101, 109, 114, 150
Ethik, deskriptive, 145, 149, 155
Ethik, normative, 145, 150, 158
Ethische Grundsätze des Ingenieurberufs, 9
Ethisches Prinzip, 6
Ethische Theorie, 6–8, 26
Ethos, 6, 14, 83, 124, 136, 138, 144, 151, 156
Eurozentrismus, 45
Existenz, 36–39, 47, 49
Experiment, 24, 37, 67

F
Fairness, 9, 14
Fake News, 16
Falsifikation, 27, 62
Fehlschluss, 29, 38, 150, 160
Fehlschluss, anthropomorpher, 31, 50, 126, 145, 160
Fehlschluss, moralistischer, 30, 149, 160
Fehlschluss, naturalistischer, 30, 50, 87, 110, 145, 160
Fehlschluss, robomorpher, 31, 50, 87, 90, 145, 160
Fehlschluss, Sein-Sollen-, 8, 24, 29, 30, 110, 111, 145, 151, 160
Fertigung, 60, 102
Folge, 26, 31, 62, 72, 88, 101, 103, 114, 116, 121
Forschung, angewandte, 148
Forschung, empirische, 27
Forschungsethik, 24
Forschungshandeln, 30, 31
Fortschritt, 56, 103, 128
Fragilität, 38, 50
Freiheit, 45, 73, 77, 83, 103

G
Gebot der Schadensvermeidung, 10
Gebot des Heilens und Helfens, 10, 11, 29
Gebrauchsperspektive, 71
Gedankenexperiment, 13, 18, 47, 136
Gelingenskriterium, 66
Geltung, 24, 31, 33, 34, 37, 50, 153
Genese, 24, 153
Genetik, 4, 26
Genitivus obiectivus, 2, 124, 162
Genitivus subiectivus, 2, 124, 136, 162
Genomsequenzierung, 26
Gentechnik, 81, 88, 111, 124, 132
Gerechtigkeit, 7, 9, 11, 13, 14, 79, 130, 135, 151
Gerechtigkeitsdefizit, 130
Glaube, 48
Gradualismus, 4, 6, 7, 9, 24, 65, 109, 139, 150, 151, 156
Grundlagenforschung, 60, 131, 148
Grundsatz, allgemeiner, 6
Grundsatz der Neutralität, 56
Guideline, 82, 83
Gutes, 30

H
Handlung, 2, 4, 7, 18, 23, 24, 31, 33, 34, 36, 38, 39, 49, 57, 59, 60, 64, 67, 70, 71, 77, 79, 87, 101–104, 114, 116, 125
Handlung, kommunikative, 73
Handlung, nichtsprachliche, 3, 68
Handlungsanweisung, 62
Handlungsdruck, 15
Handlungsempfehlung, 9, 17, 127, 129
Handlungsfähigkeit, 10, 16
Handlungsfolge, 24, 26, 28, 31, 50, 109
Handlungskriterium, 7, 150
Handlungsoption, 16, 18
Handlungsperspektive, 59, 134
Handlung, sprachliche, 3, 47, 68
Handlungsregel, 6
Handlung, technische, 2, 5, 75, 99, 106, 121, 126, 134, 146
Handlungstheorie, 27
Handlungswissen, 17
Hardware, 41
Heilen und Helfen, 9, 110, 113, 151
Hermeneutik, 15
Herstellung, 102, 126
Heuristik, 2, 17, 18, 26, 29, 59, 136, 139, 143
Hintergrundstrahlung, existenzielle, 39
Hintergrundstrahlung, historische bzw. kulturelle, 169
Holismus, 6

Homo-mensura-Satz, 44
Homo sapiens, 27, 35
Human-centered Design, 23
Humanevolution, 26, 27, 30
Humanismus, 32, 35, 38, 44, 46, 47, 84, 87, 89, 90
Humanismus, digitaler, 83, 89
Humesches Gesetz, 29, 33, 50, 87

I

Ideologie, 126
Imperativ, allgemeiner, 101
Imperativ, technikethischer, 34, 35, 50, 145, 152, 163
Imperativ, technokratischer, 63
Imperativ zur Zukunftsverantwortung, 7
Individualethik, 64, 100, 114
Individualperspektive, 64, 68, 70, 168
Individuum, 4, 9
Induktion, 6, 9, 16, 150
Industrie 4.0, 28, 130, 132
Industrieroboter, kollaborativer, 34
Informatik, 31
Information, 10, 12, 16, 30, 32, 33, 36, 50, 77, 103, 130
Informationsnetzwerk, 70
Informationstechnologie, 24, 34, 50, 111, 132, 148
Informationstheorie, 35
Informationsverarbeitung, 29, 33–35, 48, 152
Informed Consent, 12
Infrastruktur, 128, 130, 132
Ingenieur, 71, 104, 106, 112, 130, 166
Ingenieurtechnik, 1, 67, 166
Ingenieurverantwortung, 77, 104, 164
Ingenieurwesen, 67, 167
Ingenieurwissen, 67, 166
Inklusion, 47
Innovation, 5, 16, 17, 74, 85, 86, 91, 92, 115, 128, 132
Instandhaltung, 60, 134, 148
Internet, 71
Interpretation, 27, 66, 70
Iteration, 143

K

Kampfroboter, 105, 107
Kartografie technischer Praxis, 70
Kasuistik, 15–18, 24, 27, 28, 136, 156
Kasuistik, prospektive, 18, 24, 129, 157
Kasuistik, retrospektive, 18, 24, 127, 156
Kasuistik, vier Wege der, 65
Kategorischer Imperativ, 6, 15, 24
Kausalverantwortung, 99, 100, 164
KI-Ethik, 144, 159, 160
Klassifikation, 6, 26, 28, 56
Klugheitslehre, 4, 153
Kodex, 127, 136, 151
Kodifizierung, 14
Kommunikation, 2, 29, 33–35, 38, 41, 47, 49, 50, 63, 71, 129, 152
Kompetenz, 147
Konkrete Handlungs- bzw. Anwendungsregel, 8
Konkretisierung, 8
Konsequentialismus, 109
Konstruktion, 61, 76, 107
Konvergenzlinie, 76, 169
Krieg, 42, 43, 74, 105, 111, 128, 130, 147
Kriterienbildung, 26
Kriterium, 17, 26–29, 31, 78, 109, 114, 126, 157
Kriterien ethischer Theorien, 150, 157
Kriterium, empirisches, 30
Kriterium, empirisch relevantes ethisches, 115
Kriterium, ethisch relevantes empirisches, 8, 30, 42, 62, 70, 111, 135, 151, 157
Kulturhöhe, 65, 71, 76
Kunstcharakter, 65, 147, 166
Künstliche Intelligenz, 1, 3, 24, 32, 46, 56, 63, 68, 78, 124, 128, 131, 139, 169

L

Labor, 68, 112, 115
Langzeitverantwortung, 5, 7, 26, 28, 73, 103, 110, 113, 115, 126, 130, 164
Leben, gutes, 4
Leben, 4, 6, 13–18, 27, 29, 33, 36–39, 48, 56, 60, 78, 79, 81, 83, 87–89, 101, 102, 105, 108, 111, 115, 125, 128, 129, 137, 148, 149, 151, 152
Lebensentwurf, 24
Lebenskunst, 153
Leib, 3, 24, 29, 35, 37–39, 41, 50, 68, 72, 130, 147
Leitbild, 7, 15, 28, 126, 150
Leitbild, allgemeines, 5, 61
Leitbild, konkretes, 61

Life Sciences, 4
Logistik, 107, 148
Lüge, 10
Lügenverbot, 10, 11, 15

M
Machine Learning, 46
Macht, 42, 61, 63, 74, 80, 83, 92, 103, 113, 130, 147
„Made in Germany", 145
Maschine, 2, 3, 10, 18, 31, 34–36, 39, 40, 48, 63, 72, 73, 90, 99, 101, 124, 126, 127, 131, 137, 145, 146
Maschine-Maschine-Interaktion, 132
Maschinenethik, 161
Maschinenzeitalter, 32
Materialismus, anthropologischer, 45
Materie, 32
Medialität, 132, 144, 147, 166
Mediation, 132
Medium, 49, 79, 107, 132, 144, 147, 166
Medium, technisches, 66
Medizin, 4
Medizinethik, 5, 7, 9, 12, 23, 38, 60, 115, 124, 151
Mensch, 2, 3, 10, 23, 26, 27, 31, 33, 34, 36, 37, 39, 40, 46, 49, 55, 61, 81, 84, 90, 92, 93, 100, 111, 114, 124, 138, 145, 146, 148, 152, 153
Menschenbild, 126
Menschenrecht, 28, 40, 105, 108, 126, 130
Mensch-Maschine-Interaktion, 132
Mensch-Roboter-Interaktion, 34, 41
Mensch-Technik-Asymmetrie, 41, 148, 167
Mensch-Technik-Interaktion, 29, 42, 148
Messwert, 62
Metaethik, 3, 16, 26, 28, 32, 131, 138, 153, 157
Metapher, 111, 112, 146
Methode, 2, 5–7, 9, 14–16, 24, 27–30, 35–38, 58, 59, 62, 84, 109, 112, 114, 121, 126, 131, 138, 139, 143, 146, 152, 153
Methode, analogisch vergleichend, 24
Methode, logisch ableitend, 24
Methodenpluralismus, 122, 143
Methodenreflexion, 143
Methodenvielfalt, 3, 28, 30, 36
Minimalethik, 16
Mittel, 33, 34, 59, 65, 66, 68, 71, 72, 76, 79, 81, 83, 84, 86, 89, 91, 92, 100, 105, 107, 112, 115, 116, 124, 135, 147, 152
Mittel-Zweck-Relation, 90
Mittlere Prinzipien, 157
Mitverantwortung, 106, 107
Mobilität, 28, 57, 58, 100, 132
Modalität, 101, 102, 106, 114
Möglichkeitsbedingung, 38
Moral, 2, 14, 31–33, 36, 47, 48, 50, 60, 83, 100, 121, 124, 137, 144, 148, 153, 155, 158
Moral Agent, 137, 159
Moral Patient, 114, 137, 161
Moral, provisorische, 5, 161
Moral Sense, 26
Moralbegründung, 4, 16, 29, 131
Moralfähigkeit, 48
Moralkodex, 2, 83, 86, 92, 156
Moralphilosophie, 15, 155
Moralprinzip, 6, 24, 26, 31
Moralprinzip, diskursethisches, 24
Moralwissenschaft, 49, 92, 124
Multistability, 71, 168

N
Nachhaltigkeit, 7, 8, 58, 61, 74, 126, 128, 149
Nachrichtentechnik, 33
Nachvollziehbarkeit, 56
Naturalismus, 33
Nebeneffekt, 3, 59, 72, 73, 77–79, 85, 89, 90, 92, 102, 115, 133, 134, 145, 146, 168
Nebeneffekt, semantischer, 73
Nebenwirkung, 17, 64
Netzwerk, 66, 76, 100, 147
Neuer Materialismus, 45
New Materialism, 45, 153
Normativität, 23
Normativität, epistemische, 30, 31
Norm, epistemische, 24, 43
Norm, ethische, 6, 43
Normative Ethical Agent, 159
Nutzer, 70
Nutzung, 59, 107, 126, 148

O
Oberflächenstruktur, 116
Obsoleszenz, geplante, 41
Ordnung, operationale/methodische, 24
Ordnungskriterium, 26, 31, 50, 157
Ordnung, sprachliche, 70
Organismus, synthetischer, 132

P
Paläoanthropologie, 26, 31
Paradigma, 33
Paternalismus, 5
Patient/patiens/Patient, 161
Patientenautonomie, 12, 29
Pauschalurteil, 57, 59
Perspektive, 35, 36, 38, 39, 50, 56, 60, 70, 111, 115, 122, 125, 127, 135, 153
Perspektive, kollektive, 64, 68
Perspektiven technischer Praxis, 59, 104, 132, 134, 139, 148, 168
Perspektive, prudenzielle, 64
Perspektive technischen Handelns, 60, 64, 68, 106, 110
Perspektivität, 36
Pfadkopplung, 76, 169
Pflanze-Maschine-Interaktion, 132, 135
Pflegeroboter, 1, 100, 109, 110, 130, 148
Pflicht, 8, 103, 113
Philosophie, 4, 23, 39
Philosophiegeschichte, 16, 131
Physiozentrik/Physiozentrismus, 48, 149, 150, 165
Poiesis-Paradigma, 65
Position, exzentrische, 37
Postdigitalisierung, 81, 92, 102, 130
Posthumanismus, 29, 32, 34, 35, 38, 41, 153
Potenzial, 71, 72
Pragmatik, ethische, 5, 14, 18, 158
Präventionsverantwortung, 101, 103, 164
Praxis, 2, 14, 24, 27, 29–31, 35–37, 39, 40, 49, 55, 58, 61, 64, 65, 68, 73, 78, 79, 89, 92, 112–114, 124, 138, 139, 147, 152
Präzedenzfall, 127
Precision (Livestock) Farming, 132, 133
Prima-facie-Prinzip, 10, 14, 150, 151
Prima-facie-Regel, 9, 10, 12, 60, 65, 111, 113, 157
Prinzip, 15, 27, 29, 32, 74, 101, 103, 131, 150–152
Prinzip, allgemeines, 4, 6, 7, 16, 70
Prinzip der Bedingungserhaltung, 26, 103, 113, 161
Prinzip, mittleres, 4, 9, 13, 150, 151
Privatheit, 11, 29, 30, 77, 87, 90, 130, 133
Problemaufriss, 136
Problemaufriss der Technikethik, 18, 149
Problemfindung, 135, 136
Produktion, 59, 61, 148
Provolution, 76
Prozesstechnik, 65, 166
Prüfkriterium, 48

Q
Q, W, E, R, T, 75
Querschnittthema, 149

R
Realtechnik, 65, 147, 166
Rechtfertigung, 104
Recycling, 60
Rede, analogische, 146
Rede, deskriptiv-beschreibende, 37, 50, 100, 145, 153
Rede, empirisch-deskriptive, 31, 34
Rede, metaphorische, 146
Rede, normativ-wertende, 26, 31, 34, 37, 50, 100, 145, 153
Reflexionsbegriff, 66, 79, 144, 147, 166
Regel, 14, 15
Regel, allgemeine, 6, 7, 10, 15
Relata, 104, 105, 111, 114, 163
Restrisiko, 78
Risiko, 10, 11, 14, 17, 59, 77, 81, 82, 88, 104, 114, 129, 146, 149
Risikofolge, 78
Risikominimierung, 77
Robomorphisierung, 161
Robomorphismus, 38, 161
Roboter, 1, 3, 10, 11, 15, 24, 28, 31, 32, 34, 44, 56, 63, 66, 68, 70, 73, 90, 102, 106, 111, 124, 126, 130–132, 136, 145, 169, 170
Robotergesetz, 6, 101, 127, 131, 138, 162
Robophilosophy, 161

Roboterethik, 144, 159, 162
Roboterrecht, 47, 127, 131
Roboter, menschlicher, 31
Roboter, sozialer, 34, 66, 170
Roboter, sprechender, 31, 34
Roboter- und KI-Ethik, 1, 4, 5, 16, 17, 34, 35, 39, 46, 49, 55, 72, 99, 124, 125, 136, 137, 139, 152
Robot Ethics/Roboethics, 162
Robotic Ethical Agent, 109, 137
Robotik, 27, 63, 70, 79, 125
Robozentrik, anthropozentrische, 165
Robozentrik, biozentrische, 165
Robozentrik, physiozentrische, 165
Robozentrik, posthumanistische, 166
Robozentrik, technozentrische, 165
Robozentrik, transhumanistische, 166
Robozentrik/Robozentrismus, 2, 29, 32, 48, 49, 138, 149, 150, 165
Rollen- und Aufgabenverantwortung, 104, 164
Routine, 65

S
Sachnorm, 24
Sachtechnik, 65, 147, 166
Sachzwang, 39, 102
Schadensvermeidung, 6, 9, 14, 29, 101, 106, 113, 151
Schluss, 33, 62
Schmerzvermeidung, 7
Schweigepflicht, 11
Science-Fiction, 13, 18
Sein, 29, 33
Selbstverteidigung, 106
Selbstzweck, 101, 114
Sicherheit, 59, 66, 71, 77, 100, 110, 129, 133, 137, 146, 149
Side-effect, 72, 146
Simulation, 4, 50, 66, 113
Singularität, 32
Sinn, 3, 9, 14, 15, 27, 28, 31, 33–35, 37, 39, 47, 49, 59, 62, 73, 84, 151, 152
Sitte, 158
Situation, 4–7, 15, 16, 18, 24, 29, 37, 38, 56, 127, 143, 151
Situationsethik, 15, 156
Situationswillkür, 6
Skepsis, 18, 39
Smart City, 58, 80, 91, 92, 111, 129, 132
Smart Grid, 59, 116, 117, 125, 132
Smart Urbanism, 58
Social Scoring, 14, 90
Software, 41
Softwareentwicklung, 30
Sollen, 29–31, 33
Sozialethik, 7, 64, 100
Sprachanalyse, 4
Sprachhandlung, 29
Sprachkritik, 33, 36, 37, 48, 126, 143
Sprechen, empirisch-deskriptives, 30
Sprechen, normativ-wertendes, 30
Standardisierung, 14
Sterblichkeit, 38
Störanfälligkeit, 50
Strategische Verantwortung, 77
Sündenregister, 16
Superintelligenz, 32
System, technisches, 3
System, 10, 58, 68, 71, 77–79, 84, 99, 103, 111, 128, 130, 144, 147
Systemtechnik, 66, 79, 144, 147, 166
Systemverantwortung, 130, 165

T
Tatsachenaussage, 24, 30, 50, 73, 91
Tatsachenbehauptung, 153
Tatsachenbeschreibung, 31, 58, 145
Taxonomie, 16, 17, 26
Technik, 2, 4, 5, 18, 31, 35, 37, 39, 49, 55, 58, 60, 63, 65, 68, 70, 72, 74, 79, 90–92, 103, 108, 112, 122, 125, 127, 129, 133, 136, 144, 146, 147, 166
Technikanalyse, 55, 59, 134, 139, 143, 146, 149
Technikbegriff, 3, 65, 70, 110, 112, 122, 132, 134, 137, 144, 166
Technikbegriff, formaler, 65, 79, 147
Technikbegriff, materieller, 65, 79, 147
Technikbewertung, 2, 16, 24, 55, 80, 106, 121, 143
Technikethik, 1, 4, 5, 9, 14, 16–18, 23, 24, 30, 34, 37, 39, 46, 49, 57, 60, 62, 63, 73, 84, 90, 93, 99, 101, 104, 109, 111, 114, 115, 121, 124, 127, 131, 134, 136, 144, 146, 152, 153, 159, 163
Technikfolge, 127–129, 131

Technikfolgenabschätzung, 1, 17, 18, 124, 129, 139
Technikphilosophie, 4, 131
Technik, sieben Bedeutungen von, 65, 68
Technikwissenschaft, 67, 112, 167
Technikzukünfte, 127
Technische Praxis/technisches Handeln, 167
Technokratie, 24, 39, 64, 84
Technologie, 2, 18, 50, 56, 58, 63, 66, 71, 79, 82–84, 90, 92, 113–115, 126, 129, 130, 132, 144, 147, 166, 167
Technologietransfer, 42
Technozentrik/Technozentrismus, 48, 149, 150, 165
Teilnahme, 35
Theorie, 4, 5, 9, 14, 15, 27, 31, 35, 36, 62
Theorie, ethische, 9, 26–28, 30, 32, 39, 105, 109, 114, 150, 151, 155
Think Tanking, 17, 18, 115, 127, 134, 136
Tiefenstruktur, 116
Tier-Maschine-Interaktion, 132, 135
Tier-Roboter-Interaktion, 72
Tierschutzethik, 7
Top-down, 4, 6, 8, 9, 14, 15, 26, 65, 82, 92, 150
Top-down 1, 26–29, 109, 150
Top-down 2, 27–30, 109, 150
Transdisziplinarität, 1, 16, 17, 56, 117, 122, 125, 131, 137, 143
Transhumanismus, 29, 32, 34, 35, 38, 41, 153
Transparenz, 14
Transzendentale Grundfrage, 39
Tugend, 26

U

Überwachung, 133
Umdeutung, 3, 70, 73, 92, 145, 146, 168
Umnutzung, 59, 70, 71, 73, 78, 79, 89, 92, 111, 130, 133, 134, 145, 146, 168
Umnutzung/Umdeutung, semantische, 73
Umwelt, 3, 4, 28, 38, 49, 73, 77, 78, 101, 107, 128, 129
Umweltethik, 3, 7, 61, 125, 135
Ungleichheit, 167
Unsicherheit, 5, 18, 110, 129
Unsterblichkeit, 41
Urteil, 6, 7, 16, 18, 35, 59, 109, 126, 134, 149–152, 158
Urteil, allgemeines ethisches, 8, 159
Urteil, allgemeines moralisches, 8, 159
Urteil, außermoralisches, 8, 159
Urteil, ethisches, 2, 56, 62
Urteilsbildung, ethische, 27
Urteil, singuläres, 7, 8, 26, 27, 30, 31, 70
Urteil, spezielles ethisches, 8, 159
Urteil, spezielles moralisches, 8, 158
Utilitarismus, 24, 28, 150
Utilitaristischer Imperativ, 24

V

VDI-Kodex, 9, 16, 71, 102
Verallgemeinerung, nichtempirische, 7
Verantwortbarkeit, 99
Verantwortung, 3, 6, 32, 34, 48, 49, 58, 59, 61, 63, 68, 72, 73, 99–101, 103–106, 109–111, 113, 115, 124, 126, 130, 135, 139, 163
Verantwortung, individuelle, 64, 100, 164
Verantwortung, instrumentelle, 164
Verantwortung, kollektive, 65, 100, 101, 113, 164
Verantwortung, normative, 164
Verantwortungsadressat, 105, 109, 114, 163
Verantwortungsbereich, 105, 107, 110, 114, 163
Verantwortungsinstanz, 105, 108, 109, 114, 163
Verantwortungskriterium, 105, 108, 110, 114, 163
Verantwortungsobjekt, 105, 109, 114, 163
Verantwortungssubjekt, 100, 105, 109, 114, 117, 163
Verantwortung, strategische, 71, 104, 130, 164
Verantwortung, technische, 164
Verantwortungszuschreibung, 99
Verfahren, 56, 70, 71, 79, 112, 121, 124, 134, 137, 144, 147
Verfahren, ingenieurtechnisches, 56
Verfahrenstechnik, 112, 144, 147, 166
Verfahren, technisches, 65
Verletzlichkeit, 3, 29, 37, 41, 50
Vernunft, 45
Verteilungsgerechtigkeit, 79
Vertrauen, 14, 78, 87, 133
Vertrauenswürdigkeit, 127, 133
Vertrieb, 107, 148
Verursacherverantwortung, 101, 165
Vier mittlere Prinzipien, 9

Vierstufenmodell, 7
Vier Wege der Kasuistik, 26, 150, 157
Vogelperspektive, 48
Vollzug, 35–39, 48–50, 87
Vollzugsperspektive, 29, 47, 48, 50, 87, 152
Vorgehen, analogisches, 15

W

Wahrheitskriterium, 50
Weisheit, 4
Wert, 4, 7, 28, 29, 34, 71, 73, 84, 89, 92, 106, 110, 111, 114, 126, 129–131, 137, 148, 152, 158
Wiener Manifest für Digitalen Humanismus, 82, 87, 90
Wissen, praktisches, 65, 68, 79, 144, 147
Wissen, theoretisches, 79, 147
Wissen, verwissenschaftlichtes technisches, 66
Wohltun, 9, 151

Z

Zeitdruck, 18
Zentrik/Zentrismus, 165
Zetetik, 15
Ziel, 105
Zweck, 18, 28, 34, 66, 68, 72, 79, 81, 84, 86, 88, 90–92, 107, 145, 147
Zweckentfremdung, 61, 62, 71, 90, 92, 146, 169
Zweck-Mittel-Relation, 81, 86, 147, 166
Zweck-Mittel-Schema, 144, 166

GPSR Compliance

The European Union's (EU) General Product Safety Regulation (GPSR) is a set of rules that requires consumer products to be safe and our obligations to ensure this.

If you have any concerns about our products, you can contact us on ProductSafety@springernature.com

In case Publisher is established outside the EU, the EU authorized representative is:

Springer Nature Customer Service Center GmbH
Europaplatz 3
69115 Heidelberg, Germany

Batch number: 10683567

Printed by Printforce, the Netherlands